普通高等教育土建类专业系列教材

CONCISE COURSE OF
GEOTECHNICAL ENGINEERING TESTS

岩土工程 试验简明教程

张小燕　主编

江玉生　主审

U0293965

人民交通出版社股份有限公司
北京

内 容 提 要

本书为普通高等教育土建类专业系列教材之一,遵照城市地下空间工程专业教学大纲要求,依据国家、行业实施的相关标准规范,以及岩土、隧道工程专业领域对岩土工程试验的需求特点,结合作者团队试验类课程开展的教学研究成果与实践经验,系统、全面地介绍了岩土工程试验的基本原理、操作要点以及数据分析处理,主要内容包括岩土工程测试研究方法、土和岩石的物理、力学性质以及隧道可掘进性试验及预测模型。为方便读者按照试验要求记录试验数据,书后附有试验数据配套附表(电子版),可扫码下载。

本书可作为高校土木工程、城市地下空间工程等土建类专业本科生教材,也可供土木工程设计、施工、科研等相关人员学习参考。

图书在版编目(CIP)数据

岩土工程试验简明教程 / 张小燕主编. — 北京:
人民交通出版社股份有限公司,2021.12
ISBN 978-7-114-17667-8

Ⅰ. ①岩…　Ⅱ. ①张…　Ⅲ. ①岩土工程—工程试验—
高等学校—教材　Ⅳ. ①TU41

中国版本图书馆 CIP 数据核字(2021)第 210735 号

Yantu Gongcheng Shiyan Jianming Jiaocheng

书　　名:	岩土工程试验简明教程
著 作 者:	张小燕
责任编辑:	谢海龙
责任校对:	孙国靖　魏佳宁
责任印制:	刘高彤
出版发行:	人民交通出版社股份有限公司
地　　址:	(100011)北京市朝阳区安定门外外馆斜街 3 号
网　　址:	http://www.ccpcl.com.cn
销售电话:	(010)59757973
总 经 销:	人民交通出版社股份有限公司发行部
经　　销:	各地新华书店
印　　刷:	北京虎彩文化传播有限公司
开　　本:	787×1092　1/16
印　　张:	14
字　　数:	340 千
版　　次:	2021 年 12 月　第 1 版
印　　次:	2022 年 10 月　第 2 次印刷
书　　号:	ISBN 978-7-114-17667-8
定　　价:	45.00 元

(有印刷、装订质量问题的图书由本公司负责调换)

PREFACE | 前言

岩土工程试验是一门应用性很强的课程,其以岩土体为研究对象开展试验研究与结果分析,为各类土建工程的勘察提供支撑。随着我国城市地下空间工程领域的快速发展,对于地下空间特定的岩土体有了更深的研究,从而对岩土工程试验提出了更高的要求。

中国矿业大学(北京)作为以土建类为特色的高等院校,近30年来一直致力于城市地下空间工程领域的教学与科研工作,承担了大量的国家、省部级科研项目和企业委托的科研项目,在该领域形成了一定的理论与技术基础,积累了较为丰富的工程经验,以此为依托,中国矿业大学(北京)于2016年开设了城市地下空间工程本科专业,并于2019年5月17日入选北京高校"高精尖"学科建设名单,同年12月,城市地下空间工程本科专业入选国家级一流本科专业建设点。基于学科发展及现实教学工作的需要,亟需编写一批具有地下空间工程专业特色的融合创新教材,《岩土工程试验简明教程》即应运而生。

本书遵照国家对城市地下空间工程专业教学大纲的要求,依据国家、行业实施的相关标准与规范,参考岩土、隧道工程专业领域对岩土工程试验的需求特点,结合作者团队近年来试验类课程开展的教学研究成果与实践经验,系统、全面地介绍了岩土工程试验的基本原理、操作要点以及数据分析处理,主要内容包括岩土工程测试研究方法,土和岩石的物理、力学性质以及隧道可掘进性试验及预测模型。

　　本书由张小燕主编,江玉生主审,限于作者水平,本书中难免存在不足,敬请批评、指正。

作　者

2021 年 3 月

CONTENTS | 目 录

第 1 章
CHAPTER 1

绪论

　　岩土体是自然界的产物,其形成过程、物质成分以及工程特性是极为复杂的,并且随受力状态、应力历史、加载速率和排水条件等不同而变得更加复杂。所以在进行各类工程项目设计和施工之前,必须对工程项目所在场地的岩土体进行土工试验及原位测试,以充分了解和掌握岩土体的物理和力学性质,从而为场地岩土工程条件的正确评价提供依据。

　　我国现代化建设事业的飞速发展,对岩土工程测试技术也提出了新的、更高的要求。如重型厂房、高层和超高层建筑、大型水利枢纽、铁路和公路桥梁与隧道以及民用建筑物的兴建是否技术可行、经济合理,大部分取决于岩土的工程性质。要很好地解决一个岩土工程问题,必须先进行勘察和测试、试验与分析,并利用土力学、工程地质学等的理论与方法,对各类土建工程进行系统性研究。因此,岩土工程试验是岩土工程规划设计的前期工作,也是地下工程设计中不可缺少的中心环节。

1.1　岩土工程测试的研究方法

　　岩土工程测试技术一般分为室内试验技术、原位试验技术和现场监测技术等。其中,在原位试验技术方面,地基中的位移场、应力场测试,地下结构表面的土压力测试,地基土的强度特性及变形特性测试等成为研究的重点。随着测试技术的进步,这些传统的难点将会取得突破性进展。新的岩土力学理论要变为工程现实,如果没有相应的测试手段是不可能的。不论设计理论与方法如何先进、合理,如果测试技术落后,则设计计算所依据的岩土参数无法准确测求,不仅岩土工程设计的先进性无法体现,而且岩土工程的质量与精度也难以保证。所以,测试技术是从根本上保证岩土工程设计的精确性、代表性以及经济合理性的重要手段。

　　测试工作是岩土工程中必须进行的关键步骤,它不仅是学科理论研究与发展的基础,而且也是岩土工程实践中所必需的。城市地铁车站的围护结构设计、主体结构设计以及盾构区间的掘进参数设计等,都依赖于对地下空间岩土物理力学参数的获取。表 1-1 和表 1-2 为某地铁车站主体围护结构工程的岩土物理、力学参数设计建议值。这些参数的获取依赖精确的岩土工程测试,包括室内土工试验、岩体力学试验、原位测试、模型试验和现场监测等。因此,岩土工程测试在整个岩土工程中占有特殊而重要的作用。

1.1.1　土的室内试验

土用于地基,会出现地基的变形和稳定问题;用作填料,存在土的压实和变形问题;用于介质,需要考虑土的渗流和抗渗稳定性问题。研究解决以上问题,涉及土的物理、力学、化学性能。要评价土的以上性能,需要通过土工试验来获取土的各项性能指标。尤其在研究不良地基处理方案时,实测的试验指标是优选技术措施的重要依据。室内试验项目包括如下:

(1)土的物理性质试验:含水率、密度、颗粒密度、界限含水率、颗粒分析、最大和最小孔隙比、渗透、击实等试验。试验结果可分别用于土的工程分类、土的状态判定、渗透计算、填土工程施工方法的选择和质量控制。

(2)土的变形试验:固结、压缩、湿陷性和膨胀性等试验。这些试验可为地基基础设计提供变形参数,即压缩系数、压缩模量、体积压缩系数、压缩指数、回弹指数、前期固结压力、固结系数、湿陷系数、自重湿陷系数、膨胀率、膨胀力等指标。

(3)土的强度试验:直接剪切试验、反复直接剪切试验、三轴压缩试验、无侧限抗压强度试验等。这些试验可为设计提供抗剪强度指标参数(黏聚力、内摩擦角)、无侧限抗压强度、灵敏度等。用以计算地基、边坡及挡土墙等的稳定性,必要时用以计算地基承载力。

(4)土的化学性试验:黏土矿物鉴定、有机质和盐渍土试验等。黏土矿物成分是决定土的物理、化学性质的重要因素。有机质试验可测得土中的有机质含量,供研究其特性或供施工选择土料之用。盐渍土指土中易溶盐含量大于 5% 的土。随着易溶盐含量多寡和类别的不同,土的物理力学性质将有不同程度的改变,进行盐渍土试验,提供相应的指标,作为地基评价、采取工程措施或选料决策的依据。

(5)动力特性试验:动三轴、动单剪或共振柱试验,属于地震动参数试验,主要用于分析液化和震陷,以及地震安全评价。

1.1.2　岩体力学的研究方法

岩体是在地质历史过程中形成的、由岩石块体和结构面网络组成的、具有一定的岩石成分和结构,并赋存于一定的天然应力状态和地下水等地质环境中的地质体。其中,结构面是指具有极低的或没有抗拉强度的不连续面。工程岩体力学研究的根本目的是评价和研究岩体的稳定性,其主要是研究工程活动引起的岩体重分布应力,以及在这种应力场作用下工程岩体的变形和稳定性。岩石是由矿物或岩屑在地质作用下按一定的规律聚集而形成的自然物体。岩体与岩块的主要联系是岩体由岩块与结构面组成,它们的区别是岩体中结构面的存在使岩体具有不连续性,岩体的不连续性主要受结构面对岩体结构的隔断性质所控制,因而岩体多数属不连续介质,而岩块本身则可作为连续介质看待。同时,结构面还降低了岩体的力学强度和稳定性能,使得岩体强度远低于岩块强度。

岩土物理力学参数设计建议值汇总表 1

表 1-1

地层代号	岩土名称	重度 γ (kN/m³)	比重 G_s	天然含水率 w (%)	孔隙比 e	无侧限抗压强度 q_u (kPa)	抗剪强度(直接剪切) 黏聚力 c (kPa)	内摩擦角 φ (°)	抗剪强度(固结剪切) 黏聚力 c (kPa)	内摩擦角 φ (°)	三轴不固结不排水剪切(UU) 黏聚力 c_u (kPa)	内摩擦角 φ_u (°)	三轴固结不排水剪切(CU) 总应力 c_{cu} (kPa)	φ_{cu} (°)	压缩系数 $a_{0.1-0.2}$ (MPa⁻¹)	压缩模量 $E_{s0.1-0.2}$ (MPa)	变形模量 E_0 (MPa)	弹性模量 E (×10³MPa)
〈0〉2	人工填筑土(素填土)	19.40	2.74	24.10	0.730		5	7.0										
〈1〉1	黏土	19.11	2.74	22.57	0.730	85	30	17.5	35	21.0	50	11.1	35	17.1	0.16	6.0	10	
〈2〉1	粉质黏土	20.00	2.73	23.05	0.680	110	35	14.5	38	17.1	65	4.6	33	25.6	0.18	7.0	15	
〈2〉2	粉质黏土	19.60	2.73	22.53	0.671	113	50	15.0	55	17.2	46	9.6	39	24.0	0.16	9.0	18	
〈2〉2-2	粉土	19.99	2.68	20.13	0.583		20	23.2	33	22.8	22	25.0	45	16.0	0.17	8.0	12	
〈7〉1	全风化砂岩	19.50	2.70	20.35	0.634	112	32	17.0			22	37.0	23	31.7	0.26	10.0	20	
〈7〉2	强风化砂岩	23.50					95	27.0								20.0	40	
〈7〉3	中等风化砂岩	25.08					300	31.0										6.37

岩土物理力学参数设计建议值汇总表2

表 1-2

地层代号	岩土名称	压缩指数 C_c (100~200kPa)	回弹指数 C_s	泊松比 ν	静止侧压力系数 ξ	基床系数 水平 K_b (MPa/m)	基床系数 垂直 K_v (MPa/m)	渗透系数 K (cm/s)	岩石干燥单轴极限抗压强度 R_c (MPa)	岩石饱和单轴极限抗压强度 R_b (MPa)	岩石天然单轴极限抗压强度 R (MPa)	承载力特征值 f_{ak} (kPa)	钻,冲孔桩侧土极限侧阻力标准值 q_{sik} (kPa)	桩端土极限端阻力标准值 q_{pk} $10\leq l<15$ (kPa)	$15\leq l<30$ (kPa)	$30\leq l$ (kPa)	抗拔系数 λ_i	导热系数 λ W/(m·K)	导温系数 α ×10^{-3} m²/h	比热容 C kJ/(kg·K)
⟨0⟩2	人工填筑土					10	8	1.16×10^{-4} ~5.79×10^{-3}												
⟨1⟩1	黏土	0.10	0.01	0.33	0.50	30	25	2.78×10^{-6}				150	45					1.80	2.30	1.60
⟨2⟩1	粉质黏土	0.10	0.01	0.32	0.48	40	35	9.26×10^{-6}				180	60	400	500	600	0.65	1.80	2.30	1.60
⟨2⟩2	粉质黏土	0.15	0.01	0.31	0.46	50	45	4.05×10^{-5}				220	85	1000	1100	1200	0.7	1.64	2.20	1.35
⟨2⟩2-2	粉土	0.10	0.01	0.30	0.43	20	20	1.16×10^{-4}				150	45	400	500	600	0.7	2.13	2.09	1.88
⟨7⟩1	全风化砂岩			0.30	0.43	39	42	1.16×10^{-3}				250	90		1400		0.75	1.75	2.24	1.38
⟨7⟩2	强风化砂岩			0.22	0.28	135	160	5.79×10^{-4}				400	180		2000		0.8	1.38	2.40	1.05

岩体力学的研究方法如下。

(1)工程地质方法(相对宏观):研究岩块、岩体的地质与结构特征,为岩体力学研究提供地质资料和地质模型。

①岩石矿物鉴定:了解岩石的岩性、矿物成分及结构构造及成因环境。

②地层、构造:了解岩体的地质成因、空间分布及各种结构面的发育情况,分析岩体构造变形及应力状态。

③赋水特性:了解岩体中水的形成、赋存与运移规律。

(2)物理试验方法(研究岩石物理特性):提供岩体的物理力学参数;评价岩体的变形和稳定性;岩石力学的变形与强度的机制。

①室内岩石物理、力学试验。

②原位岩体地应力测量、力学试验、监测。

③工程岩体物理模型试验。

(3)数学力学分析方法(理论分析):建立岩体力学模型,采用适当的分析方法预测岩体在不同力场作用下的变形与稳定性。

①力学模型:刚体力学、弹性力学、弹塑性力学、断裂力学、损伤力学、流变力学等。

②分析方法:块体极限平衡法、数值模拟法、系统论、信息论、人工智能专家系统、灰色系统等。

在上述方法中,室内岩石物理、力学试验是进行常规岩石力学指标测试和岩体变形与破坏机理分析与研究的主要方法。其试验项目包括岩石的颗粒密度、块体密度、吸水率与饱和吸水率、静力变形参数、单轴抗压强度、抗拉强度、剪切强度、抗折强度、点荷载强度、动力变形参数、三轴压力条件下的强度与变形参数、结构面的抗剪强度参数等。

1.1.3 岩土的原位测试技术

原位测试一般是指在现场基本保持岩土的天然结构、天然含水率、天然应力状态的情况下测定土或岩体的物理力学性质指标的试验方法。通过这些方法测定土或岩体的物理力学指标,进而依据理论分析或经验公式评定岩土的工程性能和状态。有些岩土工程由于地质条件复杂或者结构条件与荷载条件复杂,难以用理论计算方法对岩土体的应力—应变的变化做出准确的预计,也难以在室内模拟现场地层条件或现场荷载条件进行试验。这时可以通过原位测试为设计提供可靠的依据。原位测试不仅是岩土工程勘察与评价中获取岩土体实际参数的最重要手段,而且是岩土工程监测与检测的主要方法,并且可用于施工过程中或岩土体加固处理后的物理力学性质及状态变化的检测。岩土的原位测试又分为两种:一种是作为获取实际参数的原位试验;另一种则是作为提供施工控制和反演分析参数的原位监测。

常用的原位试验方法主要有地基静载荷试验、静力触探试验、动力触探试验等。

(1)地基静载荷试验可确定地基的承载力和变形特征,包括平板载荷试验和螺旋板载荷试验,螺旋板载荷试验可估算地基土的固结系数。地基静载荷试验相当于在工程原位进行的缩尺原型试验,即模拟建筑物地基的受荷条件,比较直观地反映地基土的变形特征。该方法具有直观和可靠性高的优点,在原位测试中占有重要地位,往往成为其他方法的检验标准。地基静载荷试验的局限性是费用较高、周期较长和压板的尺寸效应。

（2）静力触探试验（Static Cone Penetration Test，简称 CPT）是把一定规格的圆锥形探头借助机械匀速压入土中，并测定探头阻力的一种测试方法，实际上是一种准静力触探试验。静力触探技术在岩土工程中的应用包括对地基土进行力学分层并判别土的类型，确定地基土的参数（强度、模量、状态、应力历史）、砂土液化可能性、浅基承载力、单桩竖向承载力等。

（3）动力触探试验（Dynamic Penetration Test，简称 DPT）是利用一定的落锤能量，将一定尺寸、一定形状的探头打入土中，根据打入的难易程度（可用贯入度、锤击数或单位面积动贯入阻力来表示）判定土层性质的一种原位测试方法。主要适用于难以取样的砂土、粉土、碎石土等，可分为圆锥动力触探和标准贯入试验（Standard Penetration Test，简称 SPT）两种。

原位测试的优点：

①避免了取土样的困难，可以测定难以取得不扰动试样土层的有关工程性质。

②在原位应力条件下进行试验，避免取样过程中应力释放的影响。

③试验的岩土体体积较大，代表性强。

④工作效率较高，可大大缩短勘探试验的周期。

原位测试的不足：

①各种原位测试都有其针对性和适用条件，如使用不当则会影响结果的准确性和合理性。

②原位测试所得参数与土的工程性质间的关系往往是建立在统计关系上。

③影响原位测试结果的因素较为复杂，使得对测定结果的准确判定造成一定的困难。

④原位测试中的主应力方向与实际岩土工程问题中多变的主应力方向往往并不一致。

1.2 本课程的主要内容

城市地下空间工程岩土工程测试是为研究岩土体的工程特性，利用一定的仪器和手段对岩土体的物理、力学指标进行试验和监测的技术方法和测试过程的总称。岩土工程测试的目的就是对岩土体的工程性质进行观测和度量，得到岩土体的各种指标的试验工作。

本课程主要是围绕岩土工程测试技术中与城市地下空间工程建设相关的室内试验，介绍对岩土体的工程性质进行室内试验的方法，得到岩土体的各种物理、化学、力学指标的试验工作。根据《城市轨道交通岩土工程勘察规范》（GB 50307—2012）规定，采用明挖法、矿山法、盾构法、沉管法等施工方法修筑地下工程时，岩土工程勘察除符合该规范初步勘察、施工勘察外，还需要满足各工法勘察的相应要求，为施工方法的比选与设计提供所需要的岩土工程资料。该规范建议明挖法勘察所需提供的岩土参数可从表 1-3 中选用，矿山法勘察所需提供的岩土参数按照表 1-4 选用，盾构法勘察所需提供的岩土参数可从表 1-5 中选用。

在硬岩 TBM 隧道工程施工前，岩体可掘进性研究是隧道工程地质研究中的一项重要内容，而我国岩体可掘进性研究的试验室并不多。国外关于岩体可掘进性研究的试验方法已有很多，但还没有一套标准的试验方法。岩体可掘进性研究目的主要有三个：TBM 系统设计、刀具磨损和掘进速率的预测。本书围绕这三个方面介绍了目前主流的试验方法,结合 TBM 刀具的破岩机理对各种方法的优缺点进行初步分析和评价,并介绍了进行 TBM 系统设计前必要的滚刀线性切割试验及测定岩石磨蚀性指数 CAI 的试验等。

明挖法勘察岩土参数选择表　　　　　　　　　表 1-3

开挖施工方法		密度	黏聚力	内摩擦角	静止侧压力系数	无侧限抗压强度	十字板剪切强度	水平基床系数	水平抗力系数的比例系数	回弹及再回弹压缩模量	弹性模量	渗透系数	土体与锚固体黏结强度	桩基设计参数
放坡开挖		√	√	√	—	√	○	—	—	—	—	√	—	—
支护开挖	土钉墙	√	√	√	—	√	○	—	—	—	—	√	√	—
	撑桩	√	√	√	√	√	○	√	○	○	○	√	○	○
	钢板桩	√	√	√	√	√	○	√	○	√	√	√	○	○
	地下连续墙	√	√	√	√	√	○	√	○	√	√	√	○	○
	水泥土挡墙	√	√	√	√	√	○	√	○	○	√	√	○	○
盖挖		√	√	√	√	√	√	√	√	○	√	√	—	√

注:表中○表示可提供,√表示应提供,—表示可不提供。

矿山法勘察岩土参数选择表　　　　　　　　　表 1-4

类　　别	参　　数	类　　别	参　　数
地下水	1. 地下水位、水量 2. 渗透系数	岩土物理性质	1. 含水率、密度、孔隙比 2. 液限、塑限 3. 黏粒含量 4. 颗粒级配 5. 围岩的纵、横波速度
岩土力学性质	1. 无侧限抗压强度 2. 抗拉强度 3. 黏聚力、内摩擦角 4. 岩体的弹性模量 5. 土体的变形模量及压缩模量 6. 泊松比 7. 标准贯入锤击数 8. 静止侧压力系数 9. 基床系数 10. 岩石质量指标(RQD)	岩土矿物组成及工程特性	1. 矿物组成 2. 浸水崩解度 3. 吸水率、膨胀率 4. 热物理指标
		有害气体	1. 土的化学成分 2. 有害气体成分、压力、含量

盾构法勘察岩土参数选择表 表1-5

类　别	参　数	类　别	参　数
地下水	1. 地下水位 2. 孔隙水压力 3. 渗透系数	岩土物理性质	1. 相对密度、含水率、密度、孔隙比 2. 含砾石量、含砂量、含粉砂量、含黏土量 3. d_{10}、d_{50}、d_{60} 及不均匀系数 d_{60}/d_{10} 4. 砾石中的石英、长石等硬质矿物含量 5. 最大粒径、砾石形状、尺寸及硬度 6. 颗粒级配 7. 液限、塑限 8. 灵敏度 9. 围岩的纵、横波速度 10. 岩石矿物组成及硬质矿物含量
岩土力学性质	1. 无侧限抗压强度 2. 黏聚力、内摩擦角 3. 压缩模量、压缩系数 4. 泊松比 5. 静止侧压力系数 6. 标准贯入锤击数 7. 基床系数 8. 岩石质量指标(RQD) 9. 岩石天然湿度抗压强度	有害气体	1. 土的化学成分 2. 有害气体成分、压力、含量

综合以上三种工法,分析施工勘察中所需的岩土参数指标,本课程主要是从土的室内试验、岩石的室内试验以及盾构可掘进性相关室内试验三个方面进行介绍。

(1)土的室内试验:土的含水率试验、土的密度试验、土粒比重试验、土的颗粒分析试验、土的界限含水率试验、砂的相对密度试验、击实试验、承载比试验、回弹模量试验、渗透试验、固结试验、无侧限抗压强度试验、直接剪切试验、三轴剪切试验等。

(2)岩石的室内试验:含水率试验、颗粒密度试验、块体密度试验、吸水性试验、渗透性试验、膨胀性试验、耐崩解性试验、冻融试验、岩石断裂韧度测试试验、单轴压缩强度和变形试验、三轴压缩强度和变形试验、抗拉强度试验、直接剪切试验、点荷载试验等。

(3)盾构可掘进性相关室内试验:岩石硬度试验、滚刀破岩试验、钻速指数试验、磨蚀性试验等。

最后,利用岩土工程试验结果对隧道掘进预测的模型进行了简要介绍。

第 2 章
CHAPTER 2

土的物理性质试验

土是由岩石经过物理与化学风化作用后的产物,是由各种大小不同的土粒按不同的比例组成的集合体,土粒之间的孔隙中包含着水和气体,因此,土为固相、液相、气相组成的三相体系。由于空气易被压缩,水能从土体流出或流进,土的三相的相对比例会随时间和荷载条件的改变而改变,土的一系列性质也随之改变。从物理的观点,定量地描述土的物理特性、土的物理状态以及三相比例关系,即构成土的物理性质指标,包括土的三相比例指标、界限含水率、相对密度等。利用这些指标,可对土进行鉴别和分类,判定土的物理状态。

2.1 密度试验

土的密度 ρ 是土质量密度的简称,指单位体积土样的质量,即土的总质量(m)与其体积(V)之比,是土的基本物理性质指标,单位为 g/cm³。土的密度反映了土体结构的松紧程度,是计算土的自重应力、干密度、孔隙比、孔隙率等指标的主要依据,也是挡土墙土压力计算、土坡稳定性验算、地基承载力和沉降量估算以及路基路面施工填土压实度控制的主要指标之一,也是盾构掘进中掌子面支撑压力选择计算的重要参数。

当用国际单位制计算土的重力时,由土的质量产生的单位体积的重力称为土的重力密度 γ,简称重度,其单位是 kN/m³。重度由密度乘以重力加速度求得,即 $\gamma = \rho g$。

土的密度一般情况下是指土的湿密度 ρ,相应的重度称为湿重度 γ。除此以外,还有土的干密度 ρ_d、饱和密度 ρ_{sat} 以及有效密度 ρ',相应的有干重度 γ_d、饱和重度 γ_{sat} 和有效重度 γ'。

(1)试验方法及原理

测定方法有环刀法、蜡封法、灌水法和灌砂法等。

①环刀法:采用一定容积的环刀切取土样并称土样质量的方法,环刀内土的质量与环刀容积之比即为土的密度。环刀法操作简便且准确,在室内和野外均普遍采用,但环刀法仅适用于

测定不含砾石颗粒的细粒土的密度。

②蜡封法：也称浮称法，其原理是依据阿基米德原理，即物体在水中减小的重量等于排开同体积水的重量，以此来测出土的体积。为考虑土体浸水后崩解、吸水等问题，在土体外涂一层蜡。该方法特别适用于易破裂土和形状不规则的坚硬黏性土。

③灌水法：在现场挖坑后灌水，由水的体积来量测试坑容积从而测定土的密度的方法。该方法适用于现场测定粗粒土和巨粒土的密度，特别是巨粒土的密度，从而为粗粒土和巨粒土提供施工现场检验密实度的手段。

④灌砂法：首先在现场挖一个坑后，然后向试坑中灌入粒径为 0.25~0.50mm 的标准砂，由标准砂的质量和密度来测量试坑的容积，从而测定土的密度的方法。该方法主要用于现场测定粗粒土的密度。

下面介绍环刀法试验，其余测试方法可参考《土工试验方法标准》（GB/T 50123—2019）。

（2）主要仪器设备

①环刀：内径为 61.8mm（面积 30cm²）或 79.8mm（面积 50cm²），高度为 20mm，壁厚 1.5mm。

②天平：称量 500g，分度值 0.1g；称量 200g，分度值 0.01g。

③其他：削土刀、钢丝锯、玻璃片、凡士林等。

（3）操作步骤

①首先取一个环刀并记录环刀上的编号，再把环刀放在天平上称取它的质量 m_1。

②根据工程需要取原状土或所需湿密度的扰动土样，其直径和高度应大于环刀的尺寸。切取原状土样时，应保持原来结构并使试样保持与天然土层受荷方向一致。

③先削平土样两端，然后在环刀内壁涂一薄层凡士林，刀口向下放在土样上，用切土刀将土样削成略大于环刀直径的土柱，然后将环刀下压，边压边削，直至土样伸出环刀为止。

④根据试样的软硬程度，采用钢丝锯或切土刀将两端余土削去修平，并及时在两端盖上圆玻璃片，以免水分蒸发。注意修平土样时，不得用刮刀往复涂抹土样，以免土面孔隙堵塞。

⑤擦净环刀外壁，称环刀和土的质量 m_2，精确至 0.1g。

（4）结果整理与记录

①分别按下式计算土样的湿密度和干密度：

$$\rho = \frac{m_2 - m_1}{V} \tag{2-1}$$

$$\rho_d = \frac{\rho}{1 + 0.01w} \tag{2-2}$$

式中：ρ——湿密度，g/cm³，精确至 0.01g/cm³；

m_2——环刀加湿土质量，g；

m_1——环刀质量，g；

V——环刀容积，cm³；

ρ_d——干密度，g/cm³，精确至 0.01g/cm³；

w——含水率，%，代入计算时要去掉百分号，如含水率为 36.2%，则 w 取 36.2。

②环刀法密度试验应进行两次平行测定，两次测定的差值不得大于 0.03g/cm³，取两次试

验结果的平均值。

③数据记录与初步整理,填写附表2-1,同时应对试验过程中的环境温度做出标记。

(5)注意事项

①使用环刀切试样时,环刀应垂直均匀下压,以防环刀内试样的结构被扰动。

②土样用环刀切取整平后,在称量前应在环刀两端盖上玻璃片,以防水分损失。

2.2 含水率试验

土的含水率是试样在105~110℃温度下烘至恒量时所失去的水质量和达到恒量后干土质量的比值,用百分数表示。土体中的自由水和弱结合水在105~110℃的温度下全部变成水蒸气挥发,土体颗粒质量不再发生变化,此时土的质量为土颗粒质量与强结合水质量之和。

含水率是土的基本物理性指标之一,它反映了土的干、湿状态。含水率的变化将使土的物理力学性质发生一系列的变化,它可使土变成半固态、可塑状态或流动状态,可使土变成稍湿状态、很湿状态和饱和状态,也可造成土的压缩性和稳定性上的差异。含水率还是计算土的干密度、孔隙比、饱和度、液性指数等项指标不可缺少的依据,也是建筑物地基、路堤、土坝等施工质量控制的重要指标。

(1)试验方法及原理

含水率试验方法有多种,如烘干法、酒精燃烧法、炒干法、比重法、碳化钙气压法等。

其中,烘干法为含水率试验的标准方法,适用于黏土、砂土、有机质土(有机质含量不超过干土质量的5%,当有机质含量在5%~10%之间,仍用本方法时,应在记录中注明)和冻土类。烘干法是将已知质量的土样放入烘箱内,在规定温度下烘至恒量,冷却后称出干土的质量,计算土的含水率的方法。由于用烘干法测定土的含水率试验简便、结果稳定,目前我国多以此方法作为室内试验的标准方法。

当受试验环境限制,不能满足烘焙条件时,可依现场情况选用酒精燃烧法(适用于砂性土、黏性土)、实容积法(适用于黏性土)、比重法(适用于砂性土)、炒干法(适用于砾质土)等。

①酒精燃烧法。将无水酒精加入土样中点火燃烧,将土样烧干使土中水分蒸发,重复燃烧数次,称出燃烧后土的质量,计算土的含水率。酒精燃烧法是快速简易且较准确测定细粒土含水率的一种方法,适用于没有烘箱或试样较少的情况。此为非标准试验方法,适用于不含或少含有机质的土。

②炒干法。将土样放在铁盘内在电炉上炒干,称出炒干前后试样的质量,计算土的含水率。此为非标准试验方法,适用于含砂砾较多的土。

③比重法。通过测定湿土体积,估计土粒比重,从而间接计算土的含水率。土体内气体能否充分排出,将直接影响到试验结果的精度,故比重法仅适用于砂类土。

④碳化钙气压法。该法是公路上快速简易测定土的含水率的方法,其原理是令试样中的水分与碳化钙吸水剂发生化学反应,产生乙炔气体,其化学方程式为:

$$CaC_2 + 2H_2O \rightarrow Ca(OH)_2 + C_2H_2 \uparrow$$

从以上的化学方程式可以看出,乙炔(C_2H_2)的含量与土中水分的含量有关,乙炔气体所产生的压力强度与土中水分的质量成正比,通过测定乙炔气体的压力强度,并与烘干法进行对比,从而可得出试样的含水率。

下面主要介绍烘干法。

(2)主要仪器设备

①电热烘箱:应能控制温度为 $105 \sim 110℃$。

②天平:称量 200g,分度值 0.01g;称量 1000g,分度值 0.1g。

③其他:干燥器(内有硅胶或 $CaCl_2$ 干燥剂)、称量盒(铝盒)。

(3)操作步骤

①取一个称量盒并记录盒号,然后用天平称取盒的质量 m_0,精确至 0.01g。

②取代表性试样 15~30g 或用环刀中的试样,或有机质土、砂类土和整体状的冻土 50g,放入称量铝盒内,并立即盖好盒盖,称铝盒加湿土质量 m_1,精确至 0.01g。

③打开盒盖,将盒盖套在盒底下(以免丢失或拿错),一起放入烘箱内,在 $105 \sim 110℃$ 下烘至恒量。烘干时间对黏土、粉土不得少于 8h;对砂土不得少于 6h;对含有机质超过干土质量 5% 的土,应将温度控制在 $65 \sim 70℃$ 的恒温下烘至恒量。

④将称量盒从烘箱中取出,盖上盒盖,放入干燥容器内冷却至室温,称盒加干土质量记为 m_2,精确至 0.01g。

(4)结果整理与记录

①按下式计算土的含水率,精确至 0.1%:

$$w = \frac{m_1 - m_2}{m_2 - m_0} \times 100 \tag{2-3}$$

式中:w——含水率,%;

m_0——称量盒(铝盒)质量,g;

m_1——盒加湿土质量,g;

m_2——盒加干土质量,g。

②本试验应进行两次平行测定,两次测定的差值,当含水率小于 40% 时不得大于 1%,当含水率等于或大于 40% 时不得大于 2%。取两次测值的平均值。

③数据记录与初步整理,填写附表 2-2,同时对试验过程中的其他重要情况要记录标明。

(5)注意事项

①含水率试验应在打开土样包装后立即进行,以免水分改变,从而影响试验结果。

②使用称量盒前,应检查盒盖与盒底号码是否一致,发现不一致时应另换相符者进行称量。

③含有机质土在 $105 \sim 110℃$ 温度下经长时间烘干后,有机质特别是腐殖酸会在烘干过程中逐渐分解且不断损失,使测得的含水率比实际的含水率大,土中有机质含量越高误差就越大。故本试验对有机质含量超过 5% 的土,规定在 $65 \sim 70℃$ 的恒温下进行烘干。

④烘干的试样应先在干燥器内冷却至室温再称质量,一是避免因天平受热不均影响称量精度,二是防止热土吸收空气中的水分。

2.3 比重试验

土粒比重定义为土粒在 105～110℃温度下烘至恒量时的质量与同体积4℃时纯水质量的比值。根据国家标准《岩土工程基本术语标准》(GB/T 50279—2014),仍然使用"土粒比重"这个无量纲的名词作为土工试验中的专用名词。土的比重是土中各矿物的比重之平均值即组成土的矿物颗粒密度的平均值,其值常与组成土矿物的种类及其含量有关。比重试验方法包括比重瓶法、浮称法和虹吸筒法。

2.3.1 比重瓶法

根据《土工试验方法标准》(GB/T 50123—2019),本试验方法适用于粒径小于5mm的土。

(1)主要仪器设备

①比重瓶:容积 100mL 和 50mL,分长颈和短颈两种。

②恒温水槽:精度应为 ±1℃。

③砂浴:应能调节温度。

④天平:称量 200 g,分度值 0.001g。

⑤温度计:刻度为 0～50℃,分度值为 0.5℃。

(2)试验步骤

①比重瓶的校准。

a.将比重瓶洗净、烘干,称比重瓶质量,精确至 0.001g。

b.将煮沸经冷却的纯水注入比重瓶。对长颈比重瓶注水至刻度处,对短颈比重瓶应注满纯水,塞紧瓶塞,多余水分自瓶塞毛细管中溢出。将比重瓶放入恒温水槽直至瓶内水温稳定。取出比重瓶,擦干外壁,称瓶和水的总质量,精确至 0.001g。并测定恒温水槽内水温,精确至0.5℃。测量两次,取其算术平均值,其最大允许平均差值应为 ±0.002g。

c.调节数个恒温水槽内的温度,温度差宜为 5℃,测定不同温度下的比重瓶和水的总质量。每个温度时均应进行两次平行测定,两次测定的最大允许平行差值应为 ±0.002g,取两次测值的平均值。以瓶、水总质量为横坐标,温度为纵坐标,绘制温度与瓶、水总质量关系曲线。

②比重瓶法比重试验。

a.将比重瓶烘干。称烘干试样15g(当用 100mL 的比重瓶时称粒径小于 5mm 的烘干试样15g;当用 50mL 的比重瓶时称粒径小于5mm的烘干试样12g)装入比重瓶,称瓶和试样的总质量,精确至 0.001 g。

b.向比重瓶内注入半瓶纯水或中性液体,摇动比重瓶,并放在砂浴上煮沸。悬液煮沸时间为:砂性土不应少于 30 min;黏性土不应少于 1 h。沸腾后应调节砂浴温度,比重瓶内悬液不得溢出。对砂性土宜用真空抽气法;对含有可溶盐、有机质和亲水性胶体的土用中性液体代替纯水时,应用真空抽气法排气。抽气时,真空度应接近一个大气负压值,真空压力表读数宜为

–98kPa，抽气时间宜为 1 ~ 2h，直至悬液内无气泡逸出为止。

c. 将煮沸经冷却的纯水或中性液体注入装有试样的比重瓶。当用长颈瓶时注纯水至刻度处；当用短颈瓶时应将纯水注满，塞紧瓶塞，多余水分可自瓶塞毛细管中溢出。将比重瓶置于恒温水槽内至温度稳定，且瓶内上部悬液澄清。取出比重瓶，擦干瓶外壁，称比重瓶、水、试样的总质量，精确至 0.001g；并应测定瓶内水的温度，精确至 0.5℃。

d. 从温度与瓶、水总质量关系曲线中查得各试验温度下的比重瓶、水总质量。

（3）结果计算

根据试验数据，代入下式计算：

$$G_s = \frac{m_d}{m_{bw} + m_d - m_{bws}} \cdot G_{wT} \tag{2-4}$$

式中：m_{bw}——比重瓶、水总质量，g；

m_{bws}——比重瓶、水、土总质量，g；

G_{wT}——T℃时纯水或中性液体的比重。水的比重可查"物理手册"；中性液体的比重应实测，称量应精确至 0.001g。

采用比重瓶法试验，应进行两次平行测定，试验结果取其算术平均值，其最大允许平行差值应为 ±0.02。

（4）试验记录

比重瓶法试验的记录包括工程编号、试样编号、比重瓶编号、干土质量、瓶、水总质量以及瓶、水、试样总质量和悬液温度。表 2-1 是 T℃时水的密度 ρ_{wT} 参考表，附表 2-3 即为试验记录表，需注意记录试验过程中的重大事件。

表 2-1

T℃ 时水的密度 ρ_{wT}

温度 （℃）	水的密度 （g/cm³）	温度 （℃）	水的密度 （g/cm³）	温度 （℃）	水的密度 （g/cm³）
4.0	1.0000	15.0	0.9991	26.0	0.9968
5.0	1.0000	16.0	0.9989	27.0	0.9965
6.0	0.9999	17.0	0.9988	28.0	0.9962
7.0	0.9999	18.0	0.9986	29.0	0.9959
8.0	0.9999	19.0	0.9984	30.0	0.9957
9.0	0.9998	20.0	0.9982	31.0	0.9953
10.0	0.9997	21.0	0.9980	32.0	0.9950
11.0	0.9996	22.0	0.9978	33.0	0.9947
12.0	0.9995	23.0	0.9975	34.0	0.9944
13.0	0.9994	24.0	0.9973	35.0	0.9940
14.0	0.9992	25.0	0.9970	36.0	0.9937

注：1. $G_{wT} = \rho_{wT}/\rho_{w0}$，$\rho_{wT}$ 即从上表查得。

　　2. ρ_{w0} 为 4℃时水的密度，即 $\rho_{w0} = 1g/cm^3$。

2.3.2　浮称法

根据《土工试验方法标准》（GB/T 50123—2019），浮称法适用于粒径不小于 5mm 的各类土,且其中粒径大于20mm的土质量应小于总土质量的10%。

（1）主要仪器设备

①铁丝筐:孔径小于5mm,直径为10～15cm,高为10～20cm。

②盛水容器:尺寸应大于铁丝筐。

③浮称天平:称量2kg,分度值0.2g;称量10kg,分度值1g,如图2-1所示。

④筛:孔径为5mm、20mm。

⑤其他:烘箱,温度计。

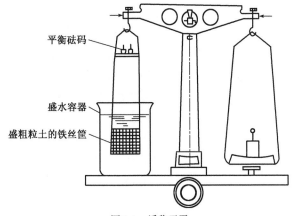

平衡砝码

盛水容器

盛粗粒土的铁丝筐

图2-1　浮称天平

（2）操作步骤

①取代表性试样500～1000g,冲洗试样,直至颗粒表面无尘土和其他污物。表面清洗后将试样浸没于水中24h后取出,将试样放在湿毛巾上擦干表面,即为饱和面干试样。称取饱和面干试样质量后,立即放入铁丝筐,缓缓浸没于水中,并在水中摇动,至试样中无气泡逸出。

②称铁丝筐和试样在水中的质量,取出试样烘干并称烘干试样质量。

③称铁丝筐在水中的质量,并测定盛水容器内水的温度,精确至0.5℃。

（3）结果计算

根据试验数据,代入下式计算:

$$G_{d} = \frac{m_{d}}{m_{d} - (m_{ks} - m_{k})} G_{wT} \tag{2-5}$$

式中:m_{ks}——铁丝筐和试样在水中的质量,g;

$\quad\quad m_{k}$——铁丝筐在水中的质量,g;

$\quad\quad m_{d}$——试样烘干质量,g;

$\quad\quad G_{wT}$——T℃时纯水的比重,查有关物理手册。

（4）试验记录

附表2-4为浮称法试验记录表,需注意记录试验过程中的重大事件。

2.3.3　虹吸筒法

根据《土工试验方法标准》（GB/T 50123—2019）,虹吸筒法适用于粒径不小于5mm的各类土,且其中粒径大于20mm的土质量应不小于总土质量的10%。

（1）主要仪器设备

①虹吸筒（图2-2）。

②天平：称量10kg，分度值1g。

③量筒：容积应大于2000mL。

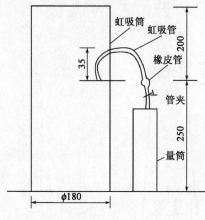

图2-2 虹吸筒（尺寸单位：mm）

（2）操作步骤

①取代表性试样1000～7000g，试样应清洗洁净后浸入水中24h后取出晾干，对大颗粒试样宜用干布擦干表面并称晾干后试样质量。

②将清水注入虹吸筒，至虹吸管口有水溢出时停止注水，待管口不再有水流出后，关闭管夹。将试样缓缓放入虹吸筒中，边放边搅拌，至试样中无气泡逸出为止，搅动时水不得溅出筒外。

③当虹吸筒内水面平稳后，开管夹，让试样排开的水通过虹吸管流入量筒，称量筒与水总质量，精确至0.1g，并测定量筒内水温，精确至0.5℃。

④取出试样烘至恒量，称烘干试样质量，精确至0.1g，筒质量精确至1g。

（3）结果计算

根据试验数据，代入下式计算：

$$G_{s} = \frac{m_{d}}{(m_{cw} - m_{c}) - (m_{ad} - m_{d})} \cdot G_{wT} \tag{2-6}$$

式中：m_c——量筒质量，g；

m_{cw}——量筒与排开水总质量，g；

m_{ad}——晾干试样的质量，g。

（4）试验记录

附表2-5为虹吸筒法试验记录表，需注意记录试验过程中的重大事件。

2.4 颗粒分析试验

土的颗粒组成在一定程度上反映了土的性质，工程上常依据颗粒组成对土进行分类，粗粒土主要是依据颗粒组成进行分类的；细粒土由于矿物成分、颗粒形状及胶体含量等因素，则不能单以颗粒组成进行分类，而要借助于塑性图或塑性指数进行分类。颗粒分析试验可分为筛析法、密度计法和移液管法，对于粒径大于0.075mm的土可用筛析法测定，而对于粒径小于0.075mm的土则用密度计法和移液管法来测定。本节主要介绍筛析法和密度计法，移液管法可参考《土工试验方法标准》（GB/T 50123—2019）。

除此之外,激光粒度仪也被广泛运用于颗粒级配以及颗粒形状的测量,本节也将简要介绍。

2.4.1 筛析法

筛析法是利用孔径不同的标准筛来分离一定量的砂土中与筛孔径相应的粒组,而后称量,计算各粒组的相对含量,确定土的粒度成分。

筛析法的取样数量,应符合表 2-2 的规定。

取 样 数 量 规 定

表 2-2

颗粒尺寸(mm)	取样数量(g)
<2	100～300
<10	300～1000
<20	1000～2000
<40	2000～4000
<60	4000 以上

(1)主要仪器设备

①标准筛(图 2-3):

a. 粗筛,孔径为 60mm、40mm、20mm、10mm、5mm、2mm。

b. 细筛,孔径为 2.0mm、1.0mm、0.5mm、0.25mm、0.1mm、0.075mm。

②天平:称量 5000g,分度值 1g;称量 1000g,分度值 0.1g;称量 200g,分度值 0.01g。

③振筛机:筛析过程中应能上下振动。

④其他:烘箱、研钵、瓷盘、毛刷等。

(2)操作步骤

①砂砾土:

a. 按表 2-2 的规定称取试样质量,应精确至 0.1g,试样数量超过 500g 时,应精确至 1g。

b. 将试样过 2mm 筛,称筛上和筛下的试样质量。当筛下的试样质量小于试样总质量的 10% 时,不做细筛分析;当筛上的试样质量小于试样总质量的 10% 时,不做粗筛分析。

图 2-3 标准筛

c. 取筛上的试样倒入依次叠好的粗筛中,筛下的试样倒入依次叠好的细筛中,进行筛析。细筛宜置于振筛机上振筛,振筛时间宜为 10～15min。再按由上而下的顺序将各筛取下,称各级筛上及底盘内试样的质量,应精确至 0.1g。

d. 筛后各级筛上和筛底上试样质量的总和与筛前试样总质量的差值,不得大于试样总质量的 1%。

注:根据土的性质和工程要求可适当增减不同筛径的分析筛。

②当对含有黏土粒的砂砾土进行筛析法试验时,应按下列步骤进行:

a. 按表 2-2 的规定称取代表性试样,置于盛水容器中充分搅拌,使试样的粗细颗粒完全分离。

b. 将容器中的试样悬液通过 2mm 筛, 边搅拌边冲洗边过筛, 直至筛上仅留大于 2mm 的土粒为止。然后取筛上的试样烘至恒量, 称烘干试样质量, 应精确到 0.1g, 并按砂砾土筛析法试验步骤 c、d 进行粗筛分析。取筛下的试样悬液, 用带橡皮头的研杆研磨, 再过 0.075mm 筛, 并将筛上试样烘至恒量, 称烘干试样质量, 应精确至 0.1g, 然后按砂砾土筛析法试验步骤 c、d 进行细筛分析。

c. 当粒径小于 0.075mm 的试样质量大于试样总质量的 10% 时, 应按密度计法或移液管法测定小于 0.075mm 的颗粒组成。

(3)结果计算

小于某粒径的试样质量占试样总质量的百分比, 应按下式计算:

$$X = \frac{m_A}{m_B} \cdot d_x \tag{2-7}$$

式中:X——小于某粒径的试样质量占试样总质量的百分比, %;

m_A——小于某粒径的试样质量, g;

m_B——细筛分析时为所取的试样质量, 粗筛分析时为试样总质量, g;

d_x——粒径小于 2mm 或粒径小于 0.075mm 的试样质量占试样总质量的百分比, %。

以小于某粒径的试样质量占试样总质量的百分比为纵坐标, 颗粒粒径为横坐标, 在单对数坐标上绘制颗粒大小分布曲线, 如图 2-4 所示。

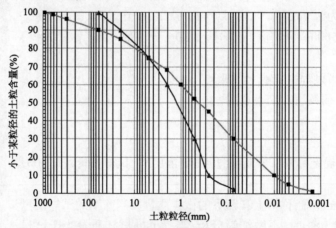

图 2-4 单对数坐标上的颗粒大小分布曲线

必要时需计算级配指标:不均匀系数和曲率系数。

①不均匀系数按下式计算:

$$C_u = \frac{d_{60}}{d_{10}} \tag{2-8}$$

式中:C_u——不均匀系数;

d_{60}——限制粒径, mm, 颗粒大小分布曲线上的某粒径, 小于该粒径的土含量占总质量的 60%;

d_{10}——有效粒径, mm, 颗粒大小分布曲线上的某粒径, 小于该粒径的土含量占总质量的 10%。

②曲率系数按下式计算：

$$C_c = \frac{d_{30}^2}{d_{10} \cdot d_{60}} \qquad (2-9)$$

式中：C_c——曲率系数；

d_{30}——颗粒大小分布曲线上的某粒径，mm，小于该粒径土含量占总质量的30%。

（4）试验记录

附表2-6为颗粒分析试验记录（筛析法）记录表，需注意记录试验过程中的重大事件。

2.4.2 密度计法

密度计法是根据斯托克斯（Stokes）定律计算悬液中不同大小土粒的直径，并利用密度计测定其相应不同大小土粒质量的百分数。

（1）斯托克斯定律

斯托克斯研究了球体颗粒在悬液中下沉问题，认为不同球体颗粒在悬液中的下沉速度 v 与其直径大小 d 有关，这种反映悬液中颗粒下沉速度和粒径关系的规律，称为斯托克斯定律。按照这一定律，土颗粒在溶液中下沉时，较大的土粒首先下沉，经过某一时段 t，只有比某一粒径 d 小的土粒仍然浮在悬液中，这些土粒在悬液中通过铅直距离 L，在时间 t 内下沉速度 v 为：

$$v = \frac{L}{t} = \frac{\rho_s - \rho_w}{1800\eta} d^2 \qquad (2-10)$$

或

$$d = \sqrt{\frac{18\eta v}{\rho_s - \rho_w}} = \sqrt{\frac{1800\eta}{(G_s - G_{wT})\rho_{w0}} \cdot \frac{L}{t}} \qquad (2-11)$$

式中：η——纯水的动力黏滞系数，Pa·s（10^{-3}）；

d——土颗粒粒径，mm；

ρ_s——土粒的密度，g/cm³；

G_s——土粒的比重；

ρ_w——水的密度，g/cm³；

ρ_{w0}——温度4℃时水的密度，g/cm³；

G_{wT}——温度 T℃时水的比重；

L——某一时间 t 内土粒的沉降距离，cm；

t——沉降时间，s。

为了简化计算，采用图2-5的斯托克斯列线图，便可求得粒径 d 值。此时，悬液中在 L 范围内所有土粒的直径都比计算得到的 d 值小，而直径大于 d 的土粒都下沉到比 L 大的深度处。

（2）悬液中土粒质量的百分数

设 V 为悬液的体积，W_s 为该悬液内所含土颗粒总质量。故开始时悬液单位体积内的土粒质量为 $\dfrac{W_s}{V}$，土粒的体积为 $\dfrac{W_s}{V\rho_{w0}G_s}$。单位体积的悬液是由土粒和水组成，则水的体积应为 $1 - \dfrac{W_s}{G_s\rho_{w0}V}$，水的质量为 $\rho_{wT}\left(1 - \dfrac{W_s}{G_s\rho_{w0}V}\right)$，式中，$\rho_{wT}$ 为试验开始时温度为 T℃的水的密度。

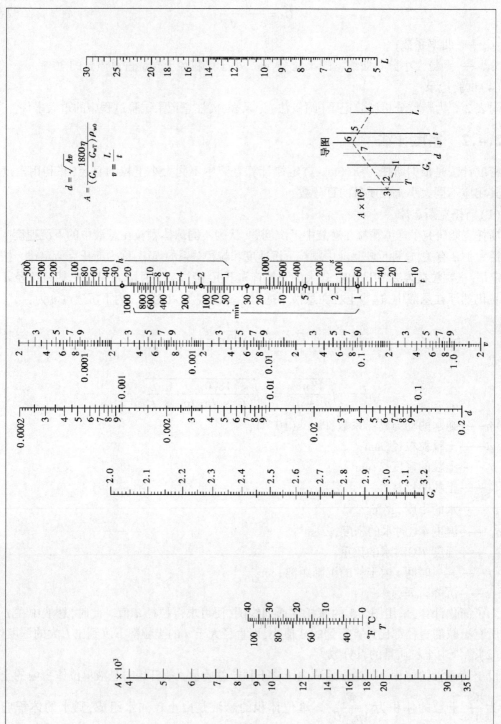

图 2-5　斯托克斯列线图

则开始时土粒均匀分布的悬液密度为：

$$(\rho_{su})_i = \frac{W_s}{V} + \rho_{wT}\left(1 - \frac{W_s}{G_s\,\rho_{w0}V}\right) \tag{2-12}$$

或

$$(\rho_{su})_i = \rho_{wT} + \frac{W_s}{V}\left(\frac{\rho_s - \rho_{wT}}{\rho_s}\right) \tag{2-13}$$

式中其他符号的意义同前。

现从量筒中液面下深度 L 处，取一微小体积的悬液进行研究。自开始下沉至 t 时间，悬液内大于粒径 d 的土粒，都通过此微小体积而下沉，小于粒径 d 的土粒一部分已通过此微小体积的底部，另一部分同时进入该体积的顶部，故该微小体积内小于粒径 d 的数量保持不变。设时间为 t，该微小体积内小于粒径 d 的土粒质量为 W_s'，则与总体积 V 内土粒质量 W_s 之比为 X（%），即：

$$X(\%) = \frac{W_s'}{W_s} \times 100 \tag{2-14}$$

则单位体积内小于粒径 d 的土粒质量为 $\dfrac{W_x}{V} \times X(\%)$。故经过时间 t 后在深度 L 处该微小体积悬液的密度 ρ_{sut}，可由式(2-13)求得：

$$\rho_{sut} = \rho_{wt} + \left[\frac{W_s}{V} \times X(\%)\right]\left(\frac{\rho_s - \rho_{wt}}{\rho_s}\right) \tag{2-15}$$

或

$$X(\%) = \frac{\rho_s}{\rho_s - \rho_{wt}} \times \frac{V}{W_s}(\rho_{sut} - \rho_{wt}) \times 100 \tag{2-16}$$

用密度计测得任何时间 t、任何深度 L 处 1000mL 悬液内的密度 ρ_{sut}，即可按上式算得小于某粒径 d 的土粒质量的百分数。

（3）主要仪器设备

①密度计：甲种或乙种，见表2-3。

密 度 计 的 类 型　　　　　　　　　　　　　　表2-3

仪器设备名称	量　　　程	准　确　度	分　辨　率
甲种密度计	$-5 \sim 50$	符合要求	0.5
乙种密度计	$0.995 \sim 1.020$	符合要求	0.0002

②量筒：容积为 1000mL，内径为 60mm，高约 450mm，刻度为 $0 \sim 1000$mL，精确至 10mL。

③搅拌器：底板直径 50mm，孔径 3mm，杆长约 400mm，带螺旋叶。

④洗筛：孔径为 0.075mm。

⑤天平：称量 1000g，分度值 0.1g；称量 200g，分度值 0.01g。

⑥煮沸设备。

⑦温度计：刻度为 $0 \sim 50℃$，分度值为 0.5℃。

⑧洗筛漏斗：上口直径略大于洗筛直径，下口直径略小于量筒内径。

⑨其他：烘箱、干燥器、秒表、锥形瓶（500mL）、瓷盘、木碾、橡皮板、研钵（带橡皮头研杵）、

称量盒、漏斗及蒸馏水等。

(4)试验准备

①分散剂校正。

密度计刻度系以纯水为准,当悬液中加入分散剂时,相对密度增大,故需加以校正。操作步骤如下:

注纯水入量筒,然后加分散剂,使量筒溶液达1000mL。用搅拌器在量筒内沿整个深度上下搅拌均匀,控制恒温至20℃。然后将密度计放入溶液中,测记密度计读数。此时密度计读数与20℃纯水中读数之差,即为分散剂校正值。

②土样分散处理。

进行分散之前,用煮沸后的蒸馏水,按1∶5的土水比浸泡土样,摇振3min,澄清约半小时后,用酸度计或pH试纸测定土样悬液的pH值。按照酸性土(pH<6.5)、中性土(6.5≤pH≤7.5)、碱性土(pH>7.5)分别选用分散剂。

土样采用分散剂处理,分散剂的选择见表2-4。对于使用各种分散剂均不能分散的土样(如盐渍土等),须进行洗盐。

土样分散剂选择 表2-4

土名	pH	土质量+试剂溶液	溶液配制			
			试剂	试剂质量(g)	蒸馏水(定容)	备注
酸性土	<6.5	30g土样加0.5mol/L(20mL)	NaOH	20	1000	化学纯
中性土	6.5~7.5	30g土样加0.25mol/L(18mL)	$Na_2C_2O_4$	33.5	1000	化学纯
碱性土	>7.5	30g土样加0.083mol/L(15mL)	$(NaPO_3)_6$	51	1000	化学纯

注:1. 易分散土:25%氨水,30g土加1mL氨水。

2. 难分散土:用阳离子交换树脂(粒径>2mm)100g放入土样中,一起浸泡,持续摇荡2h,过2mm筛,将阳离子交换树脂分开,加入0.083mol/L六偏磷酸钠15mL。

3. 洗盐。

(5)试验步骤

①试验的试样宜采用风干试样。当试样中易溶盐含量大于总质量0.5%时,应洗盐。易溶盐含量的检验方法可用电导法或目测法。

a. 电导法:按电导率仪使用说明书操作,测定T℃时试样溶液(土水比为1∶5)的电导率,20℃时的电导率按下式计算:

$$K_{20} = \frac{K_T}{1 + 0.02(T - 20)} \tag{2-17}$$

式中:K_{20}——20℃时悬液的电导率,μS/cm;

K_T——T℃时悬液的电导率,μS/cm;

T——测定时悬液的温度,℃。

当K_{20}大于1000μS/cm时,应进行洗盐。

若K_{20}大于2000μS/cm,应按照《土工试验方法标准》(GB/T 50123—2019)测定易溶盐含量。

b. 目测法:取风干试样3g于烧杯中,加适量纯水调成糊状研散,再加纯水25mL,煮沸10min,冷却后移入试管中,放置过夜,观察试管,出现凝聚现象应洗盐。

②称取具有代表性风干试样 200～300g,过 2mm 筛,求出筛上试样占试样总质量的百分比。取筛下土测定风干试样含水率。

③试样干质量为 30g 的风干试样质量按下式计算。

当易溶盐含量小于 1% 时:

$$m_0 = 30(1 + 0.01w_0) \tag{2-18}$$

当易溶盐含量大于或等于 1% 时:

$$m_0 = \frac{30(1 + 0.01w_0)}{1 - w} \tag{2-19}$$

式中:w——易溶盐含量,% ;

w_0——风干土含水率,% 。

为了检查水溶盐是否已洗干净,可用两个试管各取刚滤下的滤液 3～5mL,管中加入数滴 10% 盐酸及 5% 氯化钡;另一管中加入数滴 10% 硝酸及 5% 硝酸盐。若发现任一管中有白色沉淀时,说明土中的水溶盐仍未洗干净,应继续清洗,直至检查时试管中不再发现白色沉淀为止。将漏斗上的土样细心洗下,风干取样。

④将风干试样或洗盐后在滤纸上的试样,倒入 500mL 锥形瓶,注入纯水 200mL,浸泡约 12h,然后置于煮沸设备上煮沸,煮沸时间宜为 1h。

⑤将冷却后的悬液移入烧杯中,静置 1min,通过洗筛漏斗将上部悬液过 0.075mm 筛,遗留杯底沉淀物用带橡皮头研杵研散,再加适量水搅拌,静置 1min,再将上部悬液过 0.075mm 筛,如此反复清洗(每次清洗,最后所得悬液不得超过 1000mL)直至杯底砂粒洗净,将筛上和杯中砂粒合并洗入蒸发皿中,烘干、称量并按筛析法要求进行细筛分析,计算各级颗粒占试样总质量的百分比。

⑥将过筛悬液倒入量筒,加入 4% 六偏磷酸钠 10mL,再注入纯水至 1000mL(注:对加入六偏凝酸钠后仍产生凝聚的试样,应选用其他分散剂)。

⑦将搅拌器放入量筒中,沿悬液深度上下搅拌 1min,取出搅拌器,立即开动秒表,将密度计放入悬液中,测记 0.5min、1min、2min、5min、15min、30min、60min、120min 和 1440min 时的密度计读数。每次读数均应在预定时间前 10～20s 将密度计放入悬液中接近读数的深度,保持密度计浮泡处在量筒中心,不得贴近量筒内壁。

⑧密度计读数均以弯液面上缘为准。甲种密度计应精确至 0.5,乙种密度计应精确至 0.0002。每次读数后应取出密度计放入盛有纯水的量筒中,并应测定相应的悬液温度,精确至 0.5℃。放入或取出密度计时,应小心轻放,不得扰动悬液。

(6)数据处理与整理

①小于某粒径的试样质量占试样总质量的百分比应按下式计算:

a. 甲种密度计:

$$X = \frac{100}{m_d} C_s (R + m_T + n - C_D) \tag{2-20}$$

b. 乙种密度计:

$$X = \frac{100V}{m_d} C'_s [(R' - 1) + n' + m'_T - C'_D]\rho_{w20} \tag{2-21}$$

以上两式中：m_d——试样干质量，g；

      R、R'——甲、乙种密度计读数；

      C_s、C_s'——甲、乙种密度计土粒比重校正值，查表2-5；

      m_T、m_T'——甲、乙种密度计温度校正值，查表2-6；

      C_D、C_D'——甲、乙种密度计分散剂校正值（由试验室给出）；

      n、n'——甲、乙种密度计刻度及弯液面校正值，查试验室给出的图表；

      ρ_{w20}——20℃时水的密度，g/cm³。

土粒比重校正值   表2-5

土粒比重 G_s	比重校正值		土粒比重 G_s	比重校正值	
	甲种密度计 C_s	乙种密度计 C_s'		甲种密度计 C_s	乙种密度计 C_s'
2.50	1.038	1.666	2.70	0.989	1.588
2.52	1.032	1.658	2.72	0.985	1.581
2.54	1.027	1.649	2.74	0.981	1.575
2.56	1.022	1.641	2.76	0.977	1.568
2.58	1.017	1.632	2.78	0.973	1.562
2.60	1.012	1.625	2.80	0.969	1.556
2.62	1.007	1.617	2.82	0.965	1.549
2.64	1.002	1.609	2.84	0.961	1.543
2.66	0.998	1.603	2.86	0.958	1.538
2.68	0.993	1.595	2.88	0.954	1.532

温度校正值   表2-6

悬液温度（℃）	甲种密度计温度校正值 m_T	乙种密度计温度校正值 m_T'	悬液温度（℃）	甲种密度计温度校正值 m_T	乙种密度计温度校正值 m_T'
5.0	−2.2	−0.0014	14.0	−1.4	−0.0009
6.0	−2.2	−0.0014	14.5	−1.3	−0.0008
7.0	−2.2	−0.0014	15.0	−1.2	−0.0008
8.0	−2.2	−0.0014	15.5	−1.1	−0.0007
9.0	−2.1	−0.0013	16.0	−1.0	−0.0006
10.0	−2.0	−0.0012	16.5	−0.9	−0.0006
10.5	−1.9	−0.0012	17.0	−0.8	−0.0005
11.0	−1.9	−0.0012	17.5	−0.7	−0.0004
11.5	−1.8	−0.0011	18.0	−0.5	−0.0003
12.0	−1.8	−0.0011	18.5	−0.4	−0.0003
12.5	−1.7	−0.0010	19.0	−0.3	−0.0002
13.0	−1.6	−0.0010	19.5	−0.1	−0.0001
13.5	−1.5	−0.0009	20.0	−0.0	−0.0000

悬液温度 （℃）	甲种密度计 温度校正值 m_T	乙种密度计 温度校正值 m'_T	悬液温度 （℃）	甲种密度计 温度校正值 m_T	乙种密度计 温度校正值 m'_T
20.5	0.1	0.0001	30.5	3.9	0.0025
21.0	0.3	0.0002	31.0	4.2	0.0026
21.5	0.5	0.0003	31.5	4.4	0.0027
22.0	0.6	0.0004	32.0	4.6	0.0029
22.5	0.8	0.0005	32.5	4.8	0.0030
23.0	0.9	0.0006	33.0	5.0	0.0032
23.5	1.1	0.0007	33.5	5.3	0.0034
24.0	1.3	0.0008	34.0	5.5	0.0035
24.5	1.5	0.0009	34.5	5.8	0.0037
25.0	1.7	0.0010	35.0	6.0	0.0038
25.5	1.9	0.0011	35.5	6.2	0.0040
26.0	2.1	0.0013	36.0	6.5	0.0042
26.5	2.3	0.0014	36.5	6.7	0.0043
27.0	2.5	0.0015	37.0	7.0	0.0045
27.5	2.6	0.0016	37.5	7.3	0.0047
28.0	2.9	0.0018	38.0	7.6	0.0048
28.5	3.1	0.0019	38.5	7.9	0.0050
29.0	3.3	0.0021	39.0	8.2	0.0052
29.5	3.5	0.0022	39.5	8.5	0.0053
30.0	3.7	0.0023	40.0	8.8	0.0055

②试样颗粒粒径应按下式计算：

$$d = \sqrt{\frac{1800 \times 10^4 \cdot \eta}{(G_s - G_{wT}) \rho_{w0} g} \cdot \frac{L}{t}} \tag{2-22}$$

式中：η——水的动力黏滞系数，$kPa \cdot s \times 10^{-6}$，查表2-7；

　　G_{wT}——T℃时水的相对密度；

　　ρ_{w0}——4℃时纯水的密度，g/cm^3；

　　　t——沉降时间，s；

　　g——重力加速度，cm/s^2；

　　L——某一时间内的土粒沉降距离，cm。

③颗粒大小分布曲线，应按筛析法的步骤绘制，当密度计法和筛析法联合分析时，应将试样总质量折算后绘制颗粒大小分布曲线；并应将两段曲线连成一条平滑的曲线。

（7）试验记录

附表2-7为颗粒分析试验记录表（密度计法）。

水的动力黏滞系数、黏滞系数比、温度校正值表   表 2-7

温度 $T(℃)$	动力黏滞系数 $\eta(1 \times 10^{-6}$ kPa·s$)$	η_T/η_{20}	温度校正系数 T_p	温度 $T(℃)$	动力黏滞系数 $\eta(1 \times 10^{-6}$ kPa·s$)$	η_T/η_{20}	温度校正系数 T_p
5.0	1.516	1.501	1.17	17.5	1.074	1.066	1.66
5.5	1.493	1.478	1.19	18.0	1.061	1.050	1.68
6.0	1.470	1.455	1.21	18.5	1.048	1.038	1.70
6.5	1.449	1.435	1.23	19.0	1.035	1.025	1.72
7.0	1.428	1.414	1.25	19.5	1.022	1.012	1.74
7.5	1.407	1.393	1.27	20.0	1.010	1.000	1.76
8.0	1.387	1.373	1.28	20.5	0.998	0.988	1.78
8.5	1.367	1.353	1.30	21.0	0.986	0.976	1.80
9.0	1.347	1.334	1.32	21.5	0.974	0.964	1.83
9.5	1.328	1.315	1.34	22.0	0.963	0.953	1.85
10.0	1.310	1.297	1.36	22.5	0.952	0.943	1.87
10.5	1.292	1.279	1.38	23.0	0.941	0.932	1.89
11.0	1.274	1.261	1.40	24.0	0.919	0.910	1.94
11.5	1.256	1.243	1.42	25.0	0.899	0.890	1.98
12.0	1.239	1.227	1.44	26.0	0.879	0.870	2.03
12.5	1.223	1.211	1.46	27.0	0.859	0.850	2.07
13.0	1.206	1.194	1.48	28.0	0.841	0.833	2.12
13.5	1.188	1.176	1.50	29.0	0.823	0.815	2.16
14.0	1.175	1.163	1.52	30.0	0.806	0.798	2.21
14.5	1.160	1.148	1.54	31.0	0.789	0.781	2.25
15.0	1.144	1.133	1.56	32.0	0.773	0.765	2.30
15.5	1.130	1.119	1.58	33.0	0.757	0.750	2.34
16.0	1.115	1.104	1.60	34.0	0.742	0.735	2.39
16.5	1.101	1.090	1.62	35.0	0.727	0.720	2.43
17.0	1.088	1.077	1.64	—	—	—	—

2.4.3　激光粒度仪

激光粒度仪相对于传统的粒度测量仪器(如标准筛、沉降仪、显微镜等),具有测量速度快、动态范围大、操作简便、重复性好等优点。

(1)工作原理

激光粒度仪是根据光的散射原理测量粉颗粒的大小,集成了激光技术、现代光电技术、电子技术、精密机械和计算机技术。在近40年里,出现了多种光学结构的激光粒度仪,其技术特征可概括为:经典傅里叶变换结构、透镜后傅里叶变换结构、双镜头结构、多光速结构、多波长结构、系统无线局域网技术(PIDS)、球面接收技术、双向偏振光补偿技术和梯形窗口技术。

激光粒度仪经典的光路如图2-6所示。它由发射部分、接收器和测量窗口等三部分组成。发射部分由光源和光束处理器件组成,主要是为仪器提供单色的平行光作为照明光。接收器是仪器光学结构的关键。测量窗口主要是让被测样品在完全分散的悬浮状态下通过测量区,以便仪器获得样品的粒度信息。接收器由傅里叶透镜和光电探测器阵列(图2-7)组成。所谓傅里叶透镜就是针对物方在无限远、像方在后焦面的情况消除像差的透镜。激光粒度仪的光学结构是一个光学傅里叶变换系统,即系统的观察面为系统的后焦面。由于焦平面上的光强分布等于物体(不论其放置在透镜前的什么位置)的光振幅分布函数的数学傅里叶变换模的平方,即物体光振幅分布的频谱。激光粒度仪将探测器放在透镜的后焦面上,因此相同传播方向的平行光将聚焦在探测器的同一点上。激光器发出的激光束经聚焦、低通滤波和准值后,变成直径为8~25mm的平行光。平行光束照到测量窗口内的颗粒后,发生散射。散射光经过傅里叶透镜后,同样散射角的光被聚焦到探测器的同一半径上。一个探测单元输出的光电信号就代表一个角度范围(大小由探测器的内、外半径之差及透镜的焦距决定)内的散射光能量,各单元输出的信号就组成了散射光能的分布。尽管散射光的强度分布总是中心大、边缘小,但是由于探测单元的面积总是里面小、外面大,所以测得的光能分布的峰值一般是在中心和边缘之间的某个单元上。当颗粒直径变小时,散射光的分布范围变大,光能分布的峰值也随之外移,所以不同大小的颗粒对应于不同的光能分布,反之由测得的光能分布就可推算样品的粒度分布。

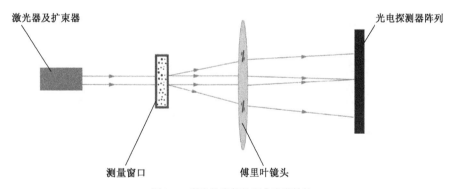

图2-6　激光粒度仪的经典光学结构

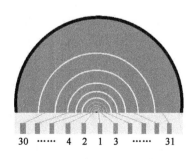

图2-7　光电探测器阵列示意图

　　测量下限是激光粒度仪重要的技术指标。激光粒度仪光学结构的改进基本上都是为了扩展其测量下限或是小颗粒段的分辨率。基本思路是增大散射光的测量范围、测量精度,或者减少照明光的波长。由英国马尔文仪器有限公司生产的 Mastersizer 2000 激光粒度仪(图 2-8)可对微米量级的小颗粒进行测量,使用波长为 466nm 的蓝光提高检测信号的强度。

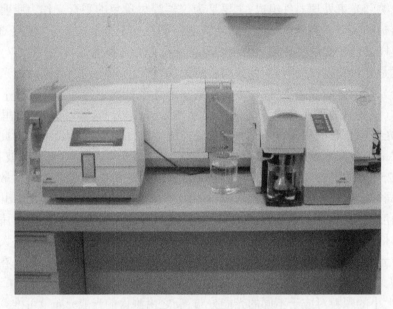

图 2-8　Mastersizer 2000 激光粒度仪

　　德国新帕泰克(SYMPATEC)公司研发并制造了世界上第一台具有干湿分散系统,能对大量快速移动颗粒直接进行粒度大小和粒形分析,且具有高速动态图像分析系统的最新粒度粒形分析仪,如图 2-9 所示。

图 2-9　具有高速动态图像分析系统的最新粒度粒形分析仪

为了扩大仪器的测量范围,该仪器采用了 8 组不同焦距的傅里叶镜头进行测试。由于探测器的半径不变,因此焦距越小,对应的散射角越大,即能测量的粒径越小。不同焦距的透镜对应于不同的测量范围。该仪器能够根据样品的粒度分布范围自动更换镜头,其中 6 组镜头的测量范围如图 2-10 所示。以 M7 为例,良好的形状识别并符合 ISO 测试范围在 $90\mu m \sim 3.41mm$ 之间,能够识别最小颗粒级最大的物理测试范围是在 $10\mu m \sim 10.24mm$ 之间。

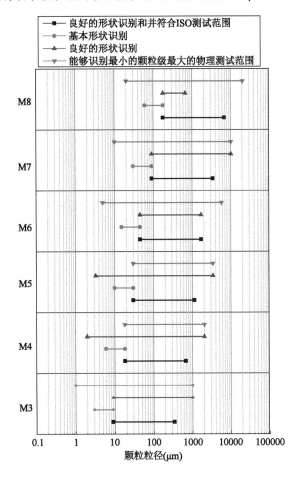

图 2-10　SYMPATEC 公司粒度仪不同镜头的测试范围

为了取得有代表性的样品和统计的可靠性,必须在很短的时间内对大量的颗粒进行图像采集,以保证取样的误差小于 1%。每次测量至少需要 10^6 个颗粒,采用现有的常规动态颗粒图像分析系统,每秒钟拍摄 25 幅图像,那么拍摄 10^6 个颗粒需要 $2000s$,时间太长,因此此设备采用高速图像采集系统(CMOS),每秒钟能拍摄 500 幅图像。同样拍摄 10^6 个颗粒,则仅需要 $100s$,大大提高了测试速度。本节根据 SYMPATEC 公司 QICPIC 粒度粒形分析仪使用手册,对激光粒度仪测试颗粒形状和颗粒粒径的方法进行介绍。

(2)主要设备

德国 SYMPATEC 公司的具有高速动态图像分析系统的最新粒度粒形分析仪适用于流动性好的干粉颗粒。主要包括以下几个部分:

①进样漏斗。

②分散通道。

③颗粒流对准器。

④颗粒回收滤网。

⑤激光光源。

⑥高速成像照相机。

⑦WINDOX5 软件系统。

（3）试验步骤

①选择样品参数（product parameters）工作页面，对同一次测量、不同样品参数将产生不同的计算结果。样品参数也可以在测量结束后进行修改。软件本身提供了许多不同的样品参数，参数修改之后，单击保存该记录，或者另存为一条新的记录。

②从量程列表中选择采用的量程（measuring range）。

③选择触发条件（trigger parameters）工作页面，触发条件决定着测量开始和结束方式。设置该参数时应考虑如下因素：

a. 对于悬浮物测量，应该通过"开始"按钮启动测量，经过一个固定时段后自动停止。

b. 对于干粉和喷雾测量，其开始和结束应该由测量信号（如浓度）进行控制。因为颗粒不是循环的，它们存在的时段受到样品数量的限制。因此，当它们通过测量区时，利用适当的触发条件捕获颗粒信号。

④在开始测量之前，单击仪器控制程序，选择输出页面（output page），设置测量结果的输出格式。

⑤测量结束后，利用输出页面的报告选项（report option）得到测量的结果报表。

（4）数据处理

①测试过程中可实时监测颗粒的测试结果，在数据库模式下可直接进行测量颗粒的视频播放，对选中的颗粒可直接显示出描述颗粒大小和形状的各个参数，如图 2-11 所示。

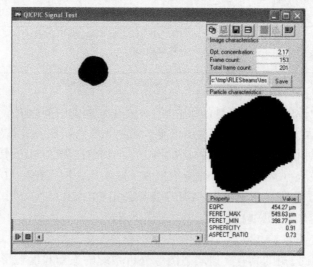

图 2-11　WINDOX 软件实时监测的颗粒二维投影

②标准的粒度分布图形。

$Q_3(X)$：累积分布函数，定义公式如下：

$$Q_3(X_i) = \frac{\text{粒度小于} X_i \text{的颗粒总体积}(X_{\min} \sim X_i)}{\text{全部颗粒总体积}(X_{\min} \sim X_{\max})} \tag{2-23}$$

$q_3\lg(X)$：微分分布曲线函数曲线，定义公式如下：

$$q_3\lg(X) = \frac{dQ_3 \times 2.3}{\lg(X_0/X_u)} \tag{2-24}$$

由此得到的 $q_3\lg(X)$ 就是粒度分布图坐标上的密度分布图，如图 2-12 所示。

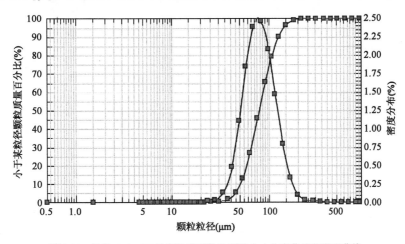

图 2-12　软件 WINDOX 绘制的半对数的颗粒大小分布曲线和密度曲线

③常用粒径的定义。

a. 等效投影圆面积直径（EQPC）。

当一个颗粒的投影面积同另外一个圆的投影面积相等时，把该圆的直径称为该颗粒的等效投影圆面积直径，如图 2-13 所示。

b. 定方向径（Feret 径）。

沿某一确定方向的两条平行线之间的距离为颗粒的 Feret 径，这两条平行线分别与颗粒的平面投影图像相切，如图 2-14 所示。

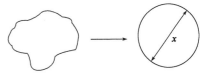

最大 Feret 径（FERET_MAX）：在 0°～180°之间所有同颗粒的投影图像相切的平行线间的最大数值。

图 2-13　等效投影圆面积直径的定义

最小 Feret 径（FERET_MIN）：在 0°～180°之间所有同颗粒的投影图像相切的平行线间的最小数值。

平均 Feret 径（FERET_MEAN）：由 0°～180°之间所有同颗粒的投影图像相切的平行线间的数值取得的平均值。

同最大 Feret 径呈 90°的 Feret 径（FERET_MAX90）：先找到该颗粒的最大 Feret 径，然后取同该 Feret 径呈 90°的 Feret 径。

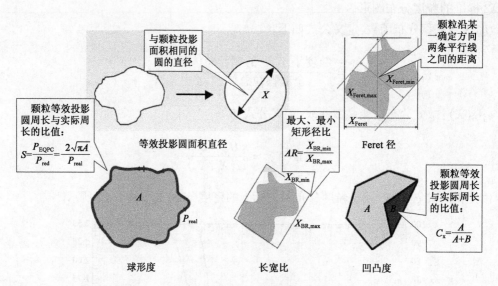

图 2-14　二维图像形貌参数计算原理

同最小 Feret 径呈 90°的 Feret 径(FERET_MIN90):先找到该颗粒的最小 Feret 径,然后取同该 Feret 径呈 90°的 Feret 径。

c. 弦长径(Chord Length)。

连接投影周边上的两点,穿过投影中心的线段的长度为弦长径。

需注意投影图像的凹凸程度对该数值的影响非常大。如图 2-15 所示,X_{cv} 为垂直弦长径,x_{ch} 为水平弦长径。

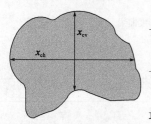

垂直弦长径(CHORD_VERTICAL):垂直通过投影中心的弦长径。

水平弦长径(CHORD_HORIZONTAL):水平通过投影中心的弦长径。

最大弦长径(CHORD_MAX):在 0°~180°之间所有的弦长径中,最大的一个数值。

图 2-15　弦长径的测量方式

最小弦长径(CHORD_MIN):在 0°~180°之间所有的弦长径中,最小的一个数值。

最大弦长 90°径(CHORD_MAX90):先找到该颗粒的最大弦长径,然后取同该弦长径成 90°的弦长径。

最小弦长 90°径(CHORD_MIN90):先找到该颗粒的最小弦长径,然后取同该弦长径成 90°的弦长径。

平均弦长径(CHORD_MEAN):由 0°~180°之间所有弦长径的数值取得的平均值。

d. 纤维形状颗粒长度等的计算方法和定义。

纤维的长度和以上所有定义的粒径之间差异较大,为了直观地描述纤维状的颗粒,其长度和宽度都是需要表征的。鉴于目前尚没有更好的描述纤维颗粒粒径的定义,通过以下所给出的纤维状颗粒的定义信息,提供更多的描述纤维状颗粒形状的手段,具体的应用情况由使用者根据实际情况来选择应用。

纤维的长度(LEFI):纤维的长度定义为纤维投影图像两点之间的最长直接距离(直接距离指没有绕圈或间断)。单一形状的纤维[图2-16a)]直接找到纤维的两端就行了。带分叉的纤维[图2-16b)]需要找到分叉中最长的支叉来进行计算。如图2-16c)所示为复杂纤维,既有分叉,又有纠结的套圈等,计算其长度时,套圈不计算,找到有出口点的最长距离。

a)简单纤维　　　　　　b)分叉纤维　　　　　　c)复杂纤维

图2-16　纤维的长度测量方式

纤维的宽度(DIFI):在WINDOX软件中,通过将纤维的投影图像面积除以所有纤维的分叉长度总和,来定义纤维的宽度。

等效体积粒径(VBFD):当纤维的体积同一个球体的体积相同时,该球体的直径等效为该纤维的小体积粒径。计算公式如下:

$$X_{\text{VBFD}} = \sqrt[3]{\frac{3}{2}X_{\text{D}}^2 \cdot X_{\text{L}}} \tag{2-25}$$

式中：X_{D}——纤维的宽度(DIFI)；

$\quad\quad X_{\text{L}}$——纤维的长度(LEFI)。

若被检测的样品为颗粒和纤维混合物,当需要给出体积分布曲线时,该等效体积粒径非常有用,因为在此情况下,不管是纤维的长度(LEFI)或者是宽度(DIFI)都无法提供确切的体积分布信息。

e.形状参数的计算方法和定义。

球形度S:指该颗粒的等效投影圆周长与颗粒投影图像的实际周长的比值。如下式:

$$S = \frac{P_{\text{EQPC}}}{P_{\text{real}}} = \frac{2\sqrt{\pi \cdot A}}{P_{\text{real}}} \tag{2-26}$$

式中：P_{real}——颗粒投影图像的实际周长；

$\quad\quad A$——投影面积,处于0~1之间,数值越小,颗粒形状越不规则。

长宽比:最小Feret径与最大Feret径的比值。

颗粒的凹凸程度:描述一个颗粒紧凑程度的重要的参数,如一个颗粒,其投影图像的面积为A,对于这个颗粒,有一个开放的凹下的区域,将其闭合后,得到投影面积为B的图像,凹凸度就是这样定义的。理论计算得到的凹凸度为1,但是考虑到检测单元为正方形的像素组成,这样的话所有的颗粒都会存在凹凸的问题,所以,在软件中,最大的凹凸度为0.99。

2.5 界限含水率试验

黏性土的物理状态随着含水率的变化而变化,当含水率不同时,黏性土可分别处于流动状态、可塑状态、半固体状态和固体状态。黏性土从一种状态转到另一种状态的分界含水率称为界限含水率。土从可塑状态转到流动状态的界限含水率称为液限 w_L;土从可塑状态转到半固体状态的界限含水率称为塑限 w_p,土从半固体状态不断蒸发水分,则体积逐渐缩小,小到体积不再缩小时的界限含水率称为缩限 w_s。

土的塑性指数 I_p 是指液限与塑限的差值。由于塑性指数在一定程度上综合反映了影响黏性土特征的各种重要因素,因此,黏性土常按塑性指数进行分类。土的液性指数 I_L 是指黏性土的天然含水率和塑限的差值与塑性指数之比,液性指数可被用来表示黏性土所处的软硬状态。土的界限含水率是计算土的塑性指数和液性指数不可缺少的指标,同时还是估算地基土承载力等的一个重要依据。

界限含水率试验要求土的颗粒粒径小于 0.5mm,有机质含量不超过 5%,且宜采用天然含水率的试样,但也可采用风干试样。当试样中含有大于 0.5mm 的土粒或杂质时,应过 0.5mm 的筛。

(1)液限的测定

目前国际上测定液限的方法是碟式仪法和圆锥仪法。各国采用的碟式仪和圆锥仪的规格不尽相同。利用碟式仪和我国采用的 76g 锥入土深度 10mm 锥式仪测得的液限进行比较,结果是随着液限的增大,两者所测得差值增大。一般情况下碟式仪测得的液限大于锥式仪液限。鉴于国际上对液限的测定没有统一的标准,根据锥式仪的特点和我国几十年的实践应用,认为锥式仪操作简单,所测数据比较稳定,标准易于统一,锥式仪法和碟式仪法均列入了《土工试验方法标准》(GB/T 50123—2019)中。

①锥式仪法:锥式仪液限试验是将质量为 76g、锥角为 30° 且带有平衡装置的圆锥仪轻放在调配好的试样的表面,使其在自重的作用下沉入土中。若圆锥体经过 5s 恰好沉入土中 10mm 深度,此时试样的含水率就是液限。

②碟式仪法:碟式仪液限试验是将调配好的土膏放入土碟中,用开槽器分成两半,以 2 次/s 的速率将土碟由 100mm 高度下落,当土碟下落击数为 25 次时,两半土膏在碟底的合拢长度恰好达到 13mm,此时试样的含水率即为液限。

(2)塑限的测定

塑限的测定长期采用滚搓法,该法最大的缺点是人为因素影响大。十多年来,我国一些试验单位采用圆锥仪测定塑限,已找出了塑限相对应的下沉深度,求得的塑限与滚搓法基本一致,该法定名为液塑限联合测定法。其主要优点是易于掌握,采用电磁锥可减少人为因素的影响。《土工试验方法标准》(GB/T 50123—2019)中规定使用锥式仪时,采用液塑限联合测定法;使用碟式仪时,采用滚搓法测定塑限。

①滚搓法:滚搓法塑限试验是用手在毛玻璃板上滚搓土条,当土条直径搓成 3 mm,产生裂缝并开始断裂时,此时试样的含水率即为塑限。

②液塑限联合测定法:液塑限联合测定是根据锥式仪的圆锥入土深度与其相应的含水率在双对数坐标上具有线性关系这一特性来进行的。利用圆锥质量为 76 g 的液塑限联合测定仪测得土在不同含水率时的圆锥入土深度,并绘制圆锥入土深度与含水率的关系直线图,在图上查得 76 g 圆锥下沉深度为 17 mm 时所对应的含水率即为土样的液限,查得圆锥下沉深度为 2 mm 时所对应的含水率即为土样的塑限。

2.5.1 锥式仪液限试验

(1)主要仪器设备

①铝盒、调土杯及调土刀。

②锥式液限仪(图 2-17)。

③天平:分度值为 0.01 g。

④筛:孔径为 0.5 mm。

⑤磁钵和橡皮头研棒。

⑥烘箱:应能控制温度为 105 ~ 110 ℃。

⑦干燥器。

(2)操作步骤

①制备土样:取天然含水率的土样约 50 g,捏碎过筛;若天然土样已风干,则取样 80 g 研碎,并

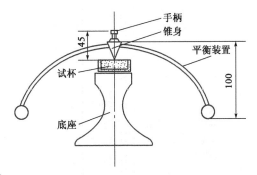

图 2-17　锥式液限仪(尺寸单位:mm)

过 0.5 mm 筛;加纯水调成糊状,盖上湿布或置保湿器内 12 h 以上,使水分均匀分布。

②装土样于调土杯中:将备好的土样再仔细拌匀一次,然后分层装入试杯中;用手掌轻拍试杯,使杯中空气逸出;待土样填满后,用调土刀抹平土面,使土面与杯缘齐平。

③放锥:

a. 在平衡锥尖部分涂上一薄层凡士林,以拇指和食指执锥柄,使锥尖与试样面接触,并保持锥体垂直,轻轻松开手指,使锥体在其自重作用下沉入土中。注意放锥时要平稳,避免产生冲击力。

b. 放锥 15 s 后,观察锥体沉入土中的深度,以土样表面与锥接触处为准,若恰为 10 mm(锥上有刻度标志),则认为这时的含水率为液限。若锥体入土深度大于或小于 10 mm 时,表示试样含水率大于或小于液限,此时,应挖去沾有凡士林的土,取出全部试样放在调土杯中,使水分蒸发或加纯水重新调匀,直至锥体下沉深度恰为 10 mm 时为止。

④测液限含水率:将所测得的合格试样,挖去沾有凡士林的部分,取锥体附近试样少许(15 ~ 20 g)放入铝盒中测定其含水率,此含水率即为液限含水率。

(3)结果整理与记录

①计算土的液限,方法参见 2.2 节含水率的计算方法。

②本试验须做两次平行测定,其平行测定差值不得大于 2% ,取两个测值的平均值。

③填写试验报告,见附表 2-8。

(4)注意事项

①若调制的土样含水率过大,须在空气中晾干或用吹风机吹干,也可用调土刀搅拌或用手

搓捏散发水量,切忌不能加干土或用电炉烘烤。

②放锥时要平稳,避免产生冲击力。

③从调土杯中取出土样时,必须将沾有凡士林的土弃掉,方能重新调制或者取样测含水率。

④研究表明,碟式仪所测液限值(w_{LC})大于锥式仪所测液限值(w_{LV}),锥入土深度为17mm时土的含水率相当于蝶式仪所测土的液限值。两者之间关系一般可表示为 $w_{LC} = (w_{LV} - 0.5)/0.7$。

2.5.2　碟式仪液限试验

根据《土工试验方法标准》(GB/T 50123—2019),本试验方法适用于粒径小于0.5mm的细粒土。

(1)主要仪器设备

①碟式液限仪(图2-18):由铜碟、支架及底座组成。铜碟为一球面,球半径为54mm,中心深为27mm;支架应有对铜碟起落高度进行微调的装置,摇柄每转动一次,铜碟起落高度应为10mm;底座应为硬橡胶制成。

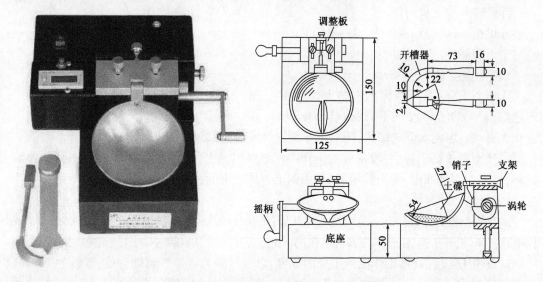

图2-18　碟式液限仪(尺寸单位:mm)

②专用划刀:1/4圆弧的划刀截面为等腰梯形,上底宽为2mm,高为10mm,两腰线夹角为60°。

(2)操作步骤

①取通过0.5mm筛的代表性土样约100g,放在调土皿中,按需要加纯水,所加水量使试样稠度相当于铜碟下落击数约35次即可合拢,用调土刀充分调拌均匀。

②取部分试样,平铺于铜碟的前半部,铺土时应防止试样中混入气泡,用调土刀将试样修平,试样中心厚度应为10mm。

③垂直铜碟转动轴,通过试样中心用划刀自后向前将试样划成槽缝清晰的两部分。刻划槽缝时,可自后向前,再自前向后逐步加深,最后一次应自后向前并明显接触槽底。刻划次数

不应大于6次,并应尽可能减少划槽次数。

④以2r/s的速率转动摇柄,使铜碟反复起落,坠击于底座上,直至试样两边在槽底的合拢长度为13mm为止,记录击数。

⑤在试样合拢部位两边,取一个试样测定含水率,试样质量不宜少于10g。

将铜碟中剩余试样移至调土皿中,再加水用调土刀反复调拌均匀,重复上述操作步骤。试样宜为4~5个,槽底试样合拢所需要的击数宜控制在15~35次之间,测定各击数下试样的含水率。

⑥含水率测定应符合2.2节烘干法含水率试验的要求。

(3)结果整理与制图

以击次为横坐标,含水率为纵坐标,在单对数坐标纸上绘制击次与含水率关系曲线图,取曲线上击次为25次所对应的整数含水率为试样的液限。

(4)注意事项

电动碟式液限仪需校正,校正方法如下:

①检验液限仪,确定处于良好的状态,连接土碟销子是否因磨蚀导致土碟左右活动。连接土碟和悬臂的螺丝是否上紧,土碟中的槽是否磨蚀。

②利用开槽器柄上的刻度和调整片调整土碟的提升高度,使碟底与底板的接触点正好位于底板以上1cm。紧螺丝以固定调整片,开槽器柄上的刻度(做量高的标准)仍保持原位置不变,迅速转动摇柄圈以检验调整是否正确。

③如校正准确,当凹轮打击凹轮从动器时会听到轻微铃样声音。如土碟升高超越刻度,或听不到声音则需要进一步调整。

2.5.3　滚搓法塑限试验

土的塑限是区分黏性土可塑状态与半固体状态的界限含水率。塑限的测定方法主要根据土处于塑态时可塑成任意形状也不产生裂纹,处于固态时很难搓成任意形状,若勉强搓成时,土面要发生裂纹或断折等现象,这两种物理状态特征作为塑态和固态的界限。当黏性土搓成直径为3mm粗细的土条,且表面开始出现裂纹时的含水率,即为土的塑限。测定土的塑限,并与液限试验和含水率试验结合,用来计算土的塑性指数和液性指数,为黏性土的分类和估算地基承载力提供依据。

滚搓法测定塑限时,各国的搓条方法不尽相同,土条断裂时的直径多数采用3mm,美国材料实验协会标准规定为1/8in(1in=25.4mm,约3.2mm),英国《土木工程用土壤试验方法》(BS 1377-2:1990)规定为3mm,我国一直使用3mm,故《土工试验方法标准》(GB/T 50123—2019)仍规定为3mm,对于某些低液限粉质土,始终搓不到3mm,可认为塑性极低或者无塑性,可按砂处理。

(1)主要仪器设备

①铝盒、调土刀、调土杯、滴瓶;

②毛玻璃板:约300mm×200mm;

③磁钵及橡皮头研棒;

④天平:称量200g,分度值0.01g;

⑤筛:孔径 0.5mm;

⑥烘箱、干燥器、电热吹风器;

⑦卡尺:分度值 0.02mm。

(2)操作步骤

①制备土样:取过 0.5mm 筛的代表性试样约 100g,加纯水拌和,浸润静置过夜。

②搓条:取一小块试样在手中揉捏至不粘手,用手指捏成椭球形,置于毛玻璃板上,用手掌轻轻滚搓,手掌用力要均匀,土条长度不能超过手掌宽度,土条不能出现空心现象。当土条被搓至直径为 3mm,产生裂纹并开始断裂时,此时的含水率恰为塑限。若土条被搓至 3mm 仍未产生裂纹,表示该试样含水率高于塑限,应将土条重新揉捏,再滚搓。若土条直径大于 3mm 就断裂,表示其含水率低于塑限,应弃去,重新取土样揉捏滚搓,直至达到标准为止。

③测塑限含水率:取直径 3mm 且有裂纹的土条 3~5g,放入铝盒内,随即盖上盒盖,避免水分蒸发。将放在铝盒中的土条称重,烘干后再称干土的质量。计算含水率,精确至 0.1%。

(3)结果整理与记录

①计算土的塑限,方法参见 2.2 节含水率的计算方法。

②本试验须做两次平行测定,并取其算术平均值,其平行测定允许误差值:当 $w < 10\%$ 时为 1%;当 $w \geq 40\%$ 时为 2%。

③用测得的液限与塑限值计算塑性指数,并按塑性指数分类定出土名。

④应用测得的液限、塑限、天然含水率计算液性指数,并评价土所处的稠度状态。

⑤按照附表 2-9 填写试验报告。

(4)注意事项

①滚搓土条时,必须用力均匀,以手掌轻压,不得做无压滚动;应防止土条产生空心现象,滚搓前土团必须经过充分的揉捏。

②土条须在数处同时产生裂纹方达塑限;如仅有一条裂纹,可能是用力不均所致,产生的裂纹必须呈螺纹状。

2.5.4 液塑限联合测定法

液塑限联合测定法的优点是可以减少人为误差,免去搓条的环节。缺点是要测定三个不同的含水率,还要画图求液限和塑限,需花费一定时间。

本试验适用于粒径小于 0.5mm 以及有机质含量不大于试样总质量 5% 的土。

(1)主要仪器设备

①液塑限联合测定仪(图 2-19):包括带标尺的圆锥仪、电磁铁、显示屏、控制开关、测读装置、升降支座等;圆锥质量 76g,锥角 30°,试样杯内径 40mm,高 30mm。读数显示形式宜采用光电式、游标式、百分表式。

②天平:称量 200g,分度值 0.01g。

③其他:烘箱、干燥器、调土刀、不锈钢杯、凡士林、称量盒、孔径 0.5mm 的筛等。

(2)操作步骤

①试验宜采用天然含水率试样,当土样不均匀时,采用风干试样,当试样中含有粒径大于 0.5mm 的土粒和杂物时应过 0.5mm 筛。

②当采用天然含水率土样时,取代表性土样 250g;采用风干土样时,取过 0.5mm 筛的代表性试样 250g,放入盛土皿中,用纯水调制成均匀膏状,然后放入密封的保湿缸中,静置 24h。

③将制备好的土膏用调土刀充分调拌均匀,分层密实地填入试样杯中,注意土中不能留有空隙,装满试杯后刮去余土使土样与杯口齐平,并将试样杯放在联合测定仪的升降座上。

④将试样杯放在联合测定仪的升降座上,在圆锥上抹一薄层凡士林,接通电源,使电磁铁吸住圆锥。

⑤调节零点,将屏幕上的标尺调在零位,调整升降座,使圆锥尖接触试样表面,指示灯亮时圆锥在自重下沉入试样,经 5s 后测读圆锥下沉深度(显示在屏幕上),取出试样杯,挖去锥尖入土处的凡士林,取锥体附近的试样不少于 10g,放入称量盒内,测定含水率。

⑥将全部试样再加水或吹干并调匀,重复上述操作步骤,分别测定第二点、第三点试样的圆锥下沉深度及相应的含水率。液塑限联合测定应不少于三点。

注:圆锥入土深度宜为 3 ~ 4mm、7 ~ 9mm、15 ~ 17mm。

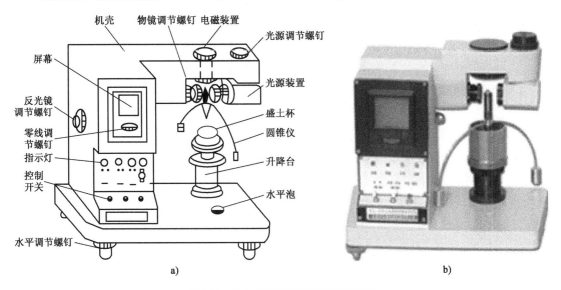

图 2-19　光电式液塑限联合测定仪示意图

(3)结果整理

①各测点含水率计算,精确至 0.1% 。

$$w = \frac{m_2 - m_1}{m_1 - m_0} \times 100 \tag{2-27}$$

式中:w——含水率,%,精确至 0.1% ;

m_1——干土和称量盒质量,g;

m_2——湿土和称量盒质量,g;

m_0——称量盒质量,g。

②绘制圆锥下沉深度与含水率关系曲线。

以含水率为横坐标,圆锥下沉深度为纵坐标,在双对数坐标纸上绘制关系曲线(图 2-20),三点应在一直线上,如图 2-20 中的 A 线。当三点不在一直线上,可通过高含水率的一点与另两点连成两条直线,在圆锥下沉深度为 2mm 处查得相应的两个含水率。当两个含水率的差值小于 2% 时,用这两个含水率的平均值与高含水率的点连成一条直线,如图 2-20 中的 B 线;当两个含水率的差值不小于 2% 时,应重做试验。

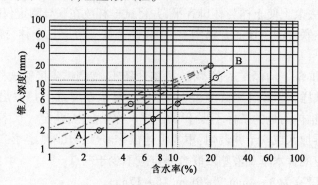

图 2-20　圆锥下沉深度与含水率关系曲线

③液限和塑限按以下方法确定。

在含水率与圆锥下沉深度的关系图(图 2-21)上查得下沉深度为 17mm 所对应的含水率为液限;查得下沉深度为 2mm 所对应的含水率为塑限,取值以百分数表示,精确至 0.1%。

④塑性指数应按下式计算,精确至 0.1。

$$I_p = w_L - w_p \tag{2-28}$$

式中:I_p——塑性指数;

w_L——液限,%(计算 I_p 时去掉%);

w_p——塑限,%(计算 I_p 时去掉%)。

⑤液性指数应按下式计算,精确至 0.01。

$$I_L = \frac{w - w_p}{I_p} \tag{2-29}$$

式中:I_L——液性指数;

w——天然含水率,%(计算 I_L 时去掉%);

w_p——塑限,%(计算 I_L 时去掉%)。

根据塑性指数进行土的定名分类,即 $I_p > 17$ 时为黏性土,$10 < I_p \leqslant 17$ 为粉质黏性土。同样可根据液性指数 I_L 定出土的状态(表 2-8)。

黏性土的软硬状态按 I_L 划分　　　　　　　　表 2-8

状态	坚硬	硬塑	可塑	软塑	流塑
液性指数	$I_L \leqslant 0$	$0 < I_L \leqslant 0.25$	$0.25 < I_L \leqslant 0.75$	$0.75 < I_L \leqslant 1.0$	$I_L > 1.0$

⑥数据记录见附表 2-10,圆锥下沉深度与含水率的双对数坐标纸如附图 2-1 所示。

(4)注意事项

土样分层装杯时,注意土中不能留有空隙,土样要充分润湿且揉捏均匀,每次调土时加水量要控制得当。在双对数坐标纸上三个点的入土深度值要满足要求。

①容易出错处:

a. 土样没充分润湿或揉捏均匀就开始试验。

b.作图错误(各点与数据不对应,或偏离应有的位置,或不是直线随意连接)。

c.没有在双对数坐标纸上作图。

d.液限和塑限确定错误。

②仪器故障及处理方法:

a.液、塑限联合测定仪看不到标尺,可能是灯泡坏了。

b.标尺用旋钮调不到零点,要先粗调,再用旋钮微调。

2.6 砂的相对密度试验

相对密度是砂类土紧密程度的指标。土作为材料对建筑物和地基的稳定性,特别是在抗震稳定性方面具有重要的意义。相对密度试验适用于透水性良好的无黏性土,对含细粒较多的试样不宜进行相对密度试验,美国 ASTM 规定 0.074mm 土粒的含量不大于试样总质量的12%。相对密度试验中的 3 个参数,即最大干密度、最小干密度和现场干密度(或填土干密度)对相对密度都很敏感。因此,试验方法和仪器设备的标准化是十分重要的。目前尚没有统一而完善的测定方法,在国外,最大干密度采用振动台法测定,而国内振动台没有定型的产品。

本节介绍的试验方法适用于粒径不大于 5mm 的土,且粒径 2~5mm 的试样质量不大于试样总质量的 15%。

砂的相对密度试验是进行砂的最大干密度和最小干密度试验,砂的最小干密度试验宜采用漏斗法和量筒法,砂的最大干密度试验采用振动锤击法。

试验必须进行两次平行测定,两次测定的密度差值不得大于 0.03g/cm³,取两次测值的平均值。

2.6.1 最小干密度试验

漏斗法是用最小的管径控制砂样,使其均匀缓慢地落入量筒,以达到最疏松的堆积,但由于受漏斗管径的限制,有些粗颗粒受到阻塞,加大管径又不易控制砂样的缓慢流出,故适用于较小颗粒的砂样。

量筒法是采用慢速倒转,细颗粒下落慢,粗颗粒下落快,粗细颗粒稍有分离现象,但能达到较松的状态,测得最小干密度。

《土工试验方法标准》(GB/T 50123—2019)中建议试验时可以将上述两种方法合并在一起进行。

(1)主要仪器设备

①量筒:容积 500mL 和 1000mL,后者内径应大于 60mm。

②长颈漏斗:颈管的内径为 1.2cm,颈口应磨平。

③锥形塞:直径为 1.5cm 的圆锥体,焊接在铁杆上。

④砂面拂平器：十字形金属平面焊接在铜杆下端。

将仪器设备组装,如图2-21所示。

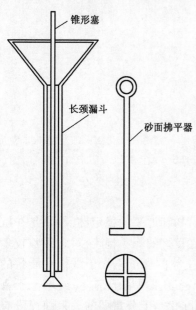

锥形塞

长颈漏斗

砂面拂平器

图2-21　漏斗及拂平器

（2）试验步骤

①将锥形塞杆自长颈漏斗下口穿入,并向上提起,使锥底堵住漏斗管口,一并放入1000mL的量筒内,使其下端与量筒底接触。

②称取烘干的代表性试样700g,均匀缓慢地倒入漏斗中,将漏斗和锥形塞杆同时提高,移动塞杆,使锥体略离开管口,管口应经常保持高出砂面1~2cm,使试样缓慢且均匀分布地落入量筒中。

③试样全部落入量筒后,取出漏斗和锥形塞,用砂面拂平器将砂面拂平、测记试样体积,估读至5mL。若试样中不含大于2mm的颗粒时,可取试样400g用500mL的量筒进行试验。

④用手掌或橡皮板堵住量筒口,将量筒倒转并缓慢地转回到原来位置,重复数次,记下试样在量筒内所占体积的最大值,估读至5mL。

⑤取上述两种方法测得的较大体积值,计算最小干密度。

（3）结果整理与计算

①最小干密度应按下式计算,计算至0.01g/cm³:

$$\rho_{dmin} = \frac{m_d}{V_d} \tag{2-30}$$

式中:ρ_{dmin}——试样的最小干密度,g/cm³;

　　m_d——试样质量,g;

　　V_d——试样体积,mL。

②最大孔隙比应按下式计算:

$$e_{max} = \frac{\rho_w \cdot G_s}{\rho_{dmin}} - 1 \tag{2-31}$$

式中:e_{max}——试样的最大孔隙比;

其余符号意义同前文所述。

2.6.2　最大干密度试验(振动锤击法)

（1）主要仪器设备

①金属圆筒:容积250mL,内径为5cm,高度12.7cm;容积1000 mL,内径为10cm,高度为12.7cm。

②振动叉。

③击锤:锤质量1.25kg,落高15cm,锤直径5cm。

（2）试验步骤

①取代表性试样4000g,拌匀分次倒入1000mL金属圆筒进行振击,每层试样宜为圆筒容积的1/3,试样倒入筒后用振动叉以每分钟往返150~200次的速度敲打圆筒两侧,并在同一时间内用击锤锤击试样表面,每分钟30~60次直至试样体积不变为止,如此重复第二次和第三次。

②取下护筒,刮平试样,称圆筒和试样的总质量,计算出试样质量。

（3）结果整理与计算

①最大干密度应按下式计算:

$$\rho_{dmax} = \frac{m_d}{V_d} \qquad (2\text{-}32)$$

式中:ρ_{dmax}——试样的最大干密度,g/cm^3;

m_d——试样的质量,g;

V_d——试样的体积,mL。

②最小孔隙比应按下式计算:

$$e_{min} = \frac{\rho_w \cdot G_s}{\rho_{dmax}} - 1 \qquad (2\text{-}33)$$

式中:e_{min}——试样的最小孔隙比;

其余符号意义同前文所述。

③砂的相对密度应按下式计算:

$$D_r = \frac{e_{max} - e_0}{e_{max} - e_{min}} \qquad (2\text{-}34)$$

或

$$D_r = \frac{\rho_{dmax}(\rho_0 - \rho_{dmin})}{\rho_d - (\rho_{dmax} - \rho_{dmin})} \qquad (2\text{-}35)$$

式中:D_r——砂的相对密度;

e_0——砂的天然孔隙比;

ρ_d——要求达到的干密度(或天然干密度),g/cm^3。

④根据附表2-11进行试验记录和结果初步整理。

2.7 击实试验

击实仪法是用锤击,使土密度增大,目的是在室内利用击实仪测定土样在一定击实作用下达到最大密度时的含水率(最优含水率)和此时的干密度(最大干密度),借以了解土的压实特性。

目前国内常用的击实方法有以下两种:

①轻型击实:适用于粒径小于 5mm 的细粒土,锤底直径为 51mm,击锤质量为 2.5kg,落距为 305mm,击实功为 591.6kJ/m³;分 3 层夯实,每层 25 击。

②重型击实:适用于粒径不大于 40mm 的土。击实筒内径为 152mm,筒高 116mm,击锤质量为 4.5kg,落距为 457mm,击实功为 2682.7kJ/m³(其他与轻型击实相同);分 5 层击实,每层 56 击。

(1)主要仪器设备

①击实仪:主要由击实筒(图 2-22)和击锤(图 2-23)组成。

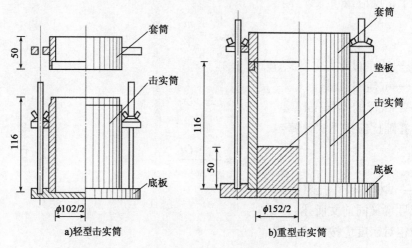

a)轻型击实筒   b)重型击实筒

图 2-22　击实筒(尺寸单位:mm)

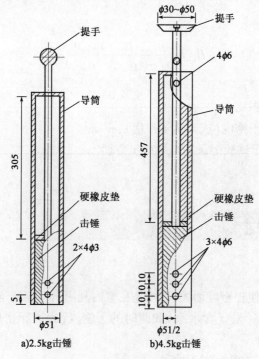

a)2.5kg击锤   b)4.5kg击锤

图 2-23　击锤与导筒(尺寸单位:mm)

②天平:称量为200g,分度值为0.01g;称量为1kg,分度值为1g。

③台秤:称量为10kg,分度值为5g。

④推土器。

⑤筛:孔径为5mm。

⑥其他:喷水设备、碾土设备、修土刀、小量筒、盛土盘、测含水率设备及保温设备等（图2-24）。

图2-24　击实仪试验主要设备

（2）操作步骤

①取一定量的代表性风干土样,对于轻型击实试验为20kg,对于重型击实试验为50kg。

②将风干土样碾碎后过5mm的筛（轻型击实试验）或过20mm的筛（重型击实试验）,将筛下的土样搅匀,并测定土样的风干含水率。

③根据土的塑限预估最优含水率,加水湿润制备不少于5个含水率的试样,含水率一次相差为2%,且其中有2个含水率大于塑限,2个含水率小于塑限,1个含水率接近塑限。

④按下式计算制备试样所需的加水量:

$$m_{\mathrm{w}} = \frac{m_0}{1+w_0} \times (w - w_0) \tag{2-36}$$

式中:m_{w}——所需的加水量,g;

$\quad m_0$——风干土样质量,g;

$\quad w_0$——风干土样含水率,按小数计;

$\quad w$——要求达到的含水率,按小数计。

⑤将试样2.5kg（轻型击实试验）或5.0kg（重型击实试验）平铺于不吸水的平板上,按预定含水率用喷雾器喷洒所需的加水量,充分搅和并分别装入塑料袋中静置24h。

⑥将击实筒固定在底板上,装好护筒,并在击实筒内壁涂一薄层润滑油,将搅和的试样

2~5kg分层装入击实筒内,两层接触土面应刨毛。击实完成后,超出击实筒顶的试样高度应小于6mm。

⑦取下护筒,用刀修平超出击实筒顶部和底部的试样,擦净击实筒外壁,称击实筒与试样的总质量,精确至1g,并计算试样的湿密度。

⑧用推土器将试样从击实筒中推出,从试样中心处取两份一定量土料(轻型击实试验15~30g,重型击实试验50~100g),测定土的含水率,相邻两份土样含水率的差值宜为2%。

(3)结果整理与计算

①按下式计算干密度:

$$\rho_{d} = \frac{\rho}{1 + w} \tag{2-37}$$

式中:ρ_{d}——干密度,g/cm^3,精确至$0.01g/cm^3$;

ρ——密度,g/cm^3;

w——含水率,%。

②按下式计算饱和含水率:

$$w_{sat} = \left(\frac{\rho_{w}}{\rho_{d}} - \frac{1}{G_{s}}\right) \times 100\% \tag{2-38}$$

式中:w_{sat}——饱和含水率,%;

G_{s}——土粒比重。

③以干密度为纵坐标,含水率为横坐标,绘制干密度与含水率的关系曲线。干密度与含水率的关系曲线上的峰值点的坐标分别为土的最大干密度ρ_{dmax}与最优含水率w_{op},如连不成完整的曲线时,应进行补点试验,如图2-25所示。

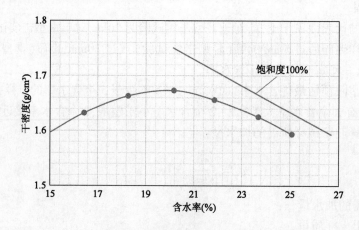

图 2-25 干密度与含水率的关系曲线

④轻型击实试验中,当试样中粒径大于5mm的土质量小于或等于试样总质量的30%时,应对最大干密度和最优含水率进行校正。

a.按下式计算校正后的最大干密度:

$$\rho'_{\text{dmax}} = \frac{1}{\dfrac{1-P_5}{\rho_{\text{dmax}}} + \dfrac{P_5}{\rho_{\text{w}}G_{\text{s2}}}} \tag{2-39}$$

式中：ρ'_{dmax}——校正后试样的最大干密度，g/cm^3，；

P_5——粒径大于 5mm 土粒的质量百分数，%；

G_{s2}——粒径大于 5mm 土粒的饱和面干比重。

b. 按式计算校正后的最优含水率：

$$w'_{\text{op}} = w_{\text{op}}(1-P_5) + P_5 w_{\text{ab}} \tag{2-40}$$

式中：w'_{op}——为校正后试样的最优含水率，%；

w_{op}——为击实试样的最优含水率，%；

w_{ab}——粒径大于 5mm 土粒的吸着含水率，%。

⑤按附表 2-12 填写试验报告。

（4）注意事项

①试验用土：一般采用风干土做试验，也有采用烘干土做试验的。

②加水及湿润：加水方法有两种，即体积控制法和称重控制法，其中以称重控制法效果为好。洒水时应均匀，浸润时间应符合有关规定。

2.8 渗透试验

土具有被水透过的性质称为土的渗透性。渗透性质是土体的重要工程性质，决定土体的强度性质和变形、固结性质。渗透试验主要是测定土体的渗透系数 k。渗透系数 k 的定义是单位水力坡降的渗透流速，常以 cm/s 作为单位。

渗透试验原理就是在试验装置中测出渗流量，不同点的水头高度，从而计算出渗流速度和水力梯度，代入下式计算出渗透系数。

$$v = k \cdot i \tag{2-41}$$

由于土的渗透系数变化范围很大，自大于 10^{-1} cm/s 到小于 10^{-7} cm/s，故室内试验常用两种不同的试验装置进行：常水头试验装置用来测定渗透系数 k 比较大的砂土的渗透系数；变水头渗透试验装置用来测定渗透系数 k 比较小的黏土和粉土的渗透系数。特殊设计的变水头试验测定粗粒土渗透系数和常水头试验测定渗透性极小的黏性土渗透系数也很常用。

2.8.1 常水头试验

（1）主要仪器设备

①常水头渗透仪（TST-70 型）：如图 2-26 所示，筒内径应大于试样最大粒径的 10 倍；玻璃测压管内径为 0.6cm，分度值为 0.1cm。

②天平：称量 5000g，分度值 1g。

图 2-26　TST-70 型渗透仪

③其他:木槌、秒表等。

(2)操作步骤

①装好仪器,检查是否漏水。测量滤网至筒顶的高度,将调节管与供水管相连,由仪器底部充水至水位达到金属透水板顶面时,放入滤纸,关止水夹。

②取代表性风干土样 3～4kg,称重精确至 1g,测定风干含水率;将风干土样分层装入圆筒内,每层 2～3cm,根据要求的孔隙比,控制试样厚度。当试样中含黏粒时,应在滤网上铺 2cm 厚的粗砂作为过滤层,防止细粒流失。每层试样装完后从渗水孔向圆筒充水至试样顶面,最后一层试样应高出测压管 3～4cm,并在试样顶面铺 2cm 砾石作为缓冲层。当水面高出试样顶面时,应继续充水至溢水孔有水溢出。将调节管卸下,使管口高于圆筒顶面,观测三个测压管水位是否与孔口齐平。

③量试样顶面至筒顶高度,计算试样高度,称剩余土样的质量,计算试样质量。计算试样干密度和孔隙比。

④检查测压管水位,当测压管与溢水孔水位不齐平时,用吸球调整测压管水位,直至两者水位齐平。

⑤将调节管提高至溢水孔以上,并将供水管放入圆筒内,打开止水夹,使水由顶部注入圆筒,水面始终保持与渗透仪顶面齐平,同时降低调节管至试样上部 1/3 高度处,形成水位差使水渗入试样,经过调节管流出。调节供水管止水夹,使进入圆筒的水量多于溢出的水量,溢水孔始终有水溢出,保持圆筒内水位不变,试样处于常水头下渗透。

⑥当测压管水位稳定后,测记水位,并计算各测压管之间的水位差。记录三个测压管水位 H_1、H_2、H_3,则测压管Ⅰ和Ⅱ水位差为 $h_1 = H_1 - H_2$,测压管Ⅱ和Ⅲ的水位差为 $h_2 = H_2 - H_3$。计算渗径长度为 $L = 10\text{cm}$ 的平均水位差 $h = (h_1 + h_2)/2 = (H_1 - H_3)/2$。

⑦开动秒表,用量筒接取经过一段时间 Δt 的渗流量 ΔQ,量测渗透水的水温 T℃,取平均值。

⑧改变调节管的高度,达到渗透稳定后,重复⑥、⑦的步骤,平行进行 5～6 次试验,如图 2-27 所示。

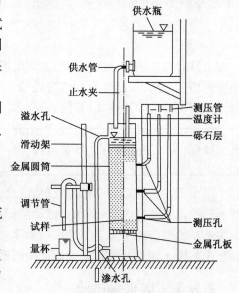

图 2-27　常水头渗透装置

(3)结果整理与计算

①按下式计算每次量测的水温 T℃时的渗透系数 k_{Ti}:

$$k_{Ti} = \frac{\Delta Q L}{\Delta t A \Delta h} \tag{2-42}$$

②计算渗透系数均值：

$$k_{\mathrm{T}} = \frac{1}{N} \sum k_{\mathrm{T}i} \qquad (2\text{-}43)$$

③按下式计算到20℃时的渗透系数 k_{20}：

$$k_{20} = k_{\mathrm{T}} \frac{\eta_{\mathrm{t}}}{\eta_{20}} \qquad (2\text{-}44)$$

式中：k_{T}——水温为 T℃ 时试样的渗透系数，cm/s；

  k_{20}——标准温度（20℃）时试样的渗透系数，cm/s；

  Q——时间 t 秒内的渗出水量，cm³；

  L——两个测压管中心间的距离，cm；

  A——试样的断面积，cm²；

  h——平均水位差，cm，平均水位差 h 可按$(h_1 + h_2)/2$ 公式计算；

  t——时间，s；

$\eta_{\mathrm{T}}, \eta_{20}$——分别为水温 T℃ 和20℃时水的动力黏滞系数（kPa·s）。黏滞系数比 $\eta_{\mathrm{T}}/\eta_{20}$ 查《土工试验方法标准》(GB/T 50123—2019)表 8.3.5-1。

④按附表 2-13 记录试验数据，供结果整理时使用。

2.8.2 变水头渗透试验

（1）主要仪器设备

①变水头渗透装置由渗透容器、变水头管、供水瓶、进水管等组成，如图 2-28 所示。

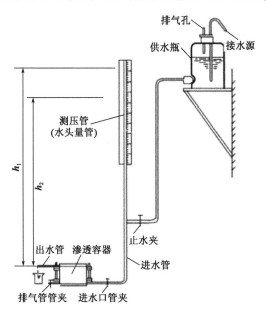

图 2-28 变水头装置

②变水头管的内径应均匀,管径不大于1cm,管外壁应有最小分度为1.0mm的刻度,长度宜为2m左右。

③渗透容器(图2-29):包括环刀、透水石、套环、上盖和下盖。

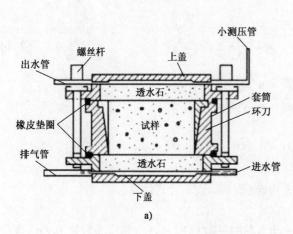
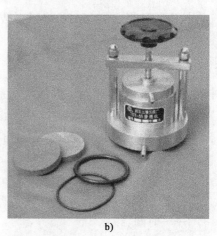

图2-29 T55型渗透容器

④环刀内径61.8mm,高40mm;透水石的渗透系数应大于10^{-3}cm/s。

（2）操作步骤

①试样制备。变水头渗透试验的试样分原状试样和扰动试样两种,其制备方法分别如下。

a. 原状试样:根据要测定的渗透系数的方向,用环刀在垂直或平行土层面方向切取原状试样,试样两端削平即可,禁止用修土刀反复涂抹。放入饱和器内抽气饱和(或其他方法饱和)。

b. 扰动试样:当干密度较大($\rho_d \geqslant 1.40$g/cm³)时,用饱和度较低($S_t \leqslant 80\%$)的土压实或击实办法制样;当干密度较低时,使试样泡于水中饱和后,制成需要干密度的饱和试样。

②将盛有试样的环刀套入护筒,装好各部位止水圈。注意试样上下透水石和滤纸,按先后顺序装好,盖上顶盖,拧紧顶部螺丝,不得漏水漏气。

③把装好试样的渗透仪进水口与水头装置(测压管)连通。利用供水瓶中的纯水向进水管注满水,并渗入渗透容器,开排气阀,排除渗透容器底部的空气,直至溢出水中无气泡,关排气阀,放平渗透容器,关进水管夹。

④向变水头管注纯水,使水升至预定高度,水头高度根据试样结构的疏松程度确定,一般不应大于2m;待水位稳定后切断水源,开进水管夹,使水通过试样;当出水口有水溢出时开始测记变水头管中起始水头高度和起始时间,按预定时间间隔测记水头和时间的变化,并测记出水口的水温。

⑤将变水头管中的水位变换高度,待水位稳定再进行测记水头和时间变化,重复5~6次,当不同开始水头下测定的渗透系数在允许差值范围内时,结束试验。

（3）结果整理与计算

变水头渗透系数应按下式计算:

$$k_{\mathrm{T}} = 2.3 \frac{aL}{A(t_2 - t_1)} \log \frac{H_1}{H_2} \tag{2-45}$$

式中:a——变水头管横截面面积,cm^2;

  A——试样的截面面积,cm^2;

 2.3——ln 和 log 的变换因数;

  L——渗径,即试样高度,cm;

 t_1、t_2——分别为测读水头的起始和终止时间,s;

H_1、H_2——起始和终止水头,cm。

(4)试验数据记录与处理

按照附表 2-14 进行试验记录和结果的初步整理。

第 3 章
CHAPTER 3

土的力学性质试验

3.1 固结试验

从某种意义上说,固结试验的发明和应用标志着土力学这门学科的建立。太沙基(Terzaghi)于 1925 年在维也纳出版的《Erdbaumechanik》(德语,土力学)可以称作现代土力学建立的标志,人们开始注意到黏土的长期固结问题。太沙基针对固结过程提出了一个理论框架,并设计了第一台固结试验装置,命名为固结仪(Oedometer,源自希腊语 Oidema,意为:膨胀)。20 世纪 30 年代早期,Casagrande(1932)、Gilboy(1936)和 Rutledge(1935)分别在美国进行了各种大小土样的固结试验,固结的数学理论也由太沙基和 Frohlich 在 1936 年出版。

1938 年,Skempton 在伦敦帝国理工学院,基于 Casagrande 的机理,利用自行车轮支撑梁达到平衡,进而研发了对 $1\text{in}(1\text{in}\approx 2.5\text{cm})$ 厚土样试验的固结仪。

土在外荷载的作用下,其孔隙间的水和空气逐渐被挤出,土的骨架颗粒之间相互挤紧,封闭气泡的体积也将缩小,从而引起土层的压缩变形,土在外力作用下体积缩小的这种特性,称为土的压缩性。

土压缩量的大小与土样上所施加的荷载大小及土样的性质和状态有关,在相同的荷载作用下,软土的压缩量大,而坚硬密实的土则压缩量小;在同一种土样的条件下,压缩量随着荷载的加大而增大。

固结试验就是将天然状态下的原状土或人工制备的扰动土,制备成一定规格的土样,然后将土样置于固结仪容器内,逐级施加荷载,测定试样在侧限与轴向排水条件下压缩变形,绘制孔隙比—压力关系曲线及变形—时间关系曲线,并计算土的压缩系数、压缩模量、体积压缩系数、压缩指数、回弹指数、固结系数等压缩性指标。

（1）主要仪器设备

①固结仪容器。由环刀、护环、透水板、水槽、加压上盖等组成,如图3-1所示。

环刀:内径为61.8mm和79.8mm,高度为20mm。环刀应具有一定的刚度,内壁应保持较高的光洁度,宜涂一薄层硅脂或聚四氟乙烯。

透水板:由氧化铝或不受腐蚀金属材料制成,其渗透系数应大于试样渗透系数。用固定式容器时,顶部透水板直径应小于环刀内径0.2～0.5mm;用浮环式容器时,上下端透水板直径相等,均应小于环刀直径。

②加压设备。应能瞬间垂直地施加各级规定的压力,且没有冲击力,压力准确度应符合现行国家标准《土工仪器的基本参数及通用技术条件》(GB/T 15406)的规定,如图3-2所示。固结仪及加压设备应定期校准并应做仪器变形校正曲线,具体操作见相关标准。

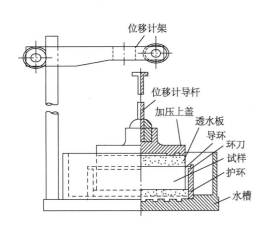

图3-1　固结仪容器结构示意图

图3-2　杠杆式三联固结仪

③变形量测设备。量程10mm,分度值为0.01mm的百分表或精确度为全量程0.2%的位移传感器。

④其他:天平、刮刀、钢丝锯、玻璃片、秒表等。

（2）试样制备

试样制备应按《土工试验方法标准》(GB/T 50123—2019)的规定进行并测定试样的含水率和密度,取切下的余土测定土粒比重,试样需要饱和时应按该标准的规定进行抽气饱和。

（3）操作步骤

①在固结仪容器内放置护环、透水板和薄型滤纸,将带有试样的环刀装入护环内,放上导环,在试样上依次放上薄型滤纸、透水板(滤纸和透水板的湿度应接近试样的湿度)和加压上盖,并将固结容器置于加压框架正中,使加压上盖与加压框架中心对准,安装百分表或位移传感器。

②施加1kPa的预压力使试样与仪器上下各部件之间接触,将百分表或传感器调整到零位或测读初读数。

③确定需要施加的各级压力,压力等级宜为12.5kPa、25kPa、50kPa、100kPa、200kPa、400kPa、800kPa、1600kPa、3200kPa。第一级压力的大小应视土的软硬程度而定,宜采用12.5kPa、25kPa或50kPa。最后一级压力应大于土的自重压力与附加压力之和,只需测定压缩

系数时最大压力不小于400kPa。

④需要确定原状土的先期固结压力时,初始段的荷重率应小于1,可采用0.5或0.25,施加的压力应使测得的e-lgp曲线下段出现直线段。对于超固结土,应进行卸压、再加压来评价其再压缩特性。

⑤对于饱和试样,施加第一级压力后应立即向水槽中注水浸没试样。非饱和试样进行压缩试验时,需用湿棉纱围住加压板周围。

⑥需要测定沉降速率固结系数时,施加每一级压力后宜按下列时间顺序测记试样的高度变化,时间为6s、15s、1min、2min15s、4min、6min15s、9min、12min15s、16min、20min15s、25min、30min15s、36min、42min15s、49min、64min、100min、200min、400min、23h、24h,至稳定为止,不需要测定沉降速率时,则施加每级压力后24h测定试样高度变化作为稳定标准,只需测定压缩系数的试样,施加每级压力后,每小时变形达0.01mm时测定试样高度变化作为稳定标准。按此步骤逐级加压至试验结束。

注:测定沉降速率仅适用饱和土。

⑦需要进行回弹试验时,可在某级压力下固结稳定后退压,直至退到要求的压力,每次退压至24h后测定试样的回弹量。

⑧试验结束后吸去容器中的水,迅速拆除仪器各部件,取出整块试样,测定含水率。

(4)结果整理与计算

①试样的初始孔隙比,应按下式计算:

$$e_0 = \frac{(1 + w_0) G_s \rho_w}{\rho_0} - 1 \tag{3-1}$$

式中:e_0——试样的初始孔隙比,精确至0.001;

w_0——试样的初始含水率,%;

G_s——土粒比重;

ρ_w——4℃时水的密度,g/cm³;

ρ_0——试样的初始湿密度,g/cm³。

②各级压力下试样固结稳定后的孔隙比e_i,应按下式计算:

$$e_i = e_0 - \frac{1 + e_0}{h_0} \sum \Delta h_i \tag{3-2}$$

式中:e_i——各级压力下试样固结稳定后的孔隙比,精确至0.001;

e_0——试样的初始孔隙比;

h_0——试样的初始高度,mm,取20mm;

$\sum \Delta h_i$——在某级压力下试样固结稳定后的总变形量,mm。其值等于该级压力下稳定后的百分表读数与初始读数之差,再减去仪器在该级压力下的变形量。

以孔隙比为纵坐标、压力为横坐标绘制孔隙比e与压力p的关系曲线(图3-3)。

③某一压力范围内的压缩系数,应按下式计算,精确至0.01:

$$a_v = \frac{e_i - e_{i+1}}{p_{i+1} - p_i} \tag{3-3}$$

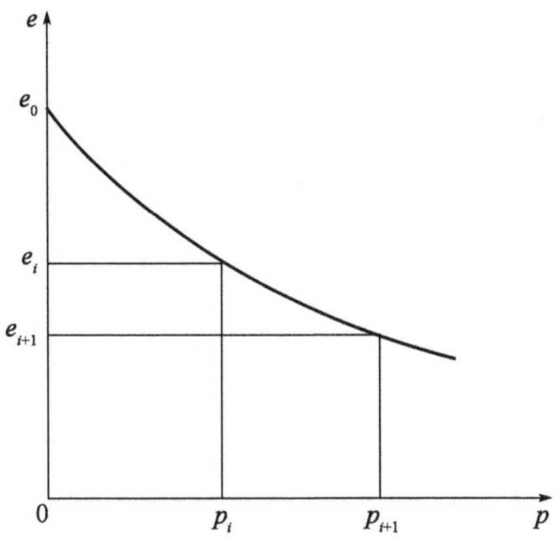

式中：a_v——压缩系数，MPa^{-1}；

　　p_i——某级压力值，MPa。

用试样在 0.1～0.2MPa 压力范围内的压缩系数 a_{1-2} 评价土的压缩性。

若 $a_{1-2} < 0.1\text{MPa}^{-1}$，为低压缩性土；

若 $0.1\text{MPa}^{-1} \leqslant a_{1-2} < 0.5\text{MPa}^{-1}$，为中压缩性土；

若 $a_{1-2} \geqslant 0.5\text{MPa}^{-1}$，为高压缩性土。

④数据记录与初步整理按照附表 3-1 和附表 3-2 进行。

（5）注意事项

①先装好试样，再安装百分表。在装量表的过程中，小指针需调至整数位，大指针调至零，量表杆头要有一定的伸缩范围，固定在量表架上。

②加荷时，应按顺序加砝码；试验中不要振动试验台，以免指针产生移动。

③安装百分表至初始读数达到一定数值（一般初始读数超过 5mm）。

④高压固结或者常规固结均可以做回弹再压缩试验，《土工试验方法标准》（GB/T 50123—2019）中只给出了回弹指数的公式，但并未给出回弹模量的计算公式，因此，在计算回弹变形时需注意。

（6）容易出错处

①初始读数太小，造成百分表没有回程。

②百分表读数容易出错。

③未读取百分表数值就加载下一级压力。

④砝码加载错误，不是规定的压力值。

⑤试验过程中没有随时调节杠杆水平，或调水平时顺时针旋转手轮（应逆时针旋转）。

⑥试验中仪器被人为振动。

⑦压缩系数计算错误，或土的压缩性评定错误。

图 3-3 *e-p* 关系曲线

3.2 无侧限抗压强度试验

本试验方法一般用于测定饱和软黏土的无侧限抗压强度及灵敏度。无侧限抗压试验是三轴压缩试验的一个特例，将试样置于不受侧向限制的条件下进行强度试验，此时试样最小主应力为零，而最大主应力的极限值为无侧限抗压强度，即围压 $\sigma_3 = 0$ 的三轴试验。由于试样侧面不受限制，这样求得的抗压强度值比常规三轴不排水抗压强度值小。

（1）主要仪器设备

①应变控制式无侧限压缩仪：测力计、加压框架、升降设备，如图 3-4 所示。

②轴向位移计:量程 10mm,最小分度值为 0.01mm 的百分表;或准确度为全量程 0.2% 的位移传感器。

③天平:称量 500g,分度值 0.1g。

(2)试样的制备

①原状土试样制备按三轴试验中原状试样制备进行。试样直径宜为 35~50mm,高度与直径之比宜为 2.0~2.5。

②将原状土样按天然层次方向放在桌面上,用削土刀或钢丝锯削成稍大于试样直径的土柱,放入切土盘的上下盘之间,如图 3-5 所示,再用削土刀或钢丝锯沿侧面自上而下细心切削。同时边转动圆盘,直至达到要求的直径为止。取出试样,按要求的高度削平两端。端面要平整,且与侧面垂直,上下均匀。如试样表面因有砾石或其他杂物而成空洞时,允许用土填补。

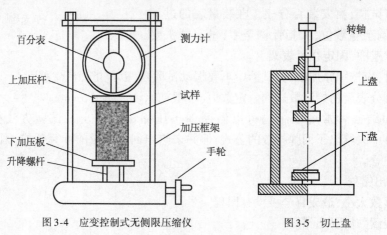

图 3-4 应变控制式无侧限压缩仪   图 3-5 切土盘

③试样直径与高度应与重塑筒直径和高度相同,一般直径为 35~50mm,高为 100~120mm。试样高度与直径之比应大于 2,按软土的软硬程度采用 2.0~2.5。

(3)试验步骤

①将切削好的试样立即称量,精确至 0.1g。同时取切削下的余土测定含水率。用卡尺测量其高度及上、中、下各部位直径,按下式计算其平均直径 D_0:

$$D_0 = \frac{D_1 + 2D_2 + D_3}{4} \tag{3-4}$$

式中:D_0——试样平均直径,cm;

D_1、D_2、D_3——试样上、中、下各部位的直径,cm。

②安装试样:将试样两端抹一层凡士林,气候干燥时,试样周围也需抹一层薄凡士林,防止水分蒸发。

③将试样放在底座上,转动手轮,使底座缓慢上升(现在已经有部分应变控制加压框架可直接设定上升速度),试样与传压板刚好接触时,将测力计调零。根据试样的软硬程度选择不同量程的测力计。

④测记读数:每分钟轴向应变为 1%~3% 的速度转动手轮,使升降设备上升进行试验。轴向应变小于 3% 时,每隔 0.5% 应变(或 0.4mm)读数一次;轴向应变等于或大于 3% 时,每隔 1% 应变(或 0.8mm)读数一次。试验宜在 8~10min 内完成。当测力计读数出现峰值时,停止

试验,当读数无峰值时,试验进行到应变达 20% 为止。试验结束后,取下试样,描述试样破坏后的形状。

⑤重塑试验:当需要测定灵敏度时,应立即将破坏后的试样除去涂有凡士林的表面,加少许余土,包于塑料薄膜内用手搓捏,破坏其结构,放入重塑筒内,用金属垫板,将试样塑成与原状土样相同,然后按上述①~③步骤进行试验。

(4)结果整理和计算

①按下式计算轴向应变:

$$\varepsilon_1 = \frac{\Delta h}{h_0} \tag{3-5}$$

式中:ε_1——轴向应变,%;

Δh——轴向变形,cm;

h_0——试样起始高度,cm。

②按下式计算校正后试样面积:

$$A_a = \frac{A_0}{1 - 0.01\varepsilon_1} \tag{3-6}$$

式中:A_a——校正后试样面积,cm³;

A_0——试样初始面积,cm³。

③按下式计算试样所受的轴向应力:

$$\sigma = \frac{C \cdot R}{A_a} \times 10 \tag{3-7}$$

式中:σ——轴向应力,kPa;

C——测力计率定系数,N/0.01mm;

R——测力计读数,0.01mm;

10——单位换算系数。

④按下式计算灵敏度:

$$S_t = \frac{q_u}{q_u'} \tag{3-8}$$

式中:q_u——原状试样的无侧限抗压强度,kPa;

q_u'——重塑试样的无侧限抗压强度,kPa。

⑤绘制 σ-ε 关系曲线。

以轴向应变 ε 为横坐标,以轴向应力 σ 为纵坐标,绘制轴向应力与轴向应变关系曲线。取曲线上最大轴向应力作为无侧限抗压强度,当曲线上峰值不明显时,取轴向应变 15% 所对应的轴向应力作为无侧限抗压强度,如图 3-6 所示。

(5)试验记录

按照附表 3-3 记录无侧限抗压强度试验结果。

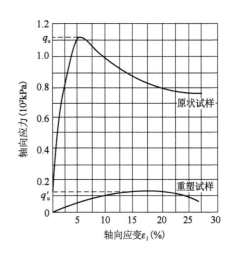

图 3-6 轴向应力与轴向应变关系曲线

3.3 直接剪切试验

土在外力作用下,将产生剪应力和剪切变形,当剪应力达到一定程度时,土就沿着剪应力方向产生相对滑动,产生剪切破坏。土体抵抗这种剪切破坏的极限能力就是土的抗剪强度。

直接剪切试验就是直接对土样进行剪切的试验,简称直剪试验,是测定土的抗剪强度的一种常用方法。通常采用 4 个试样,分别在不同的垂直压力下,施加水平剪切力进行剪切,测得剪切破坏时的剪应力,然后根据库仑定律确定土的抗剪强度指标,即内摩擦角和黏聚力。

根据试验时的剪切速率和排水条件不同,直接剪切试验可分为慢剪、固结快剪和快剪三种方法。

慢剪试验:在试样上施加垂直压力,待试样排水固结稳定后,再以小于 0.02mm/min 的剪切速率施加水平剪应力,在施加剪应力的过程中,土样能充分排水,使土样内始终不产生孔隙水压力,用几个土样在不同垂直压力下进行剪切,将得到有效应力抗剪强度参数,历时较长。本方法适用于细粒土。

固结快剪试验:在试样上施加垂直压力,待试样排水固结稳定后,再以 0.8mm/min 的剪切速率施加剪力,直至剪坏,一般在 3~5min 内完成。由于时间短促,剪力所产生的超静水压力来不及转化为粒间的有效应力。用几个土样在不同垂直压力下进行固结快剪,便能求得土的抗剪强度参数,这种指标称为总应力法抗剪强度参数。本方法适用于渗透系数小于 10^{-6}cm/s 的细粒土。

快剪试验:试样不需要固结稳定,在试样上施加垂直压力后立即以 0.8mm/min 的剪切速率快速施加水平剪应力,直至破坏,一般在 3~5min 内完成。这种方法将使粒间的有效应力维持原状,不受外力的影响,但由于这种粒间有效应力的数值无法求得。本方法适用于渗透系数小于 10^{-6}cm/s 的细粒土。

(1)主要仪器设备

①应变控制式直接剪切仪,由剪切盒、垂直加压设备、剪切传动装置、测力计及位移量测系统组成,如图 3-7 所示。

②环刀:内径 61.8mm,高度 20mm。

③位移量测设备:量程为 10mm,分度值 0.01mm 的百分表;或准确度为全量程 0.2% 的传感器。

(2)操作步骤

①慢剪试验步骤。

a.用环刀切取一组试样(至少 4 个),如试样需要饱和,可对试样进行抽气饱和。按密度试验和含水率试验的方法测定试样的密度和含水率。要求各试样间的重度差值不大于 0.3kN/m³,含水率不大于 2%。

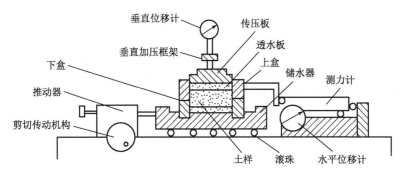

图 3-7　应变控制式直接剪切仪

b. 对准剪切容器上下盒,插入固定销,在下盒内放透水板和滤纸,将带有试样的环刀刃口向上,对准剪切盒口,在试样上放滤纸和透水板,将试样小心地推入剪切盒内。

c. 移动传动装置,使上盒前端钢珠刚好与测力计接触,依次放上传压板、加压框架,安装垂直位移和水平位移量测装置,并调至零位或测记初始读数。

d. 根据工程实际和土的软硬程度施加各级垂直压力,对松软试样垂直压力应分级施加,以防土样挤出。施加压力后,向盒内注水,当试样为非饱和试样时,应在加压板周围包以湿棉纱。

e. 施加垂直压力后,每小时测读垂直变形一次,直至试样固结变形稳定。变形稳定标准为每小时不大于 0.005mm。

f. 拔去固定销,以小于 0.02mm/min 的剪切速度进行剪切,试样每产生剪切位移 0.2 ~ 0.4mm,测记测力计和位移计读数,直至测力计读数出现峰值(测力计中的测微表指针不再前进,或有显著后退,表示试样已经被剪破),应继续剪切至剪切位移为 4mm 时停机,记下破坏值;当剪切过程中测力计读数无峰值时(测力计中的测微表指针继续增加),应剪切至剪切位移为 6mm 时停机。

g. 剪切结束后,吸去剪切盒内的积水,退去剪切力和垂直压力,移动加压框架,取出试样。

②固结快剪试验步骤。

a. 试样制备、安装和固结,应按慢剪试验 a ~ e 的步骤进行。

b. 固结快剪试验的剪切速度为 0.8mm/min,使试样在 3 ~ 5min 内剪损,其剪切步骤应按慢剪试验 f ~ g 的步骤进行。

③快剪试验步骤。

a. 试样制备、安装应按慢剪试验 a ~ d 的步骤进行。安装时应以硬塑料薄膜代替滤纸,不需安装垂直位移量测装置。

b. 施加垂直压力,拔去固定销,立即以 0.8mm/min 的剪切速度按慢剪试验 f ~ g 的步骤进行剪切至试验结束。使试样在 3 ~ 5min 内剪损。

注:每组 4 个试样,教学试验时,可取在 4 个垂直压力分别为 100kPa、200kPa、300kPa、400kPa 下进行剪切。

(3)结果计算与整理

①计算剪应力:

$$\tau_i = \frac{C \cdot R_i}{A_0} \times 10 \tag{3-9}$$

式中：τ_i——各级垂直压力下试样剪应力，kPa；

  R_i——各级垂直压力下剪损时测力计读数，0.01mm；

  C——测力计率定系数，N/0.01mm；

  A_0——试样初始的面积，cm^2。

②计算剪切位移：

$$\Delta L = 0.2n - R_i \tag{3-10}$$

式中：ΔL——剪切位移，mm；

  0.2——手轮每转动一周剪切盒位移，mm；

  n——手轮转动周数。

③以抗剪强度为纵坐标，垂直压力应为横坐标，绘制抗剪强度与垂直压力关系曲线 τ-s，直线的倾角为内摩擦角，直线在纵坐标上的截距为黏聚力。

④绘制各级垂直压力下，剪应力与剪位移的关系曲线 τ-ΔL，一般取 4 个试样进行直剪试验，4 个试样的剪应力与剪切位移关系曲线如图 3-8 所示。

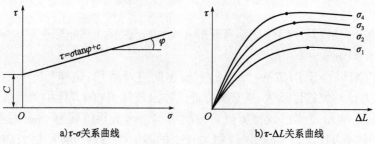

a)τ-σ关系曲线   b)τ-ΔL关系曲线

图 3-8 τ-σ 关系曲线和 τ-ΔL 关系曲线

（4）注意事项

①先安装试样，再装量表。安装试样时要用透水石把土样从环刀推进剪切盒里。

②加荷时应轻加，不要摇晃砝码，当土质松软时，为防止土样被挤出，应分级施加垂直压力。

③剪切时要先拔出固定销。

（5）容易出错处

①剪切位移百分表和测力计百分表没有同步运行。

②试样没有压到位。

③没有拔去上下剪切盒的固定插销。

④没有达到规定剪切位移就停止试验。

⑤抗剪强度值确定出错。

⑥计算错误或作图错误（垂直压力与抗剪强度不成直线关系）。

（6）试验记录

附表 3-4 和附表 3-5 为直剪试验记录和初步整理的表格，注意记录试验过程中的异常现象，并对其进行分析说明，特别是对试验结果是否有影响的说明，同时，参照图 3-8 分别在附

图 3-1 和附图 3-2 上绘制相关曲线。

3.4 常规三轴试验

1910 年莫尔(Mohr)提出材料的破坏是剪切破坏,并指出在破坏面上的剪应力 τ_f 为该面上法向应力 σ 的函数,即:

$$\tau_f = f(\sigma) \tag{3-11}$$

这个函数在 τ_f-σ 坐标中是一条曲线,称为莫尔包络线,如图 3-9 所示实线。莫尔包络线表示材料受到不同应力作用达到极限状态时,滑动面上法向应力 σ 与剪应力 τ_f 的关系。土的莫尔包络线通常可以近似地用直线表示,如图 3-9 所示虚线,该直线方程就是库仑定律所表示的方程($\tau_f = c + \sigma\tan\varphi$)。由库仑公式表示莫尔包络线的土体强度理论可称为莫尔—库仑强度理论。

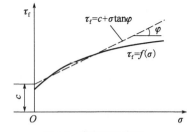

图3-9 莫尔包络线图

当土体中任意一点在某一平面上的剪应力达到土的抗剪强度时,就发生剪切破坏,该点也即处于极限平衡状态。

根据材料力学,设某一土体单元上作用着的大、小主应力分别为 σ_1 和 σ_3,则在土体内与大主应力 σ_1 作用面成任意角 α 的平面 a-a 上的正应力 σ 和剪应力 τ,可用 τ-σ 坐标系中直径为 ($\sigma_1 - \sigma_3$) 的莫尔应力圆上的一点(逆时针旋转 2α,如图 3-10 中 A 点)的坐标大小来表示,即:

$$\sigma = \frac{1}{2}(\sigma_1 + \sigma_3) + \frac{1}{2}(\sigma_1 - \sigma_3)\cos 2\alpha \tag{3-12}$$

$$\tau = \frac{1}{2}(\sigma_1 - \sigma_3)\sin 2\alpha \tag{3-13}$$

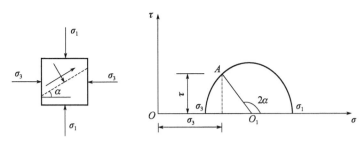

图3-10 用莫尔应力圆表示的土体中任意点的应力

将抗剪强度包络线与莫尔应力画在同一张坐标纸上,如图 3-11 所示。它们之间的关系可以有三种情况:

①整个莫尔应力圆位于抗剪强度包络线的下方(圆 Ⅰ),说明通过该点的任意平面上的剪应力都小于土的抗剪强度,因此不会发生剪切破坏。

②莫尔应力圆与抗剪强度包络线相割(圆 Ⅲ),表明该点某些平面上的剪应力已超过了土的抗剪强度,事实上该应力圆所代表的应力状态是不存在的。

③莫尔应力圆与抗剪强度包络线相切(圆Ⅱ),切点为 A 点,说明在 A 点所代表的平面上,剪应力正好等于土的抗剪强度,即该点处于极限平衡状态,圆Ⅱ称为极限应力圆。

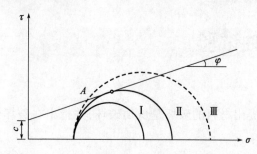

图 3-11　莫尔应力圆与抗剪强度包络线之间的关系

三轴压缩试验(亦称三轴剪切试验)是以莫尔—库仑强度理论为依据而设计的三轴向加压的剪力试验。试样在某一固定围压 σ_3 下,逐渐增大轴向压力 σ_1,直至试样破坏,据此可作出一个极限应力圆。用同一种土样的 3 ~ 4 个试样分别在不同的围压 σ_3 下进行试验,可得一组极限应力圆,如图 3-11 中的圆Ⅰ、圆Ⅱ和圆Ⅲ。作出这些极限应力圆的公切线,即为该土样的抗剪强度包络线,由此便可求得土样的抗剪强度指标。

三轴压缩试验是测定土体抗剪强度的一种比较完善的室内试验方法,可以严格控制排水条件,测量土体内的孔隙水压力。另外,试样中的应力状态也比较明确,试样破坏时的破裂面是在最薄弱处,而不像直剪试验那样限定在上下盒之间,同时三轴压缩试验还可以模拟建筑物和建筑物地基的特点,并根据设计施工的不同要求确定试验方法,因此对于特殊建(构)筑物、高层建筑、重型厂房、深层地基、海洋工程、道路桥梁和交通航务等工程有特别重要的意义。

三轴剪切试验是用来测定试样在某一固定围压下的抗剪强度,然后根据 3 个以上试样,在不同围压下测得的抗剪强度,利用莫尔—库仑破坏准则确定土的抗剪强度参数。三轴剪切试验可分为不固结不排水剪切试验(UU)、固结不排水剪切试验(CU)、固结排水剪切试验(CD)以及 K_0 固结三轴试验。

①不固结不排水剪切试验:试样在施加围压和轴向压力下直至破坏的全过程中均不允许排水,土样从开始加载至试样剪坏,土中的含水率始终保持不变,可测得总抗剪强度指标 c_u、φ_u。

②固结不排水剪切试验:试样在施加围压时,允许试样充分排水,待固结稳定后,再在不排水的条件下施加轴向压力,直至试样剪切破坏,同时在受剪过程中,测得土体的孔隙水压力,可测得总应力抗剪强度指标 c_{cu}、φ_{cu} 和有效应力抗剪强度指标 c'、φ'。

③固结排水剪切试验:试样先在围压下排水固结,然后允许试样在充分排水的条件下增加轴向压力直至破坏,同时在试验过程中测读排水量以计算试样的体积变化,以测得有效应力抗剪强度指标 c_d、φ_d。

④K_0 固结三轴试验:常规三轴试验是在等向固结压力($\sigma_1 = \sigma_2 = \sigma_3$)条件下排水固结,而 K_0 固结三轴试验是按 $\sigma_3 = \sigma_2 = K_0\sigma_1$ 施加围压,使试样在不等向压力下固结排水,然后再进行不排水剪切或排水剪切试验。

(1)主要仪器设备

①三轴仪:三轴仪根据施加轴向荷载方式的不同,可以分为应变控制式和应力控制式两种,目前室内三轴试验一般采用应变控制式三轴仪。

应变控制式三轴仪由以下组成(图3-12):

a.三轴压力室。压力室是三轴仪的主要组成部分,它是由一个金属上盖、底座以及透明有机玻璃筒组成的密闭容器,压力室底座通常有3个小孔分别与围压系统、体积变形以及孔隙水压力量测系统相连。

b.轴向加荷系统。采用电动机带动多级变速的齿轮箱,或者采用可控硅无级变速,并通过传动系统使压力室自下而上地移动,从而使试样承受轴向压力,其加荷速率可根据土样性质和试验方法确定。

c.轴向压力测量系统。施加于试样上的轴向压力由测力计量测,测力计由线性和重复性较好的金属弹性体组成,测力计的受压变形由百分表或位移传感器测读。

d.围压稳压系统。采用调压阀控制,调压阀控制到某一固定压力后,它将压力室的压力进行自动补偿从而达到稳定的围压。

e.孔隙水压力量测系统。孔隙水压力由孔压传感器测得。

f.轴向变形量测系统。轴向变形由长距离百分表(0~30mm百分表)或位移传感器测得。

g.反压力体变系统。由体变管和反压力稳压控制系统组成,以模拟土体的实际应力状态或提高试样的饱和度,以及量测试样的体积变化。

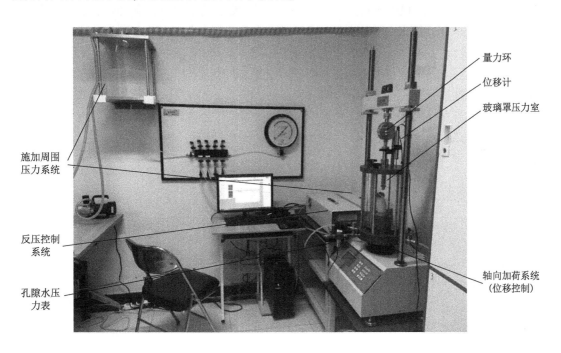

图3-12　应变控制式三轴仪

②附属设备:

a.击实筒和饱和器。

b.切土盘、切土器、切土架和原状土分样器。

c.承膜筒和砂样制备模筒。

d.天平、卡尺、乳胶膜等。

（2）试样的制备与饱和

①试样制备。

a. 本试验需 3~4 个试样，分别在不同围压下进行试验。

b. 试样尺寸：最小直径为 35mm，最大直径为 101mm，试验高度应为试样直径的 2~2.5 倍，试样的最大粒径应符合表 3-1 规定。对于有裂缝、软弱面和构造面的试样，试样直径宜大于 60mm。

试样的允许最大粒径与试样直径之间的关系　　　　　　　　表 3-1

试样直径 D(mm)	允许最大粒径 d(mm)
39.1	$d < D/10$
61.8	$d < D/10$
101.0	$d < D/5$

c. 原状土试样的制备：根据土样的软硬程度，分别用切土盘和切土器按规定切成圆柱形试样，试样两端应平整，并垂直于试样轴，当试样侧面或端部有小石子或凹坑时，允许用削下的余土修整，试样切削时应避免扰动，并取余土测定试样的含水率。

d. 扰动试样的制备：根据预定的干密度和含水率，按扰动土样规定备样后，在击石器内分层击实，粉质土宜为 3~5 层，黏质土宜为 5~8 层，各层土样数量相等，各层接触面刨毛。

e. 对于砂类土，应在压力室底座上依次放上不透水板、橡胶膜和对开圆膜。将砂料填入对开圆膜内，分三层按预定干密度击实。当制备饱和试样时，在对开圆膜内注入纯水至 1/3 高度，将煮沸的砂料分三层填入，达到预定高度。放上不透水板、试样帽、扎紧橡皮膜，对试样内部施加 5kPa 负压力，使试样能站立，拆除对开膜。

f. 对制备好的试样，量测其直径和高度。试样的平均直径按下式计算：

$$D = \frac{D_1 + 2D_2 + D_3}{4} \qquad\qquad (3\text{-}14)$$

式中：D_1、D_2、D_3——分别为试样上、中、下部位的直径。

与此同时，取切下的余土，平行测得含水率，取其平均值为试样的含水率。

②试样饱和。

a. 抽气饱和。将试样装入饱和器内，置于抽气缸内盖紧后，进行抽气。当真空度接近一个大气压后，对于粉质土（轻亚黏土）再继续抽气 0.5h 以上，对于黏质土（亚黏土、黏土）抽气 1h 以上，密实的黏质土抽气 2h 以上。然后徐徐注入清水，并使真空度保持稳定。待饱和器完全淹没水中后，停止抽气，解除抽气缸内的真空，让试样在抽气缸内静止 10h 以上，然后取出试样称重。

b. 水头饱和。对于粉土，可直接在仪器上用水头饱和；对于粉质土和黏质土，有时因有特殊要求，也可用水头饱和。其方法是先按上述规定步骤将试样安装好（试样两端面都用透水石、试样顶面透水面上加透水帽），然后施加 20kPa（ $\approx 0.2\text{kgf/cm}^2$ ）的围压，并同时提高试样底部量管的水面和降低试样顶部固结排水管的水面，使两管水面高差在 1m 左右。打开孔隙压力阀和排水阀，让水自下而上通过试样，直至同一时间间隔内量管流出的水量与固结排水管内的水量相等。

c.假如按上述两条不能使试样完全饱和($S_r = 99\%$ 以上),而试验要求试样完全饱和时,则需对试样再施加反压力饱和。

施加反压力步骤如下:

当试样在三轴压力室装好以后,关孔隙压力阀和反压力阀,测记体变管读数。先对试样施加 20kPa 的围压预压,并打开孔隙压力阀进行测读。孔隙压力稳定后记下读数,然后关孔隙压力阀。

反压力应分级施加,并分级施加围压,以尽量减少对试样的扰动。在施加反压力过程中,始终保持围压比反压力大 20kPa。反压力和围压的每级增量对软黏土取 30kPa,对坚实的土或起始饱和度较低的土,取 50~70kPa。

操作时,先调围压至 50kPa,并将反压力系统调至 30kPa,同时同步打开围压阀和反压力阀,然后再缓缓打开孔隙压力阀,待孔隙压力稳定后,测记孔隙压力仪表显示读数和体变管读数,再施加下一级的围压和反压力。

算出本级围压下引起的孔隙压力增量 Δu,并与围压增加 $\Delta\sigma_3$ 比较,若 $\Delta u / \Delta\sigma_3 < 0.98$,则表示试样尚未饱和,这时关孔隙压力阀、反压力阀和围压阀,继续按上述步骤施加下一级围压和反压力,如此逐级增加围压和反压力直至试样饱和。

当试样在某级压力下达到 $\Delta u / \Delta\sigma_3 > 0.98$ 时,这时应立即检查是否饱和。其方法是保持反压力不变,增大围压,假若试样内增加的孔隙压力等于围压的增量,表明试样确实饱和;否则应增大反压力,重复上述步骤,直至试样饱和为止。

3.4.1　不固结不排水剪切试验

(1)操作步骤

①对仪器各部分进行全面检查,围压系统、反压力系统、孔隙水压力系统、轴向压力系统是否能正常工作,排水管路是否畅通,管路阀门连接处有无漏水漏气现象,乳胶膜是否有漏水漏气现象。

②拆开压力室的有机玻璃罩子,将试样放在试样底座的不透水圆板上,在试样的顶部放置不透水试样帽。

③将乳胶膜套在承膜筒上,两端翻过来,用吸嘴吸气,使乳胶膜贴紧承膜筒内壁,然后套在试样外放气,翻起乳胶膜,取出承膜筒,用橡皮圈将乳胶膜分别扎紧在试样底座和试样帽上。

④装上受压室外罩,安装时应先将活塞提高,以防碰撞试样,然后将活塞对准试样帽中心,并旋紧压力室密封螺帽,再将测力环对准活塞。

⑤向压力室充水,当压力室快注满水时,降低进水速度,当水从排水孔溢出时,关闭排水孔。

⑥打开空压机和围压阀,施加所需的围压,围压的大小应根据土样埋深和应力历史来决定,也可按 100kPa、200kPa、300kPa 施加。

⑦旋转手轮,当测力环的量表微动,表示活塞与试样接触,然后将测力环的量表和轴向位移量表的指针调整到零位。

⑧启动电动机开始剪切,剪切速率宜为每分钟应变 0.5%~1.0%。80mm 高的试样速率为 0.4~0.8mm/min。开始阶段,试样每产生垂直应变 0.3%~0.4% 时,记测力环量表读数和

垂直位移量表读数各一次。当接近峰值时应加密读数,如果试样特别松软或硬脆,可酌情减少或加密读数。

⑨当出现峰值后,再进行3%~5%的垂直应变或剪至总垂直应变的15%后停止试验,若测力环读数无明显减少,则垂直应变应进行到总垂直应变的20%。

⑩试验结束后,关闭电动机,关闭周围应力阀,拨开离合器,倒转手轮,然后打开排气孔,排去压力室内的水,拆去压力室外罩,取出试样,描述试样破坏的形状,并测得试验后试样的密度和含水率。

⑪重复以上步骤,分别在不同的围压下进行其余试样的试验。

(2)结果整理与计算

①计算轴向应变:

$$\varepsilon_1 = \frac{\sum \Delta h}{h_0} \times 100\% \qquad (3-15)$$

式中:ε_1——轴向应变,%;

$\sum \Delta h$——轴向变形,mm;

h_0——土样初始高度,mm。

②计算剪切过程中试样的平均面积:

$$A_a = \frac{A_0}{1 - \varepsilon_1} \qquad (3-16)$$

式中:A_a——剪切过程中平均断面积,cm^2;

A_0——土样初始断面积,cm^2;

ε_1——轴向应变,%。

③计算主应力差:

$$\sigma_1 - \sigma_3 = \frac{CR}{A_a} \times 10 = \frac{CR(1 - \varepsilon_1)}{A_0} \times 10 \qquad (3-17)$$

式中:$\sigma_1 - \sigma_3$——主应力差,kPa;

σ_1——最大主应力,kPa;

σ_3——最小主应力,kPa;

C——测力计率定系数,N/0.01mm;

R——测力计读数,0.01mm;

10——单位换算系数。

④绘制主应力差与轴向应变关系曲线。

以主应力差($\sigma_1 - \sigma_3$)为纵坐标,轴向应变ε_1为横坐标,绘制主应力差与轴向应变关系曲线(图3-13),若有峰值时,取曲线上主应力差的峰值作为破坏点;若无峰值时,则取15%轴向应变时的主应力差值作为破坏点。

⑤绘制强度包络线。

以剪应力τ为纵坐标,法向应力σ为横坐标,在横坐标轴上以破坏时的$\frac{\sigma_{1f} + \sigma_{3f}}{2}$为圆心,以$\frac{\sigma_{1f} - \sigma_{3f}}{2}$为半径,在$\tau$-$\sigma$坐标系上绘制破坏总应力圆,并绘制不同围压下破坏总应力圆的包络线(图 3-14),包络线的倾角为内摩擦角 φ_u,包络线在纵坐标上的截距为黏聚力 c_u。

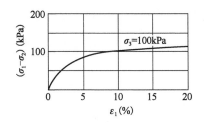

图 3-13 主应力差与轴向应变关系曲线

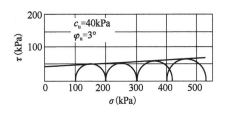

图 3-14 不固结不排水剪切强度包络线

(3)各种试验方法在实际中的适用性

对同一种土,强度指标与试验方法以及试验条件有关,实际工程问题的情况又是千变万化的,用实验室的试验条件去模拟现场条件毕竟还会有差别。因此,应根据工程问题的具体情况和各种试验方法的适用范围去选择合适的测试方法。

(4)思考题

①什么是土的抗剪强度指标?对于一种土,其抗剪强度指标是否为一个定值?为什么?

②分别简述直剪试验和三轴试验的原理,比较二者之间的优缺点和适用范围。

(5)试验记录

按照附表 3-6、附表 3-7、附表 3-8 记录试验结果,并说明试验过程主要内容和试验过程中的注意事项。

3.4.2 固结不排水剪切试验

(1)试验步骤

①打开孔隙水压力阀和量管阀,对孔隙水压力系统及压力室底座充水排气后,关孔隙水压力阀和量管阀。压力室底座上依次放上透水板、湿滤纸、试样、湿滤纸、透水板,试样周围贴浸水的滤纸条 7 ~ 9 条。将橡皮膜用承膜筒套在试样外,并用橡皮圈将橡皮膜下端与底座扎紧。打开孔隙水压力阀和量管阀,使水缓慢地从试样底部流入,排除试样与橡皮膜之间的气泡,关闭孔隙水压力阀和量管阀。打开排水阀,使试样帽中充水,放在透水板上,用橡皮圈将橡皮膜上端与试样帽扎紧,降低排水管,使管内水面位于试样中心以下 20 ~ 40cm,吸除试样与橡皮膜之间的余水后关排水阀。需要测定土的应力应变关系时,应在试样与透水板之间放置中间夹有硅脂的两层圆形橡皮膜,膜中间应留有直径为 1cm 的圆孔排水。

②压力室罩、安装充水及测力计调整应按试样制备与饱和的步骤进行。

③试样排水固结应按下列步骤进行:

a. 调节排水管使管内水面与试样高度的中心齐平,测记排水管水面读数。

b. 开孔隙水压力阀,使孔隙水压力等于大气压力,关孔隙水压力阀,记下初始读数。当需要施加反压力时,应按试样制备与饱和的步骤进行。

c. 将孔隙水压力调至接近周围压力值,施加周围压力后,再打开孔隙水压力阀,待孔隙水压力稳定测定孔隙水压力。

d. 打开排水阀,当需要测定排水过程时,应按试样制备与饱和的步骤测记排水管水面及孔隙水压力读数,直至孔隙水压力消散95%以上。固结完成后,关闭排水阀,测记孔隙水压力和排水管水面读数。

e. 微调压力机升降台,使活塞与试样接触,此时轴向变形指示计的变化值为试样固结时的高度变化。

④剪切试样应按下列步骤进行:

a. 剪切应变速率黏土宜为每分钟应变0.05% ~0.1%;粉土为每分钟应变0.1% ~0.5%。

b. 将测力计、轴向变形指示计及孔隙水压力读数均调整至零。

c. 启动电动机,合上离合器,开始剪切。测力计、轴向变形、孔隙水压力应按试样制备与饱和的步骤进行测记。

d. 试验结束,关电动机,关闭各阀门,拨开离合器,将离合器调至粗位,转动粗调手轮,将压力室降下,打开排气孔,排除压力室内的水,拆卸压力室罩,拆除试样,描述试样破坏形状,称试样质量,并测定试样含水率。

(2)结果整理与计算

①试样固结后的高度应按下式计算:

$$h_c = h_0 \left(1 - \frac{\Delta V}{V_0} \right)^{1/3} \tag{3-18}$$

式中:h_c——试样固结后的高度,cm;

　　ΔV——试样固结后与固结前的体积变化,cm³;

　　h_0——试样初始高度,cm;

　　V_0——试样初始体积,cm³。

②试样固结后的面积应按下式计算:

$$A_c = A_0 \left(1 - \frac{\Delta V}{V_0} \right)^{2/3} \tag{3-19}$$

式中:A_c——试样固结后的断面面积,cm²;

　　A_0——试样初始断面面积,cm²。

③试样面积的校正应按下式计算:

$$A_a = \frac{A_0}{1 - \varepsilon_1} \tag{3-20}$$

$$\varepsilon_1 = \frac{\Delta h}{h_0} \tag{3-21}$$

式中:A_a——试样因固结压缩膨胀后的断面面积,cm²;

　　ε_1——试样轴向应变。

④主应力差按3-17式计算。

⑤有效主应力比应按下式计算:

$$\frac{\sigma_1'}{\sigma_3'} = 1 + \frac{\sigma_1' - \sigma_3'}{\sigma_3'} \tag{3-22}$$

式中:σ_1'——有效大主应力,kPa;

　　σ_3'——有效小主应力,kPa。

⑥孔隙水压力系数应按下式计算。

a. 初始孔隙水压力系数：

$$B = \frac{u_0}{\sigma_3} \tag{3-23}$$

b. 破坏时孔隙水压力系数：

$$A_f = \frac{u_f}{B(\sigma_1 - \sigma_3)} \tag{3-24}$$

式中：B——初始孔隙水压力系数；

u_0——施加周围压力产生的孔隙水压力，kPa；

A_f——破坏时的孔隙水压力系数；

u_f——试样破坏时主应力差产生的孔隙水压力，kPa。

（3）试验记录

按照附表 3-6、附表 3-7、附表 3-8 记录试验结果，并说明试验过程主要内容和试验过程中的注意事项。

①主应力差与轴向应变关系曲线。

②以有效应力比为纵坐标，轴向应变为横坐标绘制有效应力比与轴向应变曲线。

③以孔隙水压力为纵坐标轴，以应变为横坐标绘制孔隙水压力与轴向应变关系曲线。

④以 $\dfrac{\sigma_1' - \sigma_3'}{2}$ 为纵坐标，$\dfrac{\sigma_1' + \sigma_3'}{2}$ 为横坐标，绘制有效应力路径曲线，并计算有效内摩擦角和有效黏聚力。

a. 有效内摩擦角：

$$\varphi' = \sin^{-1}\tan\alpha \tag{3-25}$$

b. 有效黏聚力：

$$c' = \frac{d}{\cos\varphi'} \tag{3-26}$$

式中：φ'——有效内摩擦角，°；

α——应力路径图上破坏点连线的倾角，°；

c'——有效黏聚力，kPa；

d——应力路径上破坏点连线在纵轴上的截距，kPa。

⑤以主应力差或有效主应力比的峰值作为破坏点，无峰值时，以有效应力路径的密集点或轴向应变 15% 时的主应力差值作为破坏点，绘制破损应力圆及不同周围压力下的破损应力圆包络线，并求出总应力强度参数有效内摩擦角和有效黏聚力，应以 $\dfrac{\sigma_1' + \sigma_3'}{2}$ 为圆心、$\dfrac{\sigma_1' - \sigma_3'}{2}$ 为半径绘制有效破损应力圆确定。

3.4.3　固结排水剪切试验

（1）试验步骤

试样的安装、固结、剪切应按固结不排水试验操作步骤进行，但在剪切过程中应打开排水阀。剪切速率为每分钟应变 $0.003\% \sim 0.012\%$。

（2）结果整理与计算

①试样固结后的高度面积应按式(3-18)、式(3-19)、式(3-20)计算。

②剪切时试样面积的校正应按下式计算：

$$A_c = \frac{V_c - \Delta V_i}{h_c - \Delta h_i} \tag{3-27}$$

式中：ΔV_i——剪切过程中试样的体积变化，cm^3；

　　Δh_i——剪切过程中试样的高度变化，cm。

③主应力差、有效应力比及孔隙水压力系数按前述公式计算。

（3）结果记录

试验结果按照附表3-6、附表3-7、附表3-8记录。

①绘制主应力差与轴向应变关系曲线。

②绘制主应力比与轴向应变关系曲线。

③以体积应变为纵坐标轴，以应变为横坐标绘制体积应变与轴向应变关系曲线。

④破损应力圆有效内摩擦角和有效黏聚力应按前述步骤绘制和确定。

第 4 章
CHAPTER 4

岩石的物理与水理性质试验

岩石和土一样,是由固体、液体和气体组成的。它的物理性质是指在岩石中三相组分的相对含量不同所表现的物理状态,与工程密切相关的基本物理性质有密度和孔隙率(岩石中的空隙包括孔隙与裂隙,岩石的孔隙性一般用孔隙率 n 与孔隙比 e 来描述)。岩石在水溶液作用下表现出来的性质,称为水理性质,主要有吸水性、软化性、抗冻性、渗透性及膨胀性等。本节主要介绍与吸水性、抗冻性、膨胀性相关的试验。

4.1 密度试验

岩石密度(Rock Density),即单位体积的岩石质量,是试样质量与试样体积之比,单位为 g/cm^3。它是研究岩石风化、岩体稳定性、围岩压力和选取建筑材料等必需的参数。岩石密度又分为颗粒密度和块体密度,常见岩石的密度等物理性质指标值见表 4-1。

常见岩石的物理性质指标值　　　　　　　　　　　　　　　表 4-1

岩 石 名 称	颗粒密度 (g/cm^3)	岩石密度 (g/cm^3)	孔隙率 (%)	吸水率 (%)	软 化 系 数
花岗岩	2.50 ~ 2.84	2.3 ~ 2.8	0.5 ~ 4.0	0.1 ~ 4.0	0.72 ~ 0.97
闪长岩	2.6 ~ 3.1	2.52 ~ 2.96	0.2 ~ 5.0	0.3 ~ 5.0	0.6 ~ 0.8
辉长岩	2.70 ~ 3.20	2.55 ~ 2.98	0.3 ~ 4.0	0.5 ~ 4.0	—
辉绿岩	2.60 ~ 3.10	2.53 ~ 2.97	0.3 ~ 5.0	0.8 ~ 5.0	0.33 ~ 0.90
安山岩	2.40 ~ 2.80	2.30 ~ 2.70	1.1 ~ 4.5	0.3 ~ 4.5	0.81 ~ 0.91
玢岩	2.64 ~ 2.84	2.40 ~ 2.80	2.1 ~ 5.0	0.4 ~ 1.7	0.78 ~ 0.81
玄武岩	2.60 ~ 3.30	2.50 ~ 3.10	0.5 ~ 7.2	0.3 ~ 2.8	0.30 ~ 0.95
凝灰岩	2.56 ~ 2.78	2.29 ~ 2.50	1.5 ~ 7.5	0.5 ~ 7.5	0.52 ~ 0.8
砾岩	2.67 ~ 2.71	2.40 ~ 2.66	0.8 ~ 10.0	0.3 ~ 2.4	0.50 ~ 0.96

岩 石 名 称	颗粒密度 （g/cm³）	岩石密度 （g/cm³）	孔隙率 （%）	吸水率 （%）	软 化 系 数
砂岩	2.60～2.75	2.20～2.71	1.6～28.0	0.2～9.0	0.65～0.97
页岩	2.57～2.77	2.30～2.62	0.4～10.0	0.5～3.2	0.24～0.74
石灰岩	2.48～2.85	2.30～2.77	0.5～27.0	0.1～4.5	0.70～0.94
泥灰岩	2.70～2.80	2.30～2.70	1.0～10.0	0.5～3.0	0.44～0.54
白云岩	2.60～2.90	2.10～2.70	0～25.0	0.1～3.0	—
片麻岩	2.63～3.01	2.30～3.00	0.7～2.2	0.1～0.7	0.75～0.97
石英片岩	2.60～2.80	2.10～2.70	0.7～3.0	0.1～0.3	0.44～0.84
绿泥石片岩	2.80～2.90	2.10～2.85	0.8～2.1	0.1～0.6	0.53～0.69
千枚岩	—	—	0.4～3.6	0.5～1.8	0.67～0.96
泥质板岩	2.70～2.85	2.30～2.80	0.1～0.5	0.1～0.3	0.39～0.52
大理岩	2.80～2.85	2.60～2.70	0.1～6.0	0.1～1.0	—
石英岩	2.53～2.84	2.40～2.80	0.1～8.7	0.1～1.5	0.94～0.96

4.1.1　颗粒密度

岩石的颗粒密度（ρ_s）是指岩石固相部分的质量与其体积的比值。它不包括空隙在内，因此其大小仅取决于组成岩石的矿物密度及其含量。如基性、超基性岩浆岩，密度大的矿物比较多，岩石颗粒密度 ρ_s 也偏大，一般为 2.7～3.2g/cm³；酸性岩浆岩含密度小的矿物较多，岩石颗粒密度也小，多在 2.5～2.85g/cm³ 之间变化；而中性岩浆岩则介于二者之间。又如硅质胶结的石英砂岩，其颗粒密度接近于石英密度；石灰岩和大理岩的颗粒密度多接近于方解石密度等。

岩石的颗粒密度属实测指标，常用比重瓶法或水中称量法进行测定。各类岩石均可采用比重瓶法，水中称量法应符合吸水性试验的要求。岩石比重是试样干重与同体积4℃时的蒸馏水重量的比值（岩石颗粒密度是岩石固相物质的质量与体积的比值，在数值上与比重相同）。下面主要介绍采用比重瓶法测定岩石颗粒密度。除含有水溶性矿物的岩石用煤油测定外，其余岩石均采用蒸馏水测定，采用煤油测定时的方法与采用蒸馏水测定的方法一致。

（1）试样制备

①用于测定颗粒密度的试样需破碎成岩粉，使之全部通过 0.25mm 筛孔。

②对于非磁性岩石，采用高强度耐磨的优质钢磨盘粉碎，并用磁铁块吸去铁屑。

③对于磁性岩石，根据岩石的坚硬程度，分别采用磁研体或玛瑙研体粉碎样品。

（2）试样描述

试样粉碎前的描述包括岩石名称、颜色、结构、矿物成分、颗粒大小和胶结物性质，以及岩石的粉碎方法等内容。

（3）主要仪器设备

①粉碎机，研体，孔径为 0.25mm 筛。

②天平:称重为 200g,分度值为 0.001g。

③烘箱和干燥器。

④真空抽气机和煮沸设备。

⑤恒温水槽和砂浴:温度计量程 0 ~ 50℃,分度值 1℃。

⑥容积 100mL 或 50mL 的比重瓶。

(4)操作步骤

①将制备好的试样,置于 105 ~ 110℃烘箱中烘干,烘干时间不应少于 6h,然后放在干燥器内冷却至室温。

②将比重瓶置于 105 ~ 110℃烘箱中烘 12h,然后放在干燥器内冷却至室温。

③将比重瓶编号,并称其质量。

④用四分法取两个试样,每个试样 15g 左右(用 100mL 比重瓶)或 10g 左右(用 50mL 比重瓶)。

⑤将取好的试样通过漏斗倒入编好号码的比重瓶内,然后称比重瓶和试样的质量。

⑥向比重瓶内注入试液(蒸馏水或煤油)至比重瓶容积的一半处。对含水溶性矿物的岩石,应使用煤油做试验。

⑦当使用蒸馏水作试液时,采用煮沸法或真空抽气法排除气体;当使用煤油作试液时,应采用真空抽气法排除气体。

⑧采用煮沸法排除气体时,煮沸时间在加热沸腾以后,不得少于 1h。

⑨采用真空抽气法排除气体时,真空压力表读数宜为当地大气压。抽气至无气泡逸出时,继续抽气时间不宜小于 1h,或抽至不再发生气泡为止。

⑩不论采用煮沸法还是采用真空抽气法排除试样气体时,均按同样的方法配制未放试样的蒸馏水。

⑪试样排气之后,把煮沸或经真空抽气的蒸馏水注入比重瓶至近满,然后置于恒温水槽内,使瓶内温度保持稳定并使上部悬液澄清。

⑫塞好瓶塞,使多余水分自瓶塞毛细孔中溢出,将瓶外擦干,称瓶、水、试样合重。

⑬倒掉试液,洗净比重瓶。注入与第⑩项中同温度的蒸馏水至满,按第⑪、⑫两个步骤称瓶、水、试样合重。

⑭本试验称重精确至 0.001g。

⑮颗粒密度试验应进行两次平行测定,两次测定的差值不应大于 0.02,颗粒密度应取两次测值的平均值。

(5)结果整理和计算

按下式计算岩石颗粒密度:

$$\rho_s = \frac{m_s}{m_1 + m_s - m_2} \times \rho_{wT} \qquad (4\text{-}1)$$

式中:ρ_s——岩石颗粒密度;

m_s——烘干岩粉质量,g;

m_1——瓶、试液总质量,g;

m_2——瓶、试液、岩粉总质量,g;

ρ_{wT}——与试验温度同温的蒸馏水的试验密度。

蒸馏水的试验密度,查表 4-2 获得。

t℃下蒸馏水的试验密度 ρ_{wT} 值

表 4-2

t℃	ρ_{wT}	t℃	ρ_{wT}	t℃	ρ_{wT}	t℃	ρ_{wT}	t℃	ρ_{wT}
4	1.000000	11	0.999633	18	0.998623	25	0.997074	32	0.995054
5	0.999992	12	0.999525	19	0.998433	26	0.996813	33	0.994731
6	0.999968	13	0.999404	20	0.998232	27	0.996542	34	0.994399
7	0.999930	14	0.999271	21	0.998021	28	0.996262	35	0.994059
8	0.999876	15	0.999127	22	0.997799	29	0.995974		
9	0.999809	16	0.998970	23	0.997567	30	0.995676		
10	0.999728	17	0.998802	24	0.997326	31	0.995369		

注:一般试验计算时采用小数点以后三位数,第四位四舍五入。

(6)试验记录

按照附表 4-1 记录岩石比重试验过程及其数据。

4.1.2　块体密度

块体密度(或岩石密度)是指岩石单位体积内的质量,按岩石试样的含水状态,又有干密度(ρ_d)、饱和密度(ρ_{sat})和天然密度(ρ)之分,在未指明含水状态时一般是指岩石的天然密度。岩石三种密度各自的定义如下:

$$\rho_d = \frac{m_s}{V} \tag{4-2}$$

$$\rho_{sat} = \frac{m_{sat}}{V} \tag{4-3}$$

$$\rho = \frac{m}{V} \tag{4-4}$$

式中:m_s、m_{sat}、m——分别为岩石试样的干质量、饱和质量和天然质量;

V——试样的体积。

岩石的块体密度除与矿物组成有关外,还与岩石的空隙及含水状态密切相关。致密而裂隙不发育的岩石,块体密度与颗粒密度很接近,随着孔隙、裂隙的增加,块体密度相应减小。

岩石的块体密度根据岩石类型和试样形态,分别采用下述方法测定其密度:

①凡能制备成规则试样的岩石,宜采用量积法。

②除遇水崩解、溶解和干缩湿胀性岩石外,可采用水中称量法。

③不能用量积法或水中称量法进行测定的岩石,可采用蜡封法。

用水中称量法测定岩石密度时,一般用测定岩石吸水率和饱和吸水率的同一试样同时进行测定。

(1)试样制备

①量积法。

a.试样尺寸应大于岩石最大矿物颗粒直径的 10 倍,最小尺寸不宜小于 50mm。

b. 试样可采用圆柱体、立方体或方柱体,根据密度试验后的其他试验要求选择。

c. 试样高度、直径或边长的误差不应大于0.3mm。试样两端面不平行度误差不应大于0.05mm。

d. 试样两端应垂直试样轴线,最大偏差不得大于0.25°。

e. 方柱体或立方体试样相邻两面应相互垂直,最大偏差不得大于0.25°。

f. 每组试验须制备3个试样,它们须具有充分的代表性。

②蜡封法。

a. 试样取边长为4~6cm立方体的岩块。

b. 测湿密度每组试验试样数量应为5个,测干密度每组试验试样数量应为3个。

(2)试样描述

①岩石名称、颜色、结构、矿物成分、颗粒大小、胶结物质等特征。

②节理裂隙的发育程度及其分布。

③试样形态及缺角、掉棱角等现象。

(3)主要仪器设备

①量积法。

a. 钻石机、切石机、磨石机或其他制样设备。

b. 烘箱和干燥器。

c. 称量大于500g,分度值为0.01g的天平。

d. 精度为0.01mm的测量平台或其他仪表。

②蜡封法。

a. 烘箱和干燥器。

b. 石蜡和熔蜡用具。

c. 称量大于500g,分度值为0.01g的天平。

d. 水中称重装置。

(4)操作步骤

①量积法。

a. 在试样两端和中间三个断面,测量其互相垂直的两个方向直径或边长,计算截面积平均值。

b. 测量均匀分布于周边的四点和中间点的五个高度,计算高度平均值。

c. 将试样置于烘箱中,在105~110℃的温度下烘24h,取出后,即放入干燥器内,冷却至室温后称重。

d. 本试验要求量测精确至0.02mm,称重精确至0.01g。

②蜡封法。

a. 将试样置于烘箱中,在105~110℃的温度下烘24h,取出后,即放入干燥器内,冷却至室温后称重。

b. 用丝线缚住试样,置于温度60℃左右的熔化石蜡中1~2s,使试样表面均匀涂上一层蜡膜,其厚度约1mm。蜡封好后,发现有气泡时,用热针刺穿并用蜡涂平孔口,然后称试样重。

c. 将蜡封试样置于水中称重,然后取出擦干表面水分,在空气中称重。如蜡封试样浸水后的重量大于浸水前的重量,应重做试验。

d. 本试验所有称重均精确至 0.01g。

(5)结果整理和计算

①用量积法测定试样密度,按下式计算:

$$\rho_d = \frac{m_d}{A \times H}$$

(4-5)

式中:ρ_d——岩石块体干密度,g/cm³;

m_d——试样烘干质量,g;

A——平均面积,cm²;

H——平均高度,cm。

②用蜡封法测定试样密度,按下式计算:

$$\rho_d = \frac{m_d}{\dfrac{m_1 - m_2}{\rho_w} - \dfrac{m_1 - m_d}{\rho_n}}$$

(4-6)

式中:ρ_d——岩石烘干密度,g/cm³;

m_d——试样烘干质量,g;

m_1——蜡封试样在空气中质量,g;

m_2——蜡封试样在水中质量,g;

ρ_n——石蜡密度,g/cm³,石蜡密度可用水中称量法测定,参见 2.3.2 节。

③如需天然密度时,可按下式计算:

$$\rho_0 = \frac{\rho_d}{1 + 0.01 \times w}$$

(4-7)

式中:ρ_0——岩石天然密度,g/cm³;

w——岩石的天然含水率,%。

④根据实测颗粒密度和块体密度,按下式计算总孔隙率:

$$n = \left(1 - \frac{\rho_d}{\rho_s}\right) \times 100$$

(4-8)

式中:n——岩石总孔隙率,%。

⑤计算值取小数点以后两位。

(6)试验记录

按照附表 4-2 和附表 4-3 分别记录量积法和蜡封法试验结果。

4.2 含水率试验

岩石在一定试验条件下吸收水分的能力,称为岩石的吸水性。常用吸水率、饱和吸水率与饱水系数等指标表示。

岩石的天然含水率是指试样在大气压力和室温条件下,岩石自身所含有的水的质量与试样固体质量之比的百分率。

岩石吸水率是试样在大气压力和室温条件下,岩石吸入水的质量与试样固体质量之比的百分率,采用自由浸水方式求岩石吸水率。

岩石饱和吸水率是试样在强制状态下,岩石的最大吸水质量与试样固体质量之比的百分率。《工程岩体试验方法标准》(GB/T 50266—2013)建议采用煮沸法或真空抽气法求岩石饱和吸水率。

4.2.1 含水率试验

(1)试样制备

①保持天然含水率的试样应在现场采取,不得采用爆破法。试样在采取、运输、储存和制备试件过程中,应保持天然含水状态。其他试验需测含水率时,可采用试验完成后的试样制备。

②试样最小尺寸应大于组成岩石最大矿物颗粒直径的 10 倍,每个试样的质量为 40 ~ 200g,每组试验试样的数量应为 5 个。

③测定结构面充填物含水率时,应符合《土工试验方法标准》(GB/T 50123—2019)的有关规定。

(2)试样描述

①岩石名称、颜色、结构、矿物成分、颗粒大小、胶结物质等特征。

②为保持含水状态所采取的措施。

(3)试验步骤

①应称试样烘干前的质量。

②应将试样置于烘箱内,在 105 ~ 110℃的温度下烘 24h。

③将试样从烘箱中取出,放入干燥器内冷却至室温,应称烘干后试样的质量。

④称量应准确至 0.01g。

(4)结果整理与计算

岩石的含水率按下式计算:

$$w_a = \frac{m_{w1}}{m_s} \times 100\% = \frac{m_0 - m_s}{m_s} \times 100\% \tag{4-9}$$

式中:m_{w1}——试样在大气压力条件下的自由吸入水的质量,g;

m_s——试样干质量,g;

m_0——试样未吸水时的质量,g。

4.2.2 吸水性试验

岩石吸水性试验应包括岩石吸水率试验和岩石饱和吸水率试验,并应符合下列要求:

①岩石吸水率应采用自由浸水法测定。

②岩石饱和吸水率应采用煮沸法或真空抽气法强制饱和后测定,且应在岩石吸水率测定后进行。

③在测定岩石吸水率与饱和吸水率的同时,宜采用水中称量法测定岩石块体干密度和岩

石颗粒密度。

④凡遇水不崩解、不溶解和不干缩膨胀的岩石,可采用此方法。

(1)岩石试样要求

①规则试样应与 4.1.2 的要求相同。

②不规则试样宜采用边长为 40~60mm 的立方体岩块。

③每组试验试样的数量不少于 3 个。

(2)试样描述

①岩石名称、颜色、结构、矿物成分、颗粒大小、胶结物质等特征。

②节理裂隙的发育程度及其分布。

③试样形态及缺角、掉棱角等现象。

(3)主要仪器设备

①钻石机、切石机、磨石机或其他制样设备。

②烘箱和干燥器。

③称量大于 500g,分度值为 0.01g 的天平。

④真空抽气机和煮沸设备。

(4)试验步骤

①将试样置于烘箱中,在 105~110℃ 的温度下烘 24h,取出后,即放入干燥器内,冷却至室温后称重。

②当采用自由浸水法时,应将试件放入水槽,先注水至试样高度的 1/4,然后每隔 2h 分别升高水面至试样的 1/2 和 3/4 处,6h 后全部浸没试样。试样在水下自由吸水 48h,取出后擦去表面水分,称重。

③采用煮沸法饱和试样时,煮沸箱内水面应经常保持高于试样面,煮沸时间不应少于 6h。经煮沸的试件应放置在原容器中冷却至室温,取出并沾去表面水分后称量。

④采用真空抽气法饱和试样时,饱和容器内的水面应高于试件,真空压力表读数宜为当地大气压值。抽气直至无气泡逸出为止,但抽气时间不得少于 4h。经真空抽气的试件,应放置在原容器中,在大气压下静置 4h,取出并沾去表面水分后称量。

⑤经过煮沸法或真空抽气的试样,置于水中称量装置上,称其在水中的称量。

⑥称量应准确至 0.01g。

(5)结果整理和计算

①按以下诸式计算岩石的吸水率和饱和吸水率:

$$w_{s} = \frac{m_0 - m_s}{m_s} \times 100\% \tag{4-10}$$

$$w_{ss} = \frac{m_p - m_s}{m_s} \times 100\% \tag{4-11}$$

式中:w_s、w_{ss}——岩石吸水率、饱和吸水率,%;

m_0、m_p、m_s——试样浸水 48h 后的质量、试样经强制饱和质量、烘干试样质量,g。

②计算值取小数点以后两位。

由于试验是在常温常压下进行的,岩石浸水时,水只能进入大开空隙,而小开空隙和封闭

空隙水不能进入。因此可用吸水率来计算岩石的大开空隙率(n_b),即:

$$n_b = \frac{V_{vb}}{V} \times 100\% = \frac{\rho_d w_a}{\rho_w} = \rho_d w_a \qquad (4-12)$$

式中:ρ_w——水的密度,取 $\rho_w = 1g/cm^3$。

岩石的吸水率大小主要取决于岩石中孔隙和裂隙的数量、大小及其开裂程度,同时还受到岩石成因、时代及岩性的影响。大部分岩浆岩和变质岩的吸水率多为 0.1% ~ 2.0%,沉积岩的吸水性较强,其吸水率多为 0.2% ~ 7.0%。

在高压(或真空)条件下,一般认为水能进入所有开空隙中,因此岩石的总开空隙率可表示为:

$$n_0 = \frac{V_{v0}}{V} \times 100\% = \frac{\rho_d w_p}{\rho_w} = \rho_d w_p \qquad (4-13)$$

岩石的饱和吸水率也是表示岩石物理性质的一个重要指标。由于它反映了岩石总开空隙率的发育程度,因此亦可间接地用它来判定岩石的风化能力和抗冻性。

(6)饱水系数

岩石的吸水率(w_a)与饱和吸水率(w_p)之比,称为饱水系数。它反映了岩石中大、小开空隙的相对比例关系。一般说来,饱水系数愈大,岩石中的大开空隙相对愈多,而小开空隙相对愈少。另外,饱水系数大,说明常压下吸水后余留的空隙就愈少,岩石愈容易被冻胀破坏,因而其抗冻性差。

几种常见岩石的吸水率、饱和吸水率和饱水系数见表4-3。

岩石的吸水性指标 表4-3

岩 石 名 称	吸水率(%)	饱和吸水率(%)	饱 水 系 数
花岗岩	0.46	0.84	0.55
闪长岩	0.33	0.55	0.60
玄武岩	0.27	0.39	0.69
砂岩	7.01	11.99	0.60
石灰岩	0.09	0.25	0.36

(7)试验记录

按照附表4-4记录试验数据。

4.3 冻融试验

岩石抵抗冻融破坏的能力,称为抗冻性,常用冻融系数和质量损失率来表示。

冻融系数(R_d)是指岩石试样经反复冻融后的干抗压强度(R_{c2})与冻融前干抗压强度(R_{c1})之比,用百分数表示,即:

$$R_{\mathrm{d}} = \frac{R_{\mathrm{c2}}}{R_{\mathrm{c1}}} \times 100\% \qquad\qquad (4\text{-}14)$$

质量损失率(K_{m})是指冻融试验前后干质量之差($m_{\mathrm{s1}} - m_{\mathrm{s2}}$)与试验前干质量($m_{\mathrm{s1}}$)之比,以百分数表示,即:

$$K_{\mathrm{m}} = \frac{m_{\mathrm{s1}} - m_{\mathrm{s2}}}{m_{\mathrm{s1}}} \times 100\% \qquad\qquad (4\text{-}15)$$

试验时,要求先将岩石试样浸水饱和,然后在 $-20 \sim 20\,^\circ\!\mathrm{C}$ 温度下反复冻融 25 次以上。冻融次数和温度可根据工程地区的气候条件选定。

岩石在冻融作用下强度降低和破坏的原因有二:一是岩石中各组成矿物的体膨胀系数不同,以及在岩石变冷时不同层中温度的强烈不均匀性,因而产生内部应力;二是由于岩石空隙中冻结水的冻胀作用所致。水冻结成冰时,体积增大达 9% 并产生膨胀压力,使岩石的结构和联结遭受破坏。冻结时岩石中所产生的破坏应力取决于冰的形成速度及其局部压力消散的难易程度间的关系,自由生长的冰晶体向四周的伸展压力是其下限(约 0.05MPa),而完全封闭体系中的冻结压力,在 $-22\,^\circ\!\mathrm{C}$ 温度作用下可达 200MPa,使岩石遭受破坏。

岩石的抗冻性取决于造岩矿物的热物理性质和强度、粒间联结、开空隙的发育情况以及含水率等因素。由坚硬矿物组成,且结晶联结的致密状岩石,其抗冻性较高。

岩石的冻融试验是指岩石在 $\pm25\,^\circ\!\mathrm{C}$ 的温度区间内,反复降温、冻结、升温、融解,其抗压强度有所下降,岩石试样冻融前的抗压强度与冻融后的抗压强度的比值,即为抗冻系数。

(1)试样制备

①试样可用钻孔岩芯或坑、槽探中采取的岩块,试样制备中不允许有人为裂隙出现。按规程要求,标准试样为圆柱体,直径为 5cm,允许变化范围为 $4.8 \sim 5.2$cm;高度为 10cm,允许变化范围为 $9.5 \sim 10.5$cm。对于非均质的粗粒结构岩石,可取样尺寸小于标准尺寸者,允许采用非标准试样,但高径比必须保持在 $2{:}1 \sim 2.5{:}1$ 之间。

②同一加载方向下,每组试验试样的数量应为 6 个。

③试样制备的精度,在试样整个高度上,直径误差不得超过 0.3mm。两端面的不平行度最大不超过 0.05mm,端面应垂直于试样轴线,最大偏差不超过 0.25°。

(2)试样描述

①岩石名称、颜色、结构、矿物成分、颗粒大小,胶结物性质等特征。

②节理裂隙的发育程度及其分布,并记录受载方向与层理、片理、劈理及节理裂隙之间的关系。

③测量试样尺寸,并记录试样加工过程中的缺陷。

(3)主要仪器设备

①钻石机、锯石机、磨石机或其他制样设备。

②游标卡尺、天平(称量大于 500g,分度值 0.01g),烘箱和干燥箱,水槽、煮沸设备。

③冷冻温度能达到 $-24\,^\circ\!\mathrm{C}$ 的冰箱或低温冰柜、冷冻库。

(4)试验步骤

①岩石试样的干燥、吸水、饱和处理应符合 4.2 节规定。

②应取三个经强制饱和的试样进行冻融前的单轴抗压强度试验。

③应将另外三块试样放入铁皮盒内,一起放入低温试验箱中,在(-20 ± 2)$^\circ\!\mathrm{C}$ 温度下冷冻

4h,然后取出铁皮盒,往盒内注入水浸没试样,水温应保持在(20±2)℃,融解4h,即为一个循环。

④根据工程需要确定冻融的次数,以25次为宜,严寒地区不少于25次。

⑤每进行一次冻融循环,应详细检查各个试样有无掉块、裂缝等,应观察其破坏过程。冻融结束后应进行一次检查,并应做详细记录。

⑥冻融结束后,从水中取出岩石试样,擦干表面水分并称量,进行单轴抗压强度试验。

⑦称量应准确至0.01g。

(5)结果整理和计算

①冻融质量损失率、冻融系数计算公式:

$$M = \frac{m_p - m_{fm}}{m_s} \times 100\% \tag{4-16}$$

$$R_s = \frac{P_s}{A} \tag{4-17}$$

$$R_{fm} = \frac{P_f}{A} \tag{4-18}$$

$$K_{fm} = \frac{R_{fm}}{R_w} \tag{4-19}$$

式中:M——冻融质量损失率,%;

R_w——冻融前的饱和单轴抗压强度,MPa;

R_{fm}——冻融后的饱和单轴抗压强度,MPa;

K_{fm}——冻融系数;

m_p——冻融试验前试样的饱和质量,g;

m_{fm}——冻融试验后试样的饱和质量,g;

P_s——冻融前饱和试样破坏荷载,N;

P_f——冻融后饱和试样破坏荷载,N;

$\overline{R}_{fm}$——冻融试验后饱和单轴抗压强度,MPa;

$\overline{R}_w$——岩石饱和单轴抗压强度平均值,MPa。

②计算结果保留三位有效数字,岩石冻融系数计算值应精确至0.01。

(6)试验记录

按照附表4-5记录岩石抗冻性试验结果,同时备注工程名称、岩石名称、取样地点、试验人员、试验日期等信息。

4.4 膨胀性试验

岩石的膨胀性是指岩石浸水后体积增大的性质。某些含黏土矿物(如蒙脱石、水云母及高岭石)成分的软质岩石,经水化作用后在黏土矿物的晶格内部或细分散颗粒的周围生成结合水溶剂膜(水化膜),并且在相邻近的颗粒间产生楔劈效应,只要楔劈作用力大于结构联结力,岩石显示膨胀性。大多数结晶岩和化学岩石不具有膨胀性,是因为岩石中的矿物亲水性小和结构联结力强。但当岩石中含有绢云母、石墨和绿泥石一类矿物时,由于这些矿物结晶具有片状结构的特点,水可能渗进片状层之间,从而产生楔劈效应,引起岩石体积增大。

岩石膨胀大小一般用膨胀力和膨胀率两项指标表示,这些指标可通过室内试验确定。目前国内大多采用土的固结仪和膨胀仪的方法测定岩石的膨胀性。

《工程岩体试验方法标准》(GB/T 50266—2013)建议岩石的膨胀性试验应包括自由膨胀率试验、岩石侧向约束膨胀率试验和岩石体积不变条件下的膨胀压力试验,并应符合下列要求:

①遇水不易崩解的岩石可采用岩石自由膨胀率试验,遇水易崩解的岩石不应采用岩石自由膨胀率试验。

②各类岩石均可采用岩石侧向约束膨胀率试验和岩石体积不变条件下的膨胀压力试验。

③试样应在现场采取,并应保持天然含水状态,不得采用爆破法取样。

岩石自由膨胀率是不易崩解的岩石试样在浸水后产生的径向和轴向变形与试样的原直径和高度之比,以百分数表示。岩石膨胀率是岩石试样在有侧限条件下,轴向受有限荷载时,浸水后产生的轴向变形与试样的原高度之比,以百分数表示。岩石膨胀压力是岩石试样在浸水后保持原形体积不变所需要的压力。

(1)试样制备

①取样。

试样应在现场采取,并保持天然含水状态,严禁用爆破或湿钻法取样。

②试样应采用干法加工。

a. 干法制样时,天然含水率的变化不得超过1%。

b. 每组试样的数量不得少于3件。

③试样尺寸。

a. 自由膨胀率试验的试样,应为圆柱体,直径48~65mm,高度宜等于直径;正方体试样的边长48~65mm,各相对面应平行。两端面不平行度不大于0.05mm。

b. 膨胀率和膨胀压力试验的试样高度不低于20mm,或不应大于组成岩石最大矿物颗粒直径的10倍,两端面应平行。试样直径宜为50~65mm,应小于金属套环直径0.0~0.1mm。同一膨胀方向每组试验试样的数量应为3个。

(2)试样描述

①岩石名称、颜色、矿物成分、结构、构造、风化程度、胶结物性质等。

②膨胀变形和加载方向分别与层理、片理、节理裂隙之间的关系。

③试样加工方法。

(3)主要仪器设备

①钻石机、切石机、磨石机。

②测量平台。

③自由膨胀率仪如图4-1所示。

④侧向约束膨胀率试验仪。

⑤膨胀压力试验仪如图4-2所示。

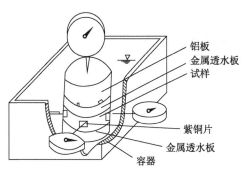

铝板
金属透水板
试样

紫铜片
金属透水板
容器

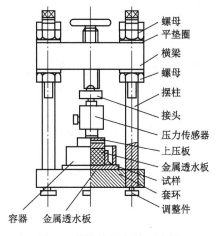

螺母
平垫圈
横梁
螺母
摆柱
接头
压力传感器
上压板
金属透水板
试样
套环
调整件

容器　金属透水板

图4-1　自由膨胀率仪示意图　　　　　图4-2　膨胀压力试验仪示意图

（4）试验步骤

①自由膨胀率试验。

a. 将试样放入自由膨胀率仪内，在试样的上下分别放置透水板，顶部放置一块金属板。

b. 在试样的上部和周侧对称的中心部位分别安装千分表，周侧千分表与试样接触处，宜放一块薄铜片。

c. 读计千分表读数，每10min读计1次，直至3次读数不变。

d. 缓慢地向盛水器内注入纯水，直至淹没上部透水板。

e. 在第1h内每隔10min测读变形1次，以后每隔1h测读变形1次，直至3次读数差不大于0.001mm为止。浸水后试验时间不得少于48h。

f. 试验过程中，应保持水位不变，水温变化不得大于2℃。

g. 试验过程中及试验结束后，应详细描述试样的崩解、掉块、表面泥化或软化等现象。

②侧向约束膨胀率试验。

a. 将试样放入涂有凡士林的金属套环内，在试样的上下分别放置薄型滤纸和透水板。

b. 顶部放置固定金属荷载块并安装垂直千分表。金属荷载板的质量应能对试样产生5kPa的持续压力。

c. 其余试验步骤同自由膨胀率试验。试验结束后应详细描述试样的泥化或软化等现象。

③膨胀压力试验。

a. 将试样放入涂有凡士林的金属套环内，在试样的上下分别放置薄型滤纸和金属透水板，其上放置金属压板。

b. 按膨胀压力试验仪要求，应安装加压系统和量测变形的千分表。

c. 应使仪器各部位和试样在同一轴线上，不得出现偏心荷载。

d. 对试样施加10kPa的压力，测千分表的读数，每10min读数1次，直至3次读数值不变，并记录千分表读数。

e. 缓慢地向盛水器内注入纯水，直至淹没上部透水板。观测中心杠杆千分表的变化，当变形量大于0.001mm时，调节所施加的压力，保持中心杠杆千分表读数值在整个试验过程中始终不变。

f. 稳定标准:开始每隔 10min 读数 1 次,连续 3 次读数差小于 0.001mm 时,改为每 1h 读数 1 次;当每 1h 读数连续 3 次读数差小于 0.001mm 时,可认为稳定并记录试验荷载,浸水后总试验时间不得少于 48h。

g. 试验过程中,应保持水位不变,水温变化不得大于 2℃。

h. 试验结束后应详细描述试样的泥化或软化等现象。

(5)结果整理和计算

①按下式计算岩石自由膨胀率、膨胀率、膨胀压力:

$$V_h = \frac{\Delta h}{h} \times 100\% \qquad (4-20)$$

$$V_d = \frac{\Delta d}{d} \times 100\% \qquad (4-21)$$

$$V_{hp} = \frac{\Delta h_1}{h} \times 100\% \qquad (4-22)$$

$$P_c = \frac{F}{A} \qquad (4-23)$$

式中:V_h——岩石轴向自由膨胀率,%;

V_d——岩石径向自由膨胀率,%;

V_{hp}——岩石侧向约束轴向膨胀率,%;

P_c——岩石膨胀压力,MPa;

Δh——试样轴向变形,mm;

h——试样原高度,mm;

Δd——试样径向平均变形,mm;

d——试样原平均直径或边长,mm;

Δh_1——侧向约束试样轴向变形,mm;

F——轴向膨胀力,N;

A——试样截面积,mm²。

②计算值取三位有效数字。

(6)试验记录

按照附表 4-6 记录自由膨胀率、膨胀率及膨胀力试验的结果。此外,自由膨胀率试验的记录还应包括试验的时间、轴向与径向变形;膨胀率试验的记录还应包括试验的时间、轴向变形;膨胀力试验的记录还应包括试验的时间、轴向变形、应变仪读数及压力传感器读数。

4.5 耐崩解性试验

岩石的崩解性是指岩石与水相互作用时失去黏结性并变成完全丧失强度的松散物质的性能。这种现象是由于水化过程中削弱了岩石内部的结构联络引起的,常见于由可溶盐和黏土质胶结的沉积岩地层中。

（1）试样制备

①在现场采取保持天然含水率的试样并密封。

②试样制成每块质量为 40～60g 的圆形岩块,每组试验试样数量 10 个。

（2）试样描述

岩石名称、颜色、矿物成分、结构、构造、风化程度、胶结物性质等。

（3）主要仪器设备

①烘箱及干燥器。

②天平:称量大于 1000g,分度值为 0.01g。

③耐崩解试验仪,如图 4-3 所示,仪器主要由筛筒、水槽、马达三部分组成。筛筒是一个净长 100mm、直径 140mm、标准筛孔 2.0mm 的圆柱体,筛筒有足够的强度且耐温 105℃;水槽装有由水平轴支撑并能自由旋转的试验圆筒;马达转动能使圆筒按 20r/min 的速度旋转。

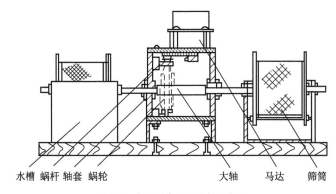

水槽 蜗杆 轴套 蜗轮　　　　　大轴　马达　筛筒

图 4-3　岩石耐崩解试验仪示意图

（4）试验步骤

①将试样装入耐崩解试验仪的圆柱状筛筒内,在 105～110℃ 的温度下烘 24h,取出后应放入干燥器内冷却至室温称量。

②将装有试样的圆柱状筛筒放在水槽上,向水槽内注入清水,使水位在转动轴下约 20mm,在 10min 内以 20r/min 的速度转动 200 次。而后将筛筒和残留的试样在 105～110℃ 的温度下烘 24h,在干燥器内冷却至室温称量。

③重复第②项的步骤,求得第二循环后的筛筒和残留物的质量。

④必要时按第②项的步骤进行 5 个循环。

⑤试验过程中,水温应保持在 (20±2)℃ 范围内。

⑥试验结束后,应对残留试样和水的颜色及水中沉积物进行描述。根据需要应对水中的沉淀物进行颗粒分析、界限含水率测定和黏土矿物成分分析。

⑦本试验称量精确至 0.01g。

（5）试验结果整理

①按下式计算岩石耐崩解性指数:

$$I_{d2} = \frac{m_r}{m_d} \times 100\% \qquad (4\text{-}24)$$

式中:I_{d2}——岩石(二次循环)耐崩解性指数,%;

　　m_d——原试样烘干质量,g;

　　m_r——残留试样烘干质量,g。

②计算结果精确至0.1%。

③耐崩解性试验的记录,应包括岩石名称、试样编号、试样描述、水的温度、试样试验前后的烘干质量。见附表4-7。

④对于松散岩石及耐崩解性低的岩石,还应综合考虑崩解物的塑性指数、颗粒成分与耐崩解性指数,划分岩石质量等级。有的试验规程建议,根据耐崩解性指数 I_{d2} 的大小,可将岩石耐崩解性划分为六个等级:很低($I_{d2}<30$)、低($31\sim60$)、中等($61\sim85$)、中高($86\sim95$)、高($96\sim98$)及很高(>98)。

第 5 章
CHAPTER 5

岩石的力学性质试验

岩石的力学性质试验一般包括单轴抗压强度/单轴压缩变形、压缩强度、抗拉强度(包括巴西劈裂、点荷载强度、三点弯曲试验)、抗剪强度以及渗透试验等。

5.1 单轴抗压强度和单轴压缩变形试验

岩石的单轴抗压强度是试样在无侧限条件下受轴向力作用破坏时,单位面积上所承受的荷载,岩石在单轴受压至破坏时的压应力值,即岩石抗压强度(R)。在测定单轴抗压强度的同时,也可进行单轴压缩变形试验。

5.1.1 单轴抗压强度试验

岩石抗压强度是岩石强度中最基本的指标之一。在进行洞室、巷道、建筑物地基稳定计算及评价,以及建筑石材的选择中,抗压强度是必不可少的指标。抗压强度在工程上应用极为重要和广泛,与其他物性指标,如声波速度、密度、变形特性有着密切关系。

岩石抗压强度试验相对简单,计算容易。但是实际应用上并非如此,除矿物含量、颗粒大小、结构、构造、含水率、孔隙率等内在因素外,外界条件如试样的形态、高径比、加工精度及加荷速率等,对试验结果也有较大影响。

不同含水状态的试样均可按下述条件进行测定,试样的含水状态用以下方法处理:

①烘干状态的试样,在 105～110℃下烘 24h。

②饱和状态的试样,使试样逐步浸水,首先浸没试样高度的 1/4,然后每隔 2h 分别升高水面至试样的 1/3 和 1/2 处,6h 后全部浸没试样,试样在水下自由吸水 48h;采用煮沸法饱和试样时,煮沸箱内水面应经常保持高于试样面,煮沸时间不少于 6h。

(1)试样制备

①试样可用钻孔岩芯或坑、槽探中采取的岩块,试样制备中不允许有人为裂隙出现。按

《工程岩体试验方法标准》(GB/T 50266—2013)要求,标准试样为圆柱体,直径为50mm,允许变化范围为48~54mm;高度为100mm,允许变化范围为95~105mm。对于非均质的粗粒结构岩石,可取样尺寸小于标准尺寸者,允许采用非标准试样,但高径比必须保持2:1~2.5:1。试样的直径应大于岩石中最大颗粒直径的10倍。

②试样数量视所要求的受力方向或含水状态而定,一般情况下制备不少于3个。

③试样制备的精度,在试样整个高度上,直径误差不得超过0.3mm。两端面的不平行度最大不超过0.05mm,端面应垂直于试样轴线,最大偏差不超过0.25°。

(2)试样描述

①岩石名称、颜色、结构、矿物成分、颗粒大小,胶结物性质等特征。

②节理裂隙的发育程度及其分布,并记录受载方向与层理、片理及节理裂隙之间的关系。

③测量试样尺寸,并记录试样加工过程中的缺陷。

(3)主要仪器设备

①试样加工设备。

a. 钻石机、锯石机、磨石机或其他制样设备。

b. 量测工具与有关检查仪器:游标卡尺、天平(称量大于500g,分度值为0.01g),烘箱和干燥箱,水槽、煮沸设备。

②加载设备,如压力试验机,并应满足下列要求:

a. 有足够的吨位,既能在总吨位的10%~90%之间进行试验,也能连续加载且无冲击。

b. 承压板面平整光滑且有足够的刚度,其中之一须具有球形座。承压板直径不小于试样直径,且也不宜大于试样直径的两倍。如大于两倍以上时需在试样上下端加辅助承压板,辅助承压板的刚度和平整光滑度应满足压力机承压板的要求。

c. 压力试验机的校正与检验应符合国家计量标准的相关规定。

(4)试验步骤

①根据所要求的试样状态准备试样。

②将试样置于压力机承压板中心,调整有球形座的承压板,使试样均匀受力。

③按每秒0.5~1.0MPa的加载速度对试样进行加荷,直到试样破坏为止,记录最大破坏荷载。

④描述试样破坏形态,并记下有关情况。

(5)结果整理和计算

①按下式计算岩石单轴抗压强度:

$$R = \frac{P}{A} \tag{5-1}$$

式中:R——岩石单轴抗压强度,MPa;

P——最大破坏荷载,N;

A——垂直于加载方向的试样横截面积,mm^2。

②岩石软化性。

岩石浸水饱和后强度降低的性质,称为岩石软化性,用软化系数 η 表示。η 定义为岩石试样的饱和抗压强度 R_{cw} 与干抗压强度 R_c 的比值,即:

$$\eta = \frac{R_{cw}}{R_c}$$　(5-2)

显然,η愈小则岩石软化性愈强。研究表明:岩石的软化性取决于岩石的矿物组成与空隙。当岩石中含有较多的亲水性和可溶性矿物,且含大开空隙较多时,岩石的软化性较强,软化系数较小。如黏土岩、泥质胶结的砂岩、砾岩和泥灰岩等岩石,软化性较强,软化系数一般为0.4~0.6,甚至更低。常见岩石的软化系数列于表4-1中,岩石的软化系数一般小于1.0,说明岩石均具有不同程度的软化性。软化系数$\eta > 0.75$时,岩石的软化性弱,同时也说明岩石抗冻性和抗风化能力强;$\eta < 0.75$时,岩石则是软化性较强和工程地质性质较差的岩石。

软化系数是评价岩石力学性质的重要指标,特别是在水工建设中,对评价坝基岩体稳定性时具有重要意义。

(6)试验记录

试验结果按附表5-1记录。

试样描述类型如下:

①对顶锥型[图5-1a)]:

该种类型岩石较脆、坚硬、岩样端部与压力机承压板接触产生了摩擦力,端部效应使试样中部产生了轴向裂纹。

②劈裂型[图5-1b)]:

主要受微结构面、层理、片状矿物以及减少端部摩擦力所致的类型。

③斜剪型[图5-1c)]:

主要由结构面和试样不平所致。

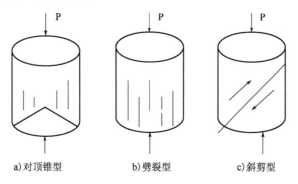

a)对顶锥型　　　　b)劈裂型　　　　c)斜剪型

图5-1　破坏类型描述

5.1.2　单轴压缩变形试验

岩石单轴压缩变形试验是在纵向压力作用下测定试样的纵向(轴向)和横向(径向)变形,据此计算岩石的弹性模量和泊松比。能制成圆柱体试样的各类岩石均可采用电阻应变片法或千分表法。现代伺服试验机一般采用特制的轴向位移传感器和链条式环向位移传感器监测变形。

弹性模量是纵向单轴应力与纵向应变之比,一般规定用单轴抗压强度的50%作为应力和该应力下的纵向应变值进行计算。根据需要也可以确定任一应力状态下的弹性模量。

泊松比是横向应变与纵向应变之比,一般规定用单轴抗压强度50%时的横向应变值和纵向应变值进行计算。根据需要也可以求任何应力状态下的泊松比。

(1)试样制备

①试样可用钻孔岩芯或岩块制备。试样在采取、运输和制备过程中,应避免产生裂缝。

②试样尺寸应符合下列规定:

a.圆柱体试样直径宜为48~54mm。

b.试样的直径应大于岩石中最大颗粒直径的10倍。

c.试样高度与直径之比宜为2.0~2.5。

③试样精度应符合下列要求:

a.平行度:试样两端面的平行度偏差不得大于0.1mm。检测方法如图5-2所示,将试样放在水平检测台上,调整百分表的位置,使百分表触头紧贴试样表面,然后水平移动试样百分表指针的摆动幅度小于10格。

b.直径偏差:试样两端的直径偏差不得大于0.2mm,用游标卡尺检查。

c.轴向偏差:试样的两端面应垂直于试样轴线。检测方法如图5-3所示,将试样放在水平检测台上,用直角尺紧贴试样垂直边,转动试样两者之间无明显缝隙。

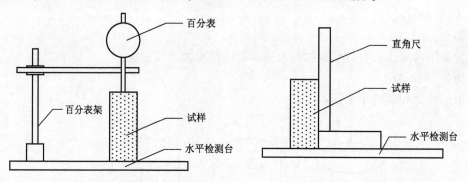

图5-2　试样平行度检测示意图　　　　图5-3　试样轴向偏差度检测示意图

④试样的含水状态,可根据需要选择天然含水状态、烘干状态、饱和状态或其他含水状态。试样烘干和饱和方法应将试样置于烘箱内,在105~110℃温度下烘24h,取出放入干燥器内冷却至室温后应称量。

⑤同一加载方向下,每组试验试样的数量不少于3个。

(2)试样描述

试样描述参见5.1.1节相关描述。

(3)主要仪器设备

①制样设备、检查仪器和压力机要求参见5.1节相关要求。

②电阻应变片、黏结剂、万用表等。

③现代电液伺服试验机,可用专用的应变测量传感器。

④电阻应变仪(或数据采集器)、压力传感器、引伸计等。

除用电阻应变仪外,也可用精度能达到0.1%和量程能满足变形测定需要的其他仪表。图5-4为岩石试样轴向和横向电阻应变片示意图。

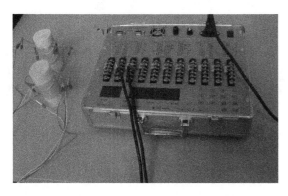

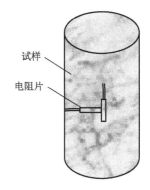

试样

电阻片

a)数据采集器   b)应变片的贴法

图5-4 岩石应变测量的数据采集器及应变片的贴法

（4）试验步骤

①选择电阻应变片时,应变片电阻栅长度应大于岩石矿物最大矿物颗粒直径的10倍以上,并应小于试样半径。同一试样用的工作片和补偿片的规格、灵敏系数等应相同,电阻值精度应不超过±0.2Ω。

②电阻片应贴在试样高度的中部,每个试样贴纵向（轴向）和圆周向电阻片各2片,沿圆周向对称布置。纵向、横向电阻应变片粘贴在试样中部,纵向、横向应变片排列采用"┤"形,贴片处应尽量避开显著的裂隙、特大的矿物颗粒或斑晶。试样贴片前用零号砂纸打磨,用丙酮或酒精将贴片处擦洗干净,防止污染。

③贴片用的黏结剂,一般情况下可用502快速黏结剂、914黏结剂等脆性胶;饱和试样还需配置防潮胶液。

④将贴好应变片的试样置于压力机上,对准中心,以全桥或半桥的方式联入应变仪（或数据采集器）,接通电源。以每秒0.5~1.0MPa的加载速度对试样加载,直至破坏。

⑤在施加荷载的过程中,由数据采集系统同步记录各级应力及其相应的纵向和横向应变值。为了绘制应力—应变关系曲线,记录的数据应尽可能多一些,通常不少于10组数据。

⑥描述试样的破坏形式,并记下与试验有关的情况。

（5）结果整理和计算

①计算各级应力下的应变值。

分别将纵向、横向各2片的数值进行平均,求得纵向、横向应变,也可试验前将2片串联,直接测得纵向、横向应变值。

用下式计算体积应变值:

$$\varepsilon_v = \varepsilon_h - 2\varepsilon_d \tag{5-3}$$

式中: ε_v ——某一应力下的体积应变值,此数值为计算值;

    ε_h ——某一应力下的纵向应变值,此数值为应变仪测量值;

    ε_d ——某一应力下的横向应变值,此数值为应变仪测量值。

②绘制应力—应变曲线图,如图5-5所示。

③计算弹性模量和泊松比。

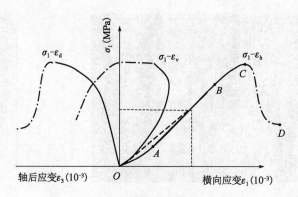

图 5-5　岩石单轴压缩试验的应力—应变曲线

OA-压密阶段,岩石中初始的微裂隙受压闭合;AB-接近于直线,近似于弹性工作阶段;BC-曲线向下弯曲,属于弹塑性阶段,在平行于荷载方向产生新的微裂隙以及裂隙的不稳定;CD-破坏阶段,C 点的坐标就是单轴抗压强度

由图 5-5 可知,在纵向应变曲线上,做通过原点与应力相当于 50% 抗压强度处的应变点的连线,其斜率即为所求的弹性模量(或称割线模量):

$$E_{50} = \frac{\sigma_{50}}{\varepsilon_{h50}} \tag{5-4}$$

式中:E_{50}——弹性模量,MPa;

σ_{50}——相当于 50% 抗压强度的应力值,MPa;

ε_{h50}——应力为抗压强度 50% 时的纵向应变值。

取应力为抗压强度 50% 时的横向应变值和纵向应变值计算泊松比:

$$\mu = \frac{\varepsilon_{d50}}{\varepsilon_{h50}} \tag{5-5}$$

式中:μ——泊松比;

ε_{d50}——应力为抗压强度 50% 时的横向应变值;

ε_{h50}——应力为抗压强度 50% 时的纵向应变值。

④计算岩石单轴抗压强度:

$$\sigma_{c} = \frac{P}{A} \tag{5-6}$$

式中:σ_{c}——岩石单轴抗压强度,MPa;

P——最大破坏荷载,N;

A——垂直于加载方向的试样横截面积,mm²。

⑤计算值取值。

弹性模量取至百位数;泊松比取至小数点以后两位;单轴抗压强度取至整数位。

(6)数据记录

①按照附表 5-2 记录试验数据。

②根据记录资料作应力—纵向应变曲线、应力—横向应变曲线及应力—体积应变曲线,并计算变形模量和泊松比值。

5.2 压缩强度试验

岩石压缩强度试验是在三向应力状态下测定岩石的强度和变形的一种方法。本节介绍侧向等压的三轴试验,亦称假三轴试验。

为了便于分析,在进行三轴试验的同时,应同时测定相同条件下岩石的抗拉强度和单轴抗压强度。

(1)试样制备

①试样可用钻孔岩芯或坑槽探中采取的岩块,试样制备中不允许人为裂隙出现。

②试样为圆柱体。直径不小于5cm,高度为直径的2~2.5倍。试样的大小可根据三轴试验机的性能和试验研究要求选择。

③试样数量。视所要求的受力方向或含水状态而定,每组制备试样不少于5~7个。

④试样制备的精度。在试样整个高度,直径误差不得超过0.3mm。两端面的不平行度最大不超过0.05mm,端面应垂直于试样轴线,最大偏差不超过0.25°。

(2)主要仪器设备

①试样加工设备,量测工具与有关检查仪器参见5.1.1节和5.1.2节。

②电阻应变片、黏结剂、万用表等。

③现代电液伺服机,可用专用传感器进行。

④电阻应变仪(或数据采集器)、压力传感器、引伸计(图5-6)等。除用电阻应变仪外,也可用精度能达到0.1%和量程能满足变形测定需要的其他仪表。

⑤三轴应力试验机,三轴试验的试样与加压液压缸。

图 5-6 引伸计示意图

(3)试验步骤

①试样的防油处理。

首先在准备好的试样表面上涂上薄层胶液(如聚乙烯醇缩醛胶等),待胶液凝固后,再在试样上套上耐油的薄橡皮保护套或塑料套,与试样两端的密封件配合,以防止试样试验中进油及试样破坏后碎屑落入压力室。

②安装试样。

把密封好的试样放置于保护筒中,将压力室顶部的螺旋压帽组件卸下并吊装在横梁上升起,然后将放置于保护筒中的试样,用卡杆吊放入三轴试验机的压力室内。保护筒的下端有一凸出的球柱,此时要注意使球柱对准压力室底部中心的圆销孔,并放置平稳。试样在压力室中安置好后,即可向压力室内注油,直至油液达到预定的位置为止,然后用螺旋压帽组件封闭压力室。

③安装测量变形仪表。

a. 用测微表或位移传感器用于测定试样的纵向变形,测表可安装在压力室顶部,三轴试验机压力室构件的变形,应在试验前标定,在计算变形时予以扣除。

b. 用电阻应变仪可测定试样的纵向和横向应变。试验前在试样上贴上电阻应变片,将试样上焊接好的导线从压力室的导线孔中引出,与应变仪连接。

④侧向应力选择须考虑下述条件:

a. 所选定的侧向应力须使所求的莫尔包络线能明显地反映出所需要的应力区(工程试验中,岩样所在位置的侧向应力一般由实测而确定,也可由计算而给出)。

b. 应适当照顾到莫尔包络线的各个阶段。

c. 最小侧压力的选定,应考虑试验机的精度。

⑤选择轴向荷载量程。

根据已选定的侧向应力值,按下述经验公式选择轴向荷载量程:

$$P_{max} = (\sigma_c + k\sigma_3) \times A \tag{5-7}$$

式中: P_{max} ——可能的轴向破坏荷载,N;

σ_c ——试样的单轴抗压强度,MPa;

σ_3 ——侧向应力,MPa;

k ——系数,其值为 4~7;

A ——试样的横截面积,mm^2。

⑥加载速度。

试验时,先施加侧向压力到预定值,其加载速度宜控制在每秒 0.05MPa 左右,以保持侧向压力稳定性,整个试验过程中侧向压力的变化范围不得超过预定值的 2%,然后以每秒 0.5~1.0MPa 的加载速度施加轴向荷载,直至破坏。

(4)结果整理和计算

①计算不同侧向应力下的轴向应力值:

$$\sigma_1 = \frac{P}{A} \tag{5-8}$$

式中: σ_1 ——不同侧向应力时的轴向应力值,MPa;

P ——轴向破坏荷载,N。

②以 σ_1 为纵坐标, σ_3 为横坐标绘制 σ_1-σ_3 关系曲线(直线),如图 5-7 所示,按下式直接求 c、φ 值:

$$c = \frac{\sigma_c(1 - \sin\varphi)}{2\cos\varphi} \tag{5-9}$$

$$\varphi = \arcsin\left(\frac{k-1}{k+1}\right) \tag{5-10}$$

式中: c ——岩石的黏聚力,MPa;

φ ——岩石的内摩擦角,°;

σ_c——σ_1-σ_3 关系曲线纵坐标的应力截距,MPa;

k——σ_1-σ_3 关系曲线的斜率;

③用测微表测定变形时,轴向应变按下式计算:

$$\varepsilon = \frac{\Delta L}{L} \qquad (5-11)$$

$$\Delta L = \Delta L_1 - \Delta L_2 \qquad (5-12)$$

式中:ε——轴向应变值;

　L——试样高度,mm;

　ΔL——试样压缩变形值,mm;

　ΔL_1——测定的总变形值,mm;

　ΔL_2——三轴压力室构件的变形值,mm。

④用电阻应变仪测定应变时,按式(5-3)计算试样的体积应变值。

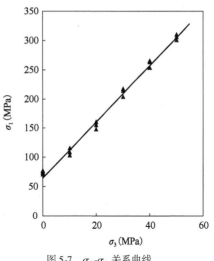

图 5-7　σ_1-σ_3 关系曲线

⑤根据应力—应变关系曲线,弹性模量、泊松比分别按式(5-4)、式(5-5)计算。

(5)数据记录

①在附表 5-3 中记录破坏时的最大荷载及相应的侧向压力值。

②变形记录:在施加轴向荷载的过程中,同步记录下各级应力下的纵向和横向应变(采用电阻应变仪)或纵向变形值(采用测微表)。为了绘制应力—应变曲线,测点应尽量多一些,一个试样通常不少于 10 组测值。

③破坏形式描述,试验结束后,取出试样,在附表 5-3 之后进行破坏形式描述。

④在 σ_1-σ_3 关系曲线(直线)上选定若干组对应的数值,在剪应力 τ 与正应力 σ 坐标图上以($\sigma_1 + \sigma_3$)/2 为圆心,以($\sigma_1 - \sigma_3$)/2 为半径绘制莫尔应力圆(图 5-8),根据莫尔—库仑强度理论确定三轴应力状态下岩石的抗剪强度参数。

⑤绘制应力—应变关系曲线,如图 5-9 所示。

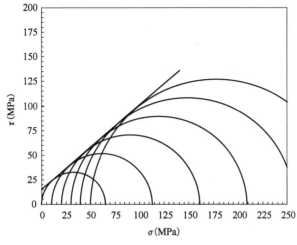

图 5-8　莫尔应力圆

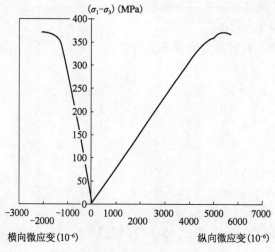

图 5-9　三轴抗压强度应力—应变曲线

5.3　抗拉强度试验

岩石的抗拉强度试验分为直接拉伸试验和间接拉伸试验两种。由于岩石试样不易加工，很难做直接拉伸试验，故这里不做介绍，间接拉伸法包括巴西劈裂试验、点荷载强度试验和三点弯曲试验。

5.3.1　巴西劈裂试验

巴西劈裂试验是在圆柱体试样的直径方向上，施加相对的线性荷载，使之沿试样直径方向破坏的试验。

本方法可用于测烘干、自然干燥、饱和等各种试样，但不适用于软弱岩石。

（1）试样制备

①试样可采用钻孔岩芯或岩块，在取样和试样制备过程中，不允许人为裂隙出现。

②采用圆柱体作为标准试样，直径为 48～54mm，高度为直径的 0.5～1.0 倍。试样尺寸的允许变化范围不宜超过 5%。

③对于非均质的粗粒结构岩石，可取试样尺寸小于标准尺寸者，允许使用非标准试样，但高径比必须满足标准试样的要求。

④试样个数视所要求的受力方向或含水状态而定，一般情况下每组至少制备 3 个。

⑤试样制备精度。在整个高度上，试样直径最大误差不应超过 0.1mm。两端不平行度不宜超过 0.1mm，端面应垂直于试样轴线，最大偏差不应超过 0.25°。

（2）主要仪器设备

①试样加工设备、量测工具与有关仪器要求同 5.1.1 节和 5.1.2 节相关内容。

②加载设备:压力试验机应符合相关规定,因岩石的抗拉强度远低于抗压强度,为了提高试验精度,选择压力试验机的吨位不宜过大。

③垫条:在岩石劈裂试验中,目前主要有加垫条、劈裂压模、不加垫条三种。我国《工程岩体试验方法标准》(GB/T 50266—2013)建议加2根垫条且沿加载基线固定在试样两侧;国际岩石力学学会(ISRM)1978年颁布的巴西圆盘试样测试岩石抗拉强度的试验规范,建议采用压模,压模圆弧直径为试样直径的1.5倍,如图5-10所示;日本、美国等矿业规程建议采用不加垫条,使试样与承压板直接接触。三种方法相比,最后一种比较简单,所以应用较广泛。

图5-10 岩石抗拉强度测定

(3)试验步骤

①根据所要求的劈裂方向,通过试样直径的两端,沿轴线方向应画两条相互平行的加载极限,应将2根垫条沿加载基线固定在试样两侧。

②将试样平置于压力试验机承压板中心,调整有球形座的承压板使试样均匀受载。

③以每秒0.3~0.5MPa的加载速度加载,直到试样破坏为止,并记录最大破坏荷载。

④观察试样在受载过程中的破坏发展过程,并记录试样的破坏形态。

(4)结果整理和计算

①按下式计算岩石的抗拉强度:

$$\sigma_t = \frac{2P}{\pi DH} \tag{5-13}$$

式中:σ_t——岩石的抗拉强度,MPa;

P——试样破坏时的最大荷载,N;

D——试样直径,mm;

H——试样厚度,mm。

②计算值取3位有效数字。

(5)试验记录

按照附表5-4进行试验过程相关记录工作,并在附表5-4的下部进行试样破坏描述。

5.3.2 点荷载强度试验

岩石的点荷载指数可换算成抗拉或抗压强度。由于测点荷载指数的设备轻巧,便于现场工作,具有试验成本低廉、时间短等优点,所以此法精度虽然较常规试验低,但仍有其应用价值。尤其对于严重风化的低强度岩石,易于测出点荷载指数,此法更具有实际意义。

（1）试样制备

岩石点荷载指数试验（图5-11），试样有圆柱形和不规则形两种，前者加载有轴向与径向两种。作径向试验的岩芯试样，长度与直径之比应大于1.0；作轴向试验的岩芯试样，长度与直径之比宜为0.3～1.0。其加载点离自由端的距离，不应小于试样直径的0.7倍。不规则形须将试样修整成椭圆形或卵状。方块体或不规则块体试样，其尺寸宜为（50±35）mm，两加载点间距与加载处平均宽度之比宜为0.3～1.0。

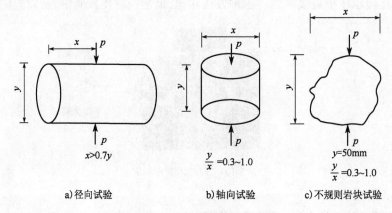

a）径向试验　　　　　b）轴向试验　　　　　c）不规则岩块试验

图5-11　岩石点荷载指数测定示意图

试样的含水状态可根据需要选择天然含水状态、烘干状态、饱和状态或其他含水状态。

（2）主要设备仪器

点荷载试验装置如图5-12所示。

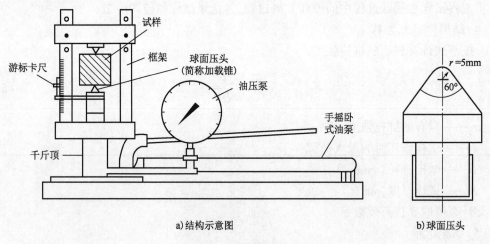

a）结构示意图　　　　　　　　b）球面压头

图5-12　点荷载试验装置

（3）试验步骤

①径向试验时，应将岩芯试样放入球端圆锥之间，使上下锥端与试样直径两端紧密接触。量测加载点间距，加载点距试样自由端的最小距离不应小于加载两点间距的0.5倍。

②轴向试验时，应将岩芯试样放入球端圆锥之间，加载方向应垂直试样两端面，使上下锥端连线通过岩芯试样中截面的圆心处并应与试样紧密接触。应测量加载点间距及垂直于加载

方向的试样宽度。

③方块体与不规则块体试验时,应选择试样最小尺寸方向为加载方向。将试样放入球端圆锥之间,使上下锥端位于试样中心处并应与试样紧密接触。量测加载点间距及通过两加载点最小截面的宽度或平均宽度,加载点距试样自由端的距离应小于加载点间距的 0.5 倍。

④稳定地施加荷载,使试样在 10~60s 内破坏,应记录破坏荷载。

⑤有条件时,应量测试样破坏瞬间的加载点间距。

⑥试验结束后,应描述试样的破坏形态。破坏面贯穿整个试样并通过两加载点为有效试验。

(4)试验数据分析整理

①点荷载指数按下式计算:

$$I_s = \frac{P}{D^2} \tag{5-14}$$

式中:I_s——点荷载指数,MPa;

　　P——试样断裂荷载,N;

　　D——上下压头间距,mm。

②点荷载指数和抗拉强度 σ_t 的关系如下:

$$\sigma_t = k_1 \cdot I_s \tag{5-15}$$

式中:k_1——比例系数,对于岩芯试样,$k_1 = 0.79$;对于球形试样,$k_1 = 0.95$;对于不规则试样,

　　$k_1 = 0.9~0.96$。

③点荷载指数和抗压强度 σ_c 的关系如下:

$$\sigma_c = k_2 \cdot I_s \tag{5-16}$$

式中:k_2——比例系数,其值和试样尺寸有关,当 D 分别等于 54mm、50mm、42mm 和 21.5mm

　　时,k_2 相应的取值为 24、23.5、21 和 18。

(5)数据记录

按照附表 5-5 整理试验数据。

(6)注意事项

①由于岩石点荷载强度一般都比较低,因此在试验中一定要控制好加荷速度,慢慢加压,使压力表指针缓慢而均匀地前进。

②安装试样时,上、下加荷点应注意对准试样的中心,并使其加荷面垂直于加荷点的连线。

③在对软岩进行试验时,加荷锥头常有一定的嵌入度,因此,在测量加荷点是距离 D 时,应将卡尺对准试样破坏上加荷锥留下来的两个凹痕底进行量测。

(7)思考题

①点荷载试验是在怎样的应力状态下进行的? 其试样破坏属于什么破坏形式?

②点荷载试验与巴西劈裂试验相比较有什么异同?

5.3.3　三点弯曲试验

岩石的三点弯曲强度(又称抗折强度)是指岩石受弯曲(或轴向拉应力)至折断破坏时所能承受的最大压力(拉力),计算公式如下:

$$\sigma_t = \frac{\sigma}{A} = \frac{MC}{I} \tag{5-17}$$

式中:σ_t——三点弯曲梁内的最大拉应力,梁发生破坏时的 σ_t 就是 R_t;

  A——试样的截面面积;

  M——作用在试样上的最大弯矩;

  C——梁边缘到中性轴的距离;

  I——梁截面绕中性轴的惯性矩。

本试验的适用条件:①岩石是各向同性的线弹性材料;②满足平面假设的对称面内弯曲。

测定岩石抗折强度的方法是将岩石加工成条形试样,置于固定的两个支点上,然后在其中一点施加集中荷载,直至试样破坏,从而通过弹性力学方法求得岩石的抗折强度。

(1)试样制备

试样采用长 120～150mm、宽 40mm、高 20～25mm 的长条形柱体,每组 3 块,加工精度要求:长、宽、高的误差不大于 1mm;受力的上、下两面应平行,相邻面应互相垂直,并且在试样上不允许有肉眼可见的裂纹。

(2)主要仪器设备

①万能材料试验机:

a.有足够的初始力。

b.能连续加荷载而没有冲击。

c.测力示值误差应小于 2%。

d.附有简支梁弯曲试验装置。

②切石机、磨石机等;

③测量平台、卡尺、放大镜;

④烘箱、干燥器等。

(3)试验步骤

①试样描述。

试验前应详细描述试样的岩性、结构构造、结构面特征;试样端部和边角形态等,并按试验要求对试样进行烘干或饱和等处理。

②量测试样尺寸。

按量积法中的规定测量试样的长 l、宽 b、高 h,并在中心及距中心 5cm 处的部位做出标记。

③安装试样。

调节材料试验机弯曲试验装置上的两个下支点,使其间距 10cm,然后将试样放置在两支点上,安装时应使支点分别对准试样两端的标记,并使加荷支点(上支点)对准试样中心部位。加载时压头尽量减小偏心,支座处的处理也十分重要,必须尽量减小支座处水平摩擦力的影响,支座采用滚动形式,涂润滑剂,垫块大小合适,滚轴和支座的刚度要大。如果支座处理不当极易造成水平方向摩擦力的产生,因为即使将加载速度降到最低,试验时仍然发现,一旦压力试验机的压头与梁接触,支座处就很难移动,这样将会造成水平方向支座摩擦力的产生。

④加荷载。

a.调试应变仪,并尽可能使初始读数为零。如无法调零,则记下初读数,将加载时应变仪的读数减去初读数便得出对应于荷载变化的应变值。

b.试样安装好后,开动试验机,同时调整压力表指针达到零位,然后以每秒 0.1～0.2MPa 的加荷速度加荷,加初始荷载 P_0,直至试样破坏,记下破坏荷载 P。

（4）试验数据分析和整理

根据胡克定律 $\sigma = E\varepsilon$（E 为弹性模量）。试验采用增量法，可施加的最大荷载为：

$$P = \frac{b^3}{3a}[\sigma]_{\max} \tag{5-18}$$

然后选取适当的初始荷载 P_0，分 $5 \sim 10$ 级加载，每级荷载增量为：

$$\Delta P = \frac{P_{0,\max}}{\text{加载级数}} \tag{5-19}$$

横截面 L 各点的正应力与它到中性层的距离成正比，在梁的上、下边缘分别达到最大压应力 $\sigma_{c\max}$、最大拉应力 $\sigma_{t\max}$，则该截面的最大剪应力 $\tau_{\max}$ 和最大压、拉应力为：

$$\tau_{\max} = \frac{3P}{4bh} \tag{5-20}$$

$$\sigma_{c\max} = \sigma_{t\max} = \frac{3Pl}{2bh^2} \tag{5-21}$$

最大正应力为最大剪应力的 $2l/h$ 倍，考虑到 $2l \gg h$，顾可认为该断面的破坏主要有正应力引起。岩石和混凝上材料因抗拉强度远小于抗压强度，先从下缘处发生拉伸断裂，此时即为岩石材料的弯曲抗拉强度（也称抗折强度或抗弯强度）。

岩石的矩形梁抗折强度 σ_t：

$$\sigma_t = \frac{3 P_{\max} L}{2b \, h_1^2} \tag{5-22}$$

式中：$P_{\max}$——试样破坏荷载，N；

L——支点的跨距，mm；

b——试样的宽度，mm；

h——试样的高度，mm。

计算结果精确至小数点后两位。

（5）数据记录

按照附表 5-6 整理点荷载试验结果。

（6）注意事项

①在安装试样中，应特别注意要使试样中心与试验机中心相重合，不应有偏心存在。

②应严格控制加荷速度，切忌加荷速度过快而产生冲击。

5.4 抗剪强度试验

标准岩石试样在一定正应力的条件下，剪切面受剪力作用而使试样剪断破坏时的剪力与剪断面积之比，称为岩石的抗剪强度。岩石的抗剪强度试验一般采用变角板法和直剪试验。

5.4.1 变角板法试验

变角板法是指利用几个不同角度的抗剪夹具做试验,得出试样沿剪断面破坏的正应力和剪应力之间的关系,以确定岩石抗剪强度曲线的一部分。

(1)试样制备

试样为 50mm × 50mm × 50mm 或 70mm × 70mm × 70mm 的立方体,误差小于 0.2 ~ 0.3mm,试样各端面严格平行,不平行度小于 0.07mm,四面凸起小于 0.03mm。

一组试验的试样数目至少应有 6 ~ 9 个。在计算平均值时,应计算偏离度。若偏离度超过 20%,则应增补试样数量,使偏离度不大于 20%。

(2)主要仪器设备

①制样设备:钻石机、切石机、磨石机。

②压力试验机。

③变角板剪切夹具一套,要求在 45° ~ 70° 范围内有 4° ~ 5° 可以调整,如图 5-13 所示。

a)　　　　　　　　　　　　　　　　　b)

图 5-13　岩石变角板法剪切试验装置

④卡尺,精度为 0.002mm,以及其他辅助设备。

(3)试验步骤

①试样描述及尺寸测量:描述试样的颜色、颗粒、层理方向、加工精度等情况,在试样上划出剪切线。用游标卡尺量测试样的高、宽、长的尺寸,精确到 0.05mm,并计算剪切面的面积。根据试验要求对试样进行烘干或饱水处理。

②安装试样。将变角板剪切夹具用绳子拴在压力机承压板之间,应注意使夹具的中心与压力机中心线相重合,然后调整夹具上的夹板螺丝,使刻度达到所要求的角度,将试样安装于变角板内。在夹具与垫板之间放滚轴以消除摩擦力,试样和抗剪夹具周围放防护罩。

③加载。开动压力机,同时下降压力机横梁,使夹具与压力机承压板接触上,然后调整压力表指针到零点,以每秒 0.5 ~ 1.0MPa 的速度加载,直到试样剪断为止,记录下破坏时的荷载。

④破坏试样描述。升起压力机横梁,取出被剪破的试样,进行描述,内容包括破坏面的形态及破坏情况等。

⑤重复试验。变角板夹具的角度 α,一般在 45° ~ 70° 内选择,以 5° 为间隔如 45°、50°、

55°、60°、65°、70°,重复上述步骤③~⑥进行试验,取得不同角度下的破坏荷载,并做好每次试验的记录。

(4)结果整理和计算

试样受力曲线如图5-14所示,根据下式计算试样所受的正应力和剪应力。

$$\sigma = \frac{P}{A}(\sin\alpha - f\cos\alpha) \tag{5-23}$$

$$\tau = \frac{P}{A}(\cos\alpha + f\sin\alpha) \tag{5-24}$$

式中:σ ——抗剪断面上平均正应力,MPa;

τ ——抗剪断面上平均剪应力,MPa;

α ——抗剪夹具的角度(剪力与竖直方向),°;

P ——试样破坏时的荷载,N;

A ——剪断面积,mm^2;

f ——滚轴摩擦系数,$f = \dfrac{1}{nd}$,n 为滚轴根数,d 为滚轴直径,mm。

通过改变夹具,每个角度可以确定试样的一对剪应力 τ、正应力 σ,把这些值标在 τ-σ 坐标图中,连接求得的各点,即可得到如图5-14所示的岩石抗剪强度曲线。

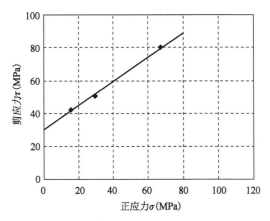

图5-14 岩石抗剪强度部分曲线

(5)试验记录

①按照附表5-7 记录试验数据。

②按照图5-14 绘制岩石抗剪强度曲线。

5.4.2 直剪试验

岩石直剪试验应采用平推法。各类岩石、岩石结构面以及混凝土与岩石接触面均可采用平推法直剪试验。试样应在现场采取,在采取、运输、储存和制备过程中,应防止产生裂隙和扰动。

(1)试样制备

①岩石直剪试验试样的直径或边长不得小于50mm,试样高度应与直径或边长相等。

②岩石结构面直剪试验试样的直径或边长不得小于50mm,试样高度宜与直径或边长相

等,结构面应位于试样中部。

③混凝土与岩石接触面直剪试验试样宜为正方体,其边长不宜小于150mm。接触面应位于试样中部,浇筑前岩石接触面的起伏差宜为边长的1%~2%。混凝土应按预定的配合比浇筑,骨料最大粒径不得大于边长的1/6。

④试验的含水状态,可根据需要选择天然含水状态、饱和状态或其他含水状态。

⑤每组试验试样的数量不少于5个。

(2)试样描述

①岩石名称、颜色、矿物成分、结构、构造、风化程度、胶结物性质等。

②层理、片理、劈理、节理裂隙的发育程度及其与剪切方向的关系。

③结构面的充填物性质、充填程度以及试样采取时间,制备过程中受扰动的情况。

(3)主要仪器设备

①试样制备设备。

②试样饱和与养护设备。

③应力控制式平推法直剪试验仪。

④位移测表。

(4)试验步骤

①试样安装应符合下列规定:

a. 应将试样置于直剪仪的剪切盒内,试样受剪方向宜与预定受力方向一致,试样与剪切盒内壁的间隙用填料填实,应使试样与剪切盒成为整体。预定剪切面应位于剪切缝中部。

b. 安装试样时,法向荷载和剪切荷载的作用力方向应通过预定剪切面的几何中心。法向位移测表和剪切位移测表应对称布置,各测表数量不得小于2只。

c. 预留剪切缝宽度应为试样剪切方向长度的5%,或微结构面充填物的厚度。

d. 混凝土与岩石接触面试样,应达到预定混凝土强度等级。

②法向荷载施加应符合下列规定:

a. 在每个试样上分别施加不同的法向荷载,对应的最大法向应力值不宜小于预定的法向应力。各试样的法向荷载,宜根据最大法向荷载等分确定。

b. 在施加法向荷载前,应测读每个法向位移测表的初始值,应每10min测读一次,各个测表三次读数差值不超过0.02mm时,可施加法向荷载。

c. 对于岩石结构面中含有充填物的试样,最大法向荷载应以不挤出充填物为宜。

d. 对于不需要固结的试样,法向荷载可一次施加完毕;施加完毕法向荷载,应测读法向位移,5min后应再测读一次,即可施加剪切荷载。

e. 对于需要固结的试样,应按充填物的性质和厚度分1~3级施加。在法向荷载施加至预定值后的第一个小时内,应每隔15min读数一次;然后每30min读数一次。当各个测表每小时法向位移不超过0.05mm时,应视作固结稳定,即可施加剪切荷载。

f. 在剪切过程中,应使法向荷载始终保持恒定。

③剪切荷载施加应符合下列规定:

a. 应测读各位移测表读数,必要时可调整测表读数。根据需要,可调整剪切千斤顶位置。

b. 根据预估最大剪切荷载,宜分8~12级施加。每级荷载施加后,即应测读剪切位移和法向位移,5min 后再测读一次,即可施加下一级剪切荷载直至试样破坏。当剪切位移量增幅变大时,可适当加密剪切荷载分级。

c.试样破坏后,应继续施加剪切荷载,直至测出趋于稳定的剪切荷载为止。

d.应将剪切荷载退至0,根据需要,待试样回弹后,调整测表,按 a~c 步骤进行摩擦试验。

④试验结束后,应对试样剪切面进行下列描述:

a.量测剪切面,确定有效剪切面积。

b.描述剪切面的破坏情况,擦痕的分布、方向和长度。

c.测定剪切面的起伏差,绘制沿剪切方向断面高度的变化曲线。

d.当结构面内有充填物时,应查找剪切面的准确位置,并应记述其组成成分、性质、厚度、结构、构造、含水状态。根据需要,可测定充填物的物理性质和黏土矿物成分。

(5)结果整理和计算

各法向荷载下,作用于剪切面上的法向应力和剪应力应分别按下列公式计算:

$$\sigma = \frac{P}{A} \tag{5-25}$$

$$\tau = \frac{Q}{A} \tag{5-26}$$

式中:σ ——作用于剪切面上的法向应力,MPa;

τ ——作用于剪切面上的剪应力,MPa;

P ——作用于剪切面上的法向荷载,N;

Q ——作用于剪切面上的剪切荷载,N;

A ——有效剪切面面积,mm^2。

绘制各法向应力下的剪应力与剪切位移及法向位移关系曲线,应根据曲线确定各剪切阶段特征点的剪应力。

将各剪切阶段特征点的剪应力和法向应力点绘在坐标图上,绘制剪应力与法向应力关系曲线,并应按莫尔—库仑表达式确定相应的岩石强度参数(f,c)。

(6)数据记录

按照附表5-8 的岩石直接剪切试验数据记录表整理试验结果,分别绘制附图5-1 不同法向应力下的剪应力与剪切位移的关系曲线,附图5-2 剪应力与法向应力关系曲线。

5.5 渗透试验

随着开挖深度、大坝高度增加以及高承压水等特殊条件下的开挖活动增多,高渗透压问题越来越多,越来越突出,国内外因岩石(体)渗流而造成的工程事故的实例已有很多,高渗压下岩石(体)渗透特性研究已成为岩土工程中亟待解决的前沿性课题。

按照试验原理,室内渗透性试验方法可分为两大类:一类是在试样的两端施加一定或变化的水压差,通过测量渗透流量来计算试样的渗透系数 K,传统的定水位和变水位法即属于此类;另一类是向试样的一端以一定的流量注水或直接施加压力脉冲,通过测量试样两端间压力差随时间的变化来计算试样的渗透系数。

在一定的水力梯度或压力差作用下,岩石能被水透过的性质,称为透水性。一般认为,水在岩石中的流动,如同水在土中流动一样,也服从于线性渗透规律,即达西定律。根据达西定律,岩层孔隙中的不可压缩流体,在一定压力差条件下发生的流动,可由下式表示:

$$
\left.
\begin{aligned}
Q &= k\frac{A\Delta P}{\mu L} \\
k &= \frac{Q\mu L}{A\Delta P}
\end{aligned}
\right\}
$$

(5-27)

式中:Q——流体的流量,cm^3/s;

k——岩石的渗透率,μm^2,在压力梯度为 0.1MPa/cm 的作用下,黏度为 1MPa·s 的流体在孔隙中作层流运动时,在 1 cm^2 横截面积上通过流体的流量为 1 cm^3/s 时的岩石渗透率为 0.987($\approx$1)μm^2,记为 1D;

A——垂直于流体流动方向上的岩石横截面积,cm^2;

L——流体渗滤路径的长度,cm;

ΔP——压力差,Pa;

μ——流体的黏度,mPa·s。

达西定律只适用于层流以及流体与岩石无相互作用的情况,实践证明,当只有一种流体通过岩样时,所测得的渗透率与流体性质无关,只与岩石本身的结构有关,其主要影响因素包括粒径(或孔径分布)、颗粒(或孔隙、裂隙)形状、比表面积、弯曲率及孔隙率;对于多孔介质,在受力作用下,其骨架将发生变形,从而组成骨架的颗粒分布、颗粒形状、弯曲率及孔隙率将发生非确定性变化。这些变化对多孔介质的渗透率会产生直接影响。

渗透系数是表征岩石透水性的重要指标,其大小取决于岩石中空隙的数量、规模及连通情况等,它与渗透率的关系为:

$$
K = \frac{\rho g}{\mu}k
$$

(5-28)

式中:ρ——流体的密度,g/cm^3;

g——重力加速度,m/s^2。

某些岩石的渗透系数见表 5-1,由表可知,岩石的渗透性一般都很小,远小于相应岩体的透水性,新鲜致密岩石的渗透系数一般均小于 $10^{-7}cm/s$ 量级。同一种岩石,有裂隙发育时,渗透系数急剧增大,一般比新鲜岩石大 4~6 个数量级,甚至更大,说明空隙情况对岩石透水性的影响是很大的。

几种岩石的渗透系数值   表 5-1

岩 石 名 称	空 隙 情 况	渗透系数 K(cm/s)
花岗岩	较致密、微裂隙	$1.1 \times 10^{-12} \sim 9.5 \times 10^{-11}$
	含微裂隙	$1.1 \times 10^{-11} \sim 2.5 \times 10^{-11}$
	微裂隙及部分粗裂隙	$2.8 \times 10^{-9} \sim 7 \times 10^{-9}$
石灰岩	致密	$3 \times 10^{-12} \sim 6 \times 10^{-10}$
	微裂隙、孔隙	$2 \times 10^{-9} \sim 3 \times 10^{-6}$
	空隙较发育	$9 \times 10^{-6} \sim 3 \times 10^{-10}$
片麻岩	致密	$1.1 \times 10^{-12} \sim 9.5 \times 10^{-11}$
	微裂隙	$1.1 \times 10^{-11} \sim 2.5 \times 10^{-11}$
	微裂隙发育	$2.8 \times 10^{-9} \sim 7 \times 10^{-9}$
玄武岩	致密	$< 10^{-13}$
砂岩	较致密	$10^{-13} \sim 2.5 \times 10^{-10}$
	空隙发育	5.5×10^{-6}
页岩	微裂隙发育	$2 \times 10^{-10} \sim 8 \times 10^{-9}$
石英岩	微裂隙	$1.2 \times 10^{-10} \sim 1.8 \times 10^{-10}$

应当指出,对裂隙岩体来说,不仅其透水性远比岩块大,而且水在岩体中的渗流规律也比达西定律所表达的线性渗流规律要复杂得多。因此,达西定律在多数情况下,不适用于裂隙岩体,必须用裂隙岩体渗流理论来解决其水力学问题。

当有多种流体(如油和水)同时通过岩样时,不同的流体则有不同的渗透率。为了区分这些情况,常用绝对渗透率、有效渗透率和相对渗透率。绝对渗透率是岩石孔隙或裂隙中只有一种流体(油、气或水)时测量的渗透率,其大小只与岩石孔隙或裂隙结构有关,而与流体性质无关。因为常用空气来测量,故又称空气渗透率。测井解释通常所说的渗透率,是指岩石的绝对渗透率。根据岩石绝对渗透率的大小,按经验可把储集层分为:小于 1 到 15×10^{-3} μm²的,属尚可;$15 \times 10^{-3} \sim 50 \times 10^{-3}$ μm²的,属中等;$50 \times 10^{-3} \sim 250 \times 10^{-3}$ μm²的,属好;$250 \times 10^{-3} \sim 1000 \times 10^{-3}$ μm²的,属很好;大于 1000×10^{-3} μm²的,属极好。

当两种及以上的流体同时通过岩石时,对其中某一流体测得的渗透率,称为岩石对该流体的有效渗透率或相对渗透率,岩石对油、气、水的有效渗透率分别用 k_o、k_g、k_w 表示。有效渗透率大小除与岩石结构有关外,还与流体的性质和相对含量、各流体之间的相互作用以及流体与岩石的相互作用有关。由试验资料求得的渗透率是有效渗透率。

多种流体同时通过岩石时,其各自的有效渗透率以及它们之和总是低于绝对渗透率的。这是因为多种流体共同流动时,流体不仅要克服自身的黏滞阻力,还要克服流体与岩石孔壁之间的附着力、毛细管力以及流体与流体之间的附加阻力等,因而使渗透能力相对降低。

实践证明,流体的有效渗透率与它在岩石中的相对含量有关,当流体的相对含量变化时,其相应的有效渗透率随之改变。为此,引入相对渗透率的概念。

岩石的有效渗透率与绝对渗透率之比值称为相对渗透率,其值在 $0 \sim 1$ 之间。通常用 k_{ro}、k_{rg}、k_{rw} 分别表示油、气、水的相对渗透率。

在储集层孔隙中充满不同含量的油、气、水时,岩层对某一种流体的相对渗透率取决于其他流体的数量(饱和度)及性质。某一流体的相对渗透率随该流体的饱和度增加而增加,直到该流体全部饱和孔隙空间达到绝对渗透率值为止。

下面介绍两种在 MTS815.02 伺服试验系统上进行渗透性试验的方法。

5.5.1 瞬态法

瞬态法测定岩石的渗透率可用 W. F. Brace 的试验装置实现。瞬态法岩石渗透试验可在力学测试与模拟(Mechanical Testing & Simulation, MTS)系统或其他电液伺服机上进行,轴向加载采用位移控制模式,围压和孔隙压力在各级轴向应变下保持不变。在测试样两端各有一个封闭的容器,测试时,待上下容器和岩样内部压力平衡后,给上端容器一个压力脉冲,固定试样一端的孔隙压力至 P_c,这样在试样两端形成初步的压力差 $\Delta P = P_c - P_2$。随着流体在岩样裂隙中渗流,上部容器压力将慢慢降低,下部容器压力慢慢增加,孔隙水压差 ΔP_0 不断降低,监测两端压力随时间变化情况,直至容器内达到新的压力平衡状态。测定孔隙水压差在一定时间段内的衰减过程,就可以计算出试样在这一应力状态下的渗透率 k。瞬态法原理如图 5-15 所示。

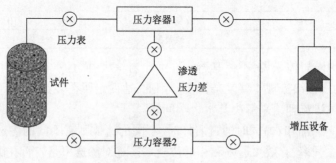

图 5-15　瞬态法原理图

瞬态法在非稳态下测量渗透率,较传统稳态法所需测试时间大大缩短,而且高精度的压力计量要比传统流体计量更准确,因而测试结果也更精确,目前此方法已广泛应用于致密低渗岩样的测量试验中。瞬态法不适合测量渗透性高的岩石,因为对于渗透性高的岩石,压力脉冲平衡时间过快,测试时间太短,初始脉冲造成的压力紊乱使得数据记录过程中,尚未检测出压力衰减曲线中的稳定压力下降过程,压力已经达到平衡。因此推荐测量渗透率在 $0.1 \times 10^{-3} \, \mu m^2$ 以下的岩样,计算公式如下:

$$k = \frac{\mu \beta V L}{2A} \cdot \frac{\lg(\Delta P_i / \Delta P_f)}{T_f - T_i} \tag{5-29}$$

式中:　μ ——动力黏度系数,Pa·s;

　　　　β ——液体体积压缩系数,Pa^{-1};

　　　　V——水箱体积,cm^3;

　　　　L——试样长度,m;

　　　　A ——试样横截面积,m^2;

　ΔP_i、ΔP_f ——试验起始与终止时的孔隙水压差,Pa;

　　　T_i、T_f ——试验起始、终止时间,s。

如果表示成渗透系数,则可以通过下式进行代换:

$$K = k \frac{\gamma}{\mu} = k \frac{g}{\nu} \tag{5-30}$$

式中：ν——运动黏度系数；

$\quad\gamma$——密度。

测试出试样峰前、峰值、峰后若干点的渗透率，就可得到岩石全应力应变过程的渗透特性曲线。

一般测定一个试样应力应变全过程的渗透性需要 2 ~ 3h，试验过程可采用荷载控制模式，也可采用位移控制模式，通常在岩石通过弹性阶段后轴向加载采用位移控制，所以岩样不会发生蠕变。

5.5.2　稳态法

稳态法是测量介质的稳定流量或压力，主要有定压法和定流量法。稳态法测定渗透率的原理是基于稳定流动时的达西定律。达西定律定压法测渗透率适用的条件之一是测试介质在岩石孔隙中的渗流需达到稳定状态。对于中高渗透岩样来说，达到稳定状态所需时间较短，因而测试时间较短，但是对于低渗透岩样，达西定律试验装置提供的较小压差达到平衡状态时间长，伴随长时间平衡过程，带来的是环境因素对测量结果的影响增大。

对于中高渗透岩石试验，定压法是可行的，但是对于低渗透、特低渗透岩样，过高的压差形成的高渗流水力梯度，将使得介质渗流出现非达西流，用达西定律重复试验发现计算渗透率误差很大，即达西定律不再适用。因此传统水头定压法通常适用渗透性在 D 级以上的岩样。

定流量法是通过提供稳定流量，监测岩样两端压力变化。因为高精度压力监测比流量计量更准确，因而测量也更精确。定流量法的核心是高精度的恒流泵，在岩样上端连接一个恒速泵，以恒定流量 q 注入岩样，待上下游流量达到稳定状态时，记录岩样上下端压力，按照达西定律即可求得试样渗透率：

$$k = \frac{q\mu L}{\Delta PA} \tag{5-31}$$

式中：q——恒流泵提供的体积流量；

$\quad\Delta P$——岩样两端面压力差；

$\quad A$——岩样的端面积；

$\quad L$——岩样的长度；

$\quad\mu$——测试介质黏度。

定流量法可按照试验需要精确控制注入流量，目前可达到 0.001 ~ 40mL/min。优点是可以根据测试地层的实际情况来精确的调节水力梯度，测得的渗透率也更接近实际情况。缺点是定流量法的测量精度取决于恒流泵的质量。高精密的恒流泵价格昂贵，而且在测量低渗透岩样时，其局限与定压法类似，即达到稳定的渗流状态所需要时间较长，测量结果受环境和温度因素的影响逐渐增大，因此建议被测岩样的渗透率在 $0.1 \times 10^{-3} \mu m^2$ 以上。

5.5.3　全应力—应变过程的渗透性试验研究

通过瞬态法可分析岩样全应力应变过程的渗透性，分析不同岩性岩样的应力—应变渗透率以及在变形破坏过程中渗透性变化的规律。地层中含有孔隙裂隙水，成为巷道以及隧道的主要充水水源。岩层多为低渗透岩层，加之在开挖以及回采等工程扰动过程中，岩层的应力状态发生了变化，发生弯曲、变形破坏，从而改变了原有岩层的渗透状态，形成新的不均匀的渗透系数场以及岩层的渗透规律。本节以 MTS815.03 电液伺服岩石试验系统为例，介绍全应力—

应变过程的渗透性试验过程,主要包括以下 4 项:

①岩石单轴压缩试验(Uniaxial Compression Test)。

②岩石三轴压缩试验(Triaxral Compression Test)假(伪)三轴试验。

③岩石孔隙水压试验(Pore Water Pressure Test)。

④岩石水渗透试验(Water Permeability Test)。

岩石力学试验系统渗透试验是研究在轴压、围压、孔隙压力作用下不同节理岩石的渗透性变化规律。在试样的上下端各有一块透水板,透水板是具有许多均匀分布的小孔的钢板,其作用是使用水压均匀地作用于整个试样断面,在上透水板的上部为上端水压,下渗透板的下部为下端水压,其中心各刻有一竖向小孔,这是水流动的通道。测定渗透率采用瞬态法,其基本原理是:先施加一定的轴压 P_1、围压 P_2 和孔隙水压 P_3(始终保持 $P_2 > P_3$),然后降低试样一端的孔隙压力至 P_4(P_3 为试样上端水压、P_4 为试样下端水压),在试样两端形成渗透压差 $\Delta P = P_3 - P_4$,从而引起水体通过试样渗流。在试验过程中 P_2、P_3、P_4 均保持不变,只有 ΔP 随着渗透过程而变化(所谓全应力—应变过程就是指试验全过程中 ΔP 和相应的应变过程)。

(1)试样制备

①试样尺寸:直径为 50 ~ 100mm,高度为 100 ~ 300mm。

②试样的制备精度同 5.1 节相关要求。

(2)试样描述

①岩石名称、颜色、结构、矿物成分、颗粒大小,胶结物性质等特征。

②节理裂隙的发育程度及其分布,并记录受载方向与层理、片理及节理裂隙之间的关系。

③测量试样尺寸,并记录试样加工过程中的缺陷。

(3)主要仪器设备

采用 MTS 伺服试验机,其实物如图 5-16 所示,基本试验功能示意如图 5-17 所示,系统结构示意图如图 5-18 所示。

图 5-16　MTS 伺服试验机实物图

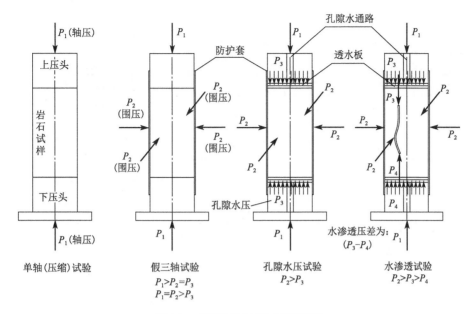

图 5-17 伺服机基本试验功能示意图

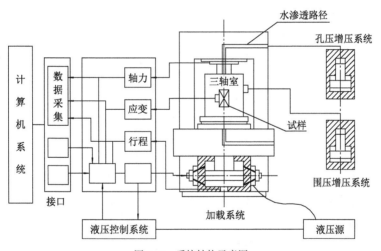

图 5-18 系统结构示意图

①基本配置：

a. 315.04 型加载框架。

b. 656.06 型三轴室。

c. 286.20-09 型围压增压系统。

d. 286.31-01 型孔隙增压系统。

e. Test Star Ⅱ m 控制系统。

f. 505.07/.11 动力源。

g. 计算机系统。

h. φ50mm 和 φ100mm 两种带孔与不带孔压头以及 φ300mm 压头。

②主要技术指标(表5-2)。

主要技术指标　　　　　　　　　　　　　　　　　　表5-2

指　标	参　数
轴压	≤4600kN
围压	≤140MPa
孔隙水压	≤70MPa
水渗透压差	≤2MPa
机架刚度	10.5×109N/m
液压源流量	31.8L/min
伺服阀灵敏度	290Hz
数采通道数	10 Chans
最小采样时间	50/ms
输出波形:直线波、正弦波、半正弦、三角波、方波、随机波形	—

③试验控制方式。

a. 荷载控制。

b. 轴向位移控制或轴向应变控制。

c. 环向位移控制或环向应变控制。

④试验控制软件。

a. 函数发生器。

b. 基本试验软件 BTW(Basic Testware,BTW)。

c. 多功能试验软件 MPT(Multipurpose Testware,MPT)。

(4)试验步骤

①在进行渗透试验前,必须预先让试样充分饱和。试样不饱和或饱和程度不够完全,会造成渗流过程不畅。用药棉蘸取过氧化氢(双氧水)把岩样、压头和透水板擦拭干净。

②沿压头、透水板和透水板的圆柱面自下而上螺旋状缠绕一层塑料绝缘带。

③剪下一段热缩塑料套,套住岩样、透水板和上下压头,用功率为750W 的电动吹风机均匀烘烤塑料套,使塑料套和绝缘带很好地贴合。注意排出空气,不要留下气泡。试验时密封良好,确保油不能从防护套和试样间隙渗漏,然后置于加载架上进行试验。

④设定孔隙水压和围压,轴向增加荷载直到破坏为止。注意使围压比孔隙水压高 0.2～0.5MPa,防止塑料套被撑破。

⑤试验时,先加围压,再加渗透压力,最后加轴向压力。试验过程中,通过进水装置给试样顶部施加渗透压力。在垂直加载过程中,岩石的微裂隙和孔隙不断发生变化,与此同时进入试样中的水量也在不断改变,为模拟受水压力作用下岩体的实际受力情况,通过 MTS 的孔隙水伺服机构给试样施加恒定的水压力。试验自动记录渗透压力和围压条件下试样在轴向压力下的轴向变形及渗透水量。

⑥随时间的变化过程,测读出的每一级轴向压力下的轴向变形及渗透性数据,可得到应力—应变关系曲线和渗透性—应变关系曲线。

（5）结果整理与计算

根据试验过程中计算机自动采集的数据,可按式(5-28)计算岩石渗透率 k 的值。

（6）数据记录

①可通过系统软件导出试验数据,可绘制各通道多种曲线图形。

a. 轴向应力—应变曲线(图 5-19)。

b. 环向位移—时间曲线(图 5-20)。

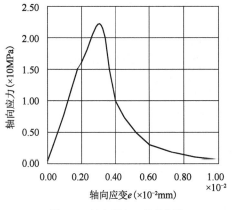

图 5-19　轴向应力—应变曲线

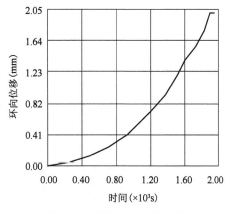

图 5-20　环向位移—时间曲线

c. 轴向应变—环向应变曲线(图 5-21)。

d. 体积应变—轴向应变曲线(图 5-22)。

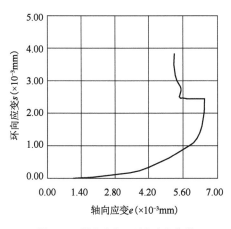

图 5-21　轴向应变—环向应变曲线

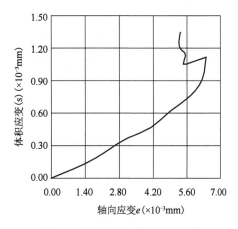

图 5-22　体积应变—轴向应变曲线

e. 三轴全应力应变曲线(图 5-23)等近 20 种。

②整理试样描述记录。

（7）典型试验及应用

①单轴全应力—应变曲线。

②三轴全应力—应变曲线。

③孔隙水压对岩石变形及强度的影响。

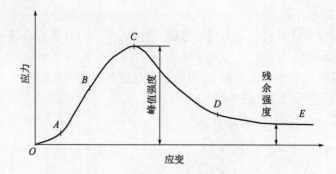

图 5-23　典型全应力应变曲线

OA-裂隙压密、间隙调整段;AB-弹性段;BC-弹塑性(应变强化或硬化段);CD-应变软化段;DE-塑性流动段
注:OA、AB、BC 为峰前期;CD、DE 为峰后期。

④不同应力状态下岩石渗透特性的试验研究。

⑤岩石及混凝土材料的低周疲劳特性试验。

⑥岩石及混凝土材料的蠕变(Creep)[$\sigma = \text{const}, \varepsilon = \varepsilon(t)$]性质试验。

⑦岩石及混凝土材料的松弛(Relaxtion)[$\varepsilon = \text{const}, \sigma = \sigma(t)$]性质试验。

⑧加载速率对岩石变形与强度的影响。

⑨应力路径(反复加卸载)对岩石变形及强度影响。

⑩应力释放与岩爆机理研究。

⑪应变软化与残余强度的试验研究。

⑫节理及节理方向对岩石强度及变形的影响。

⑬瞬时及长时强度的试验研究。

⑭工程应用中岩石强度、弹模及泊松比等参数测定。

⑮配合其他试验设备进行相应的试验研究如声发射、岩石损伤等。

第6章
CHAPTER 6

隧道可掘进性试验

据不完全统计,我国未来20年内平均每年将有长300km的隧道需要建设。在隧道施工前,需要根据影响岩体质量的各种地质因素将工程岩体分成不同的级别,以此为标尺评价岩体稳定性,选择合理的支护方法及参数。由于地质条件复杂、施工难度大,使得传统钻爆法施工已无法应对这一艰巨的挑战。全断面岩石隧道掘进机(TBM)是集机械、电子、液压、激光技术于一体的大型隧道施工装备。TBM法具有掘进速度快、施工工期短、作业环境好、对生态环境影响小、综合效益高等优点,已经广泛应用于铁路隧道、水利隧洞、城市地铁等领域。

在TBM施工前,需要关注影响TBM施工的各种地质因素,其中,岩石的可掘进性研究是隧道工程地质研究中的一项重要内容。岩石的可掘进性是指在TBM破岩过程中岩石的综合表现,包括岩石抵抗刀具破岩的能力和岩石对刀具的磨损能力。

目前我国还没有形成岩石可掘进性研究的标准试验方法,参考国外相关研究成果,岩石可掘进性研究的目的主要有三个:一是岩石的可掘进性是TBM施工难易程度的关键标准;二是工程成本预算主要根据岩石的可掘进性进行,包括刀具的消耗和工期等;三是由于TBM法比钻爆法施工对岩体条件更敏感,TBM设备生产要根据岩石的可掘进性量身定做。

综上,岩石的可掘进性研究是TBM隧道施工前期工作的一个重要方面,也是工程地质学和岩石力学研究的一个新内容。其中,TBM的设计需要研究滚刀上的压力与贯入深度的关系;刀具磨损预测要研究岩石对刀具的磨蚀性;掘进速率的预测要研究影响掘进速率的各种因素,如岩石的强度、硬度、脆性和岩体的结构特征等。

本章将围绕以下三个方面介绍隧道的可掘进性试验方法:一是与TBM设计有关的试验方法,如线性切割试验、冲压试验;二是与TBM刀具磨损预测有关的试验方法,如岩石的磨蚀性试验、土的磨蚀性试验;三是与预测TBM掘进速率有关的试验方法,如硬度的试验方法、脆性值S_{20}试验方法、SJ微钻试验方法。

6.1 岩石可切割性和可钻性分级

岩石的工程地质分级基于岩石成因、矿物成分及地质结构,一般对分析某些强度参数和趋势有用,但是分级给工程设计或者岩石的开挖等提供的信息很有限。为了用来设计和性能预测,工程师们需要岩石性质的一系列地质力学分类。利用如下岩石切割工具对岩体可切割性和可钻性的性能预测是有效的:

(1)回转盘形滚刀和螺旋回转盘形滚刀。

(2)旋转三牙轮钻头。

(3)刮刀钻头。

(4)冲击钻头。

岩体可切削性和可钻性可定义为一个因素与净切割、净穿透率或者切割/钻进比能量成比例。但是,比能量与已确定的仪器或者钻进设备密切相关,更准确地说,岩石可切割性的定义是岩石对工具压痕单位的切削深度,如滚筒圆盘的临界法向力 F_{n1} 或者冲击钻进的抗力 K_1。

目前,需要采用经验测试方法用于岩体可切割性和可钻性的分级,包括如下。

(1)依照给定的切割或者钻进设备及其历史性能数据(一般是净切割率或净穿透率),对标准岩石的可切割性和可钻性进行分级。最常见的标准岩石种类如下:

①花岗岩(Barre Granite from Vermont,美国)。

②玄武岩(Dresser Basalt from Wisconsin,美国)。

③花岗闪长岩(Mllypuro Granodiorite from Tampere,芬兰)。

(2)依照给定的切割或者钻进设备及其历史性能数据(包括利用的功率),结合岩石的比能量与力学性质对可切割性和可钻性分级。最常见岩石的力学性质有以下几种:

①单轴抗压强度(UCS)。

②巴西抗拉强度(BTS)。

③点荷载指数(I_s)。

(3)冲压试验基于冲击荷载破碎一个密闭的固体或者原状岩石试样。由于冲击试验的冲击荷载和破碎特性,可代表破碎给定岩石体积所需要的能量,因此在工程现场,认为可切割和可钻性能或者比能量可用冲击试验来确定。

①钻速指标(Drilling Rate Index,DRI)。

②岩石硬度(Protodyakonov rock hardness,f)。

③岩石冲击硬度值(Rock Impact Hardness Number,RIHN)。

基于岩石可切割性和可钻性的性能预测模型,包括孔隙率的影响和岩体的不连续性,利用现场试验性能数据分析得到修正参数或者岩体性质的修正因子。

(4)滚刀圆盘和刀具的实验室线切割试验。切割试验是为了对岩石可切割性分级,刀盘压力预测是非裂隙岩体条件下净切割速度的一个函数,可通过分析模型结合线切割试验数据得到。

（5）有限元和离散元的数值模拟。滚刀刀盘对岩石的荷载造成宏观裂纹，从刀圈边角起裂，沿着横向和上部的曲线轨迹扩展，少许的剪切荷载约为竖向荷载的1/10，可显著改变岩石沿着刀具路径的应力。同时，在切缝中，拉应力可能会沿着邻缝发展。因此，宏观裂纹扩展可能也会沿着邻缝扩展和刚被切割的刀缝扩展。

（6）结合冲击钻进的岩石荷载和压痕的动态性，综合钻头压痕试验的解析分析和应力波扩展模拟（静态或者动态 K_1 值）进行相关分析。

6.2 硬度试验

硬度是材料抵抗局部变形，特别是塑性变形、压痕或划痕的能力，是评价金属材料综合力学性能的重要指标。硬度试验可以反映金属材料在不同的化学成分、组织结构和热处理工艺条件下性能的差异。由于硬度能灵敏地反映金属材料在化学成分、金相组织、热处理工艺及冷加工变形等方面的差异，因此硬度试验在生产、科研及工程上都得到广泛应用。硬度试验方法简单易行，试验时不必破坏工件，因此，很适用于成批零件检测的现场检测。

"硬度"本身是一个不确定的物理量，即对同一试样，用不同试验方法测定的硬度值完全不同，各种硬度表现的是在各自规定的试验条件下所反映的材料弹性、塑性、强度、韧性及磨损抗力等多种物理量的综合性能。按测试方法分为压入法和划痕法。布氏硬度、维氏硬度、努氏硬度、巴科尔硬度及球压痕硬度是耐顶针（球形顶针）压入能力；洛氏硬度和邵氏硬度是回弹性的硬度试验；比尔鲍姆硬度和莫斯硬度是对尖头或另一种材料的抗划痕性硬度试验。

按试验力状态可分为静态力和动态力硬度试验方法。

静态力硬度试验方法（标准）主要包括：

①《金属材料 布氏硬度试验 第1部分：试验方法》（GB/T 231.1—2018）。

②《金属材料 维氏硬度试验 第1部分：试验方法》（GB/T 4340.1—2009）。

③《金属材料 洛氏硬度试验 第1部分：试验方法》（GB/T 230.1—2018）。

④《金属材料 努氏硬度试验 第1部分：试验方法》（GB/T 18449.1—2009）。

动态力硬度试验方法（标准）主要包括：

①《金属材料 里氏硬度试验 第1部分：试验方法》（GB/T 17394.1—2014）。

②《金属材料 肖氏硬度试验 第1部分：试验方法》（GB/T 4341.1—2014）。

以上方法不仅在原理上有区别，而且即使在同一种方法中也存在着试验力、压头和标尺的不同。在进行硬度试验时，应根据被测试样的特性来选择合适的硬度试验方法，保证试验结果具有代表性、准确性及相互可比性。

本节内容主要介绍两种岩石硬度的指数指标：莫氏硬度和普氏硬度，因为在钻掘施工中往往不是采用纯压入或纯回转的方法破碎岩石，因此普氏硬度这种反映在组合作用下岩石破碎难易程度的指标比较贴近生产实际情况。

6.2.1 莫氏硬度

莫氏硬度是表示矿物硬度的一种标准,由德国矿物学家腓特烈·摩斯(Frederich Mohs)于1822年首先提出。其方法是用刻痕法将棱锥形金刚钻针刻划所测试矿物的表面,并测量划痕的深度,该划痕的深度就是莫氏硬度,以符号 HM 表示,也可用于表示其他物料的硬度。

莫氏硬度采用测得的划痕深度来表示硬度(共 10 级):滑石(Talc):1(硬度最小);石膏(Gypsum):2;方解石(Calcite):3;萤石(Fluorite):4;磷灰石(Apatite):5;长石(Feldspar;Orthoclase;Periclase):6;石英(Quartz):7;黄玉(Topaz)8;刚玉(Corundum):9;金刚石(Diamond):10。其中金刚石最硬,滑石最软。被测矿物的硬度是与莫氏硬度计中标准矿物互相刻划比较来确定。此方法的测值虽然比较粗略,但方便实用,常用以测定天然矿物的硬度。

硬度值并非绝对硬度值,而是按硬度的顺序表示的值,不能精确地用于确定材料的硬度,例如10级和9级之间的实际硬度差就远大于2级和1级之间的实际硬度差。但这种分级对于矿物学工作者野外作业是很有用的,如某矿物能将方解石刻出划痕,而不能刻萤石,则其莫氏硬度为3~4,其他类推。莫氏硬度仅为相对硬度,比较粗略。滑石的硬度为1,金刚石为10,刚玉为9,但经显微硬度计测得的绝对硬度,金刚石是滑石的4192倍,刚玉是滑石的442倍。

除了上述列出的10种矿物,表6-1也收集了其他常见物品的硬度值,可供参考。

其他常见物品的硬度值   表 6-1

硬　度	代　表　物	常　见　用　途	其他代表物
1	滑石(Talc)、石墨(Graphite)	滑石为已知最软的矿物,常见应用有滑石粉	—
1.5	皮肤(Skin),天然砒霜	—	—
2	石膏(Gypsum)	用途广泛的工业材料	—
2~3	冰块(Ice)	—	四大印石:昌化石、巴林石、青田石、寿山石
2.5	指甲(Nail)、琥珀(Amber)、象牙(Ivory)	—	—
2.5~3	黄金(Pure gold)、银(Silver)、铝(Aluminium)	黄金、银常用于饰品,铝则常见于工业应用	—
3	方解石(Calcite),铜(Copper)、珍珠(Pearl)	方解石可作雕刻材料,也是许多工业的重要原料 铜最早用于装饰,还常用于合金制作,电子工业的传输媒材等	—
3.5	贝壳(Shell)	—	—
4	萤石(Fluorite)	又称氟石,可作雕刻材料,常见应用于冶金、化工、建材工业	—

118

续上表

硬　度	代　表　物	常　见　用　途	其他代表物
4~4.5	铂金(Platinum)	稀有金属,亦是贵金属中最硬的,铂金常用于军事工业或饰品加工	—
4~5	铁(Iron)	常见用于炼钢,其他工业应用	—
5	磷灰石(Apatite)	磷是生物细胞质的重要组成元素,常见用于饲料、肥料工业,亦是重要的化工原料	—
5.5	不锈钢(Stainless steel)	—	—
6	正长石(Orthoclase)、丹泉石、坦桑石(Tanzanite)、纯钛	正长石可作为陶瓷、玻璃、珐琅,以及制造钾肥的原料	—
6~7	牙齿(齿冠外层)	主要成分为羟基磷灰石	—
6~6.5	软玉—新疆和阗玉	—	—
6.5	黄铁矿(Iron pyrite)	黄铁矿是硫酸原料来源,可提炼黄金、药用等	—
6.5~7	硬玉—缅甸翡翠或翠玉	—	—
7	石英(Quartz),紫水晶(Amethyst)	常见的耐火材料与玻璃(二氧化硅)的主要原料	—
7.5	电气石(Tourmaline)、锆石(Zircon)	常见于饰品应用	—
7~8	石榴子石(Garnet)	广泛用于建筑行业领域	—
8	黄玉(Topaz)	为托帕石的矿物名称,常见于饰品应用	—
8.5	金绿柱石(Chrysoberyl)	常见于饰品应用	—
9	刚玉(Corundum)、铬、钨钢	饰品、磨料等,常见的宝石如红宝石、蓝宝石等天然宝石均属刚玉;人造宝石(蓝宝石水晶)其硬度亦同刚玉等级	—
9.25	莫桑宝石(Moissanite)	人造宝石,明亮程度为钻石的2.5倍,但价格约为钻石的1/10	—
10	钻石(Diamond)	地球最硬天然宝石,常应用于饰品	—
大于10	聚合钻石纳米棒(Aggregated Diamond Nanorod,ADNR)	德国科学家于2005年研制出比钻石更硬的材料,具有广泛的工业应用前景	—
	四氮化三碳	1989年理论上预言其结构,1993年在实验室成功合成。在可见光条件下,该物质表现出很好的光催化性能,能够降解甲基蓝等有机化合物	—

6.2.2　普氏硬度

普氏硬度是由苏联学者普罗托奇雅可诺夫(M. M. Protodyakonov)于1926年提出的岩石坚

固性系数(又称普氏系数),至今仍广泛应用于矿山开采业和勘探掘进中。岩石的坚固性区别于岩石的强度,强度值必定与某种变形方式(单轴压缩、拉伸、剪切)相联系,而坚固性反映的是岩石在几种变形方式组合作用下抵抗破坏的能力。

坚固性的大小用坚固性系数来表示,又叫硬度系数,也叫普氏硬度系数,用 f 表示:

$$f = \frac{R}{100} \tag{6-1}$$

式中:R——岩石标准试样的单向极限抗压强度值,kg/cm²;

f——无量纲的值,它表明某种岩石的坚固性比致密的黏土坚固多少倍,致密黏土的抗压强度为 10MPa。

依据岩石的坚固性系数计算公式可用于预计岩石抵抗破碎的能力及其钻掘后的稳定性。

岩石的坚固性系数(f),可把岩石分成 10 级(表 6-2),等级越高的岩石越容易破碎。为了方便使用,又在第Ⅲ、Ⅳ、Ⅴ、Ⅵ、Ⅶ级的中间加了半级。考虑到生产中不会大量遇到抗压强度大于 200MPa 的岩石,故把凡是抗压强度大于 200MPa 的岩石都归入Ⅰ级。这种方法比较简单,而且在一定程度上反映了岩石的客观性质。但它也存在着如下缺点:

(1)岩石的坚固性虽概括了岩石的各种属性(如岩石的凿岩性、爆破性、稳定性等),但在有些情况下这些属性并不是完全一致的。

(2)普氏强度分级法采用实验室测定来代替现场测定,这就不可避免地带来因应力状态改变而造成的坚固程度上的误差。

按坚固性系数对岩石可钻性分级表　　　　　　　　　　　　表 6-2

岩石级别	坚固程度	代表性岩石	f
Ⅰ	最坚固	最坚固、致密、有韧性的石英岩、玄武岩和其他各种特别坚固的岩石	20
Ⅱ	很坚固	很坚固的花岗岩、石英斑岩、硅质片岩,较坚固的石英岩,最坚固的砂岩和石灰岩	15
Ⅲ	坚固	致密的花岗岩,很坚固的砂岩和石灰岩、石英矿脉,坚固的砾岩,很坚固的铁矿石	10
Ⅲa	坚固	坚固的砂岩、石灰岩、大理岩、白云岩、黄铁矿,不坚固的花岗岩	8
Ⅳ	比较坚固	一般的砂岩、铁矿石	6
Ⅳa	比较坚固	砂质页岩,页岩质砂岩	5
Ⅴ	中等坚固	坚固的泥质页岩,不坚固的砂岩和石灰岩、软砾石	4
Ⅴa	中等坚固	各种不坚固的页岩,致密的泥灰岩	3
Ⅵ	比较软	软弱页岩,很软的石灰岩、白垩、盐岩、石膏、无烟煤,破碎的砂岩和石质土壤	2
Ⅵa	比较软	碎石质土壤,破碎的页岩,黏结成块的砾石、碎石,坚固的煤,硬化的黏土	1.5
Ⅶ	软	软致密黏土,较软的烟煤,坚固的冲击土层,黏土质土壤	1
Ⅶa	软	软砂质黏土、砾石、黄土	0.8
Ⅷ	土状	腐殖土、泥煤、软砂质土壤、湿砂	0.6
Ⅸ	松散状	砂、山砾堆积、细砾石、松土、开采下来的煤	0.5
Ⅹ	流沙状	流沙、沼泽土壤、含水黄土及其他含水土壤	0.3

6.2.3　金属布氏硬度试验

金属布氏硬度测量原理是将一定直径 D 的碳化钨合金球施加试验力 F 压入试样表面,经规定的保持时间后,卸除试验力,测量试样表面压痕的直径,如图 6-1 所示。

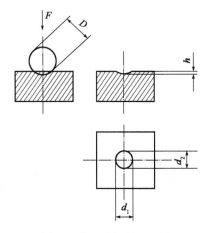

图 6-1 布氏硬度测量原理图

布氏硬度与试验力除以压痕表面积的商成正比。压痕被看作是卸载后具有一定半径的球形,压痕表面积通过压痕的平均直径和压头直径按照下列公式计算。

由压头球直径 D 和测量所得的试样压痕直径 d 可算出压痕面积 S,即:

$$S = \frac{1}{2}\pi D(D - \sqrt{D^2 - d^2}) \tag{6-2}$$

于是,布氏硬度值 = 常数 × 试验力/压痕表面积,即:

$$HBW = 0.102 \times \frac{2F}{\pi D(D - \sqrt{D^2 - d^2})} \tag{6-3}$$

式中:D——压头球直径,mm;

d——压痕平均直径,mm,$d = (d_1 + d_2)/2$;

F——试验力,N。

为使用方便,布氏硬度值可由布氏硬度计算值表查出。常数 0.102 即 1/9.80665,9.80665 是从 kgf 到 N 的转化因子,单位为 s/m^2。

(1)试样制备

①对试样试验面的要求:试验面应是平坦光滑的平面,不应有氧化皮及外来污物,试样表面才能保证压痕直径的精确测量,建议试样加工面粗糙度 R_a 应不大于 1.6μm。

②对试样支承面的要求:试样支承面应平整,使试样能稳固地放在试验台上,保证在试验过程中不发生位移与挠曲。

③对试样厚度的要求:要求试样的最小厚度(H)应大于压痕深度(h)的 8 倍(即 $H \geqslant 8h$),并应保证试验后试样背面不产生明显可见的变形痕迹。

$$h = \frac{1}{2}(D - \sqrt{D^2 - d^2}) \tag{6-4}$$

在试验前可预先选定直径为 D 的压头,在一定的试验力 F 下打一压痕,测出压痕的平均直径 d,代入式(6-4)中,计算出压痕深度 h。然后乘以 8,即试样应有的最小厚度。平均直径 d

是在 $(0.24 \sim 0.6)D$ 有效范围内的值。例如,当使用 $D = 5\text{mm}$ 的压头试验时,其压痕平均直径有效范围为 $0.24 \times 5 = 1.2(\text{mm})$ 至 $0.6 \times 5 = 3.0(\text{mm})$。

④对试样加工的要求:试样的坯料可采用各种冷热加工方法从原料或机件上切取,试样的试验面和支承面可采用不同机械加工方法加工。无论采用何种加工方法都不得使试样因受热或冷变形硬化而影响试验面原来的硬度。

(2)试验设备及仪器

①布氏硬度计主机。

TH600 布氏硬度计外观如图 6-2 所示,HB-3000 型布氏硬度试验机外观结构如图 6-3 所示。TH600 布氏硬度计采用布氏硬度(BRINELL)测量原理,适用于未经淬火钢、铸铁、有色金属及质地较软的轴承合金等材料,具有测试精度高、测量范围宽、试验力自动加载、自动保持计时、自动卸载等特点,可广泛应用于计量、机械制造、冶金、建材等行业的检测、科研与生产,测定硬度范围:8 ~ 650HBW。

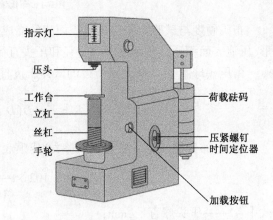

图 6-2　TH600 布氏硬度计外观图　　　　　图 6-3　HB-3000 型布氏硬度试验机外观结构示意图

布氏硬度试验力允许误差不大于 $\pm 1\%$,变动度不大于 1%。硬质合金球硬度不低于 $1500\text{HV}10$。球体直径为 10mm 时,公差为 $\pm 0.005\text{mm}$;球体直径为 5mm 时,公差为 $\pm 0.004\text{mm}$;球体直径不大于 2.5mm 时,公差为 $\pm 0.003\text{mm}$。

②20 倍读数显微镜:硬度计所带读数显微镜为 20 倍,鼓轮最小刻度值为 0.01mm,使用时应合理利用光源。测量较小压痕直径时,也可以应用更大放大倍数的读数装置以提高读数准确度。

③硬质合金球压头:使用本机时,试验力的选择应保证压痕直径在 $(0.24 \sim 0.6)D$ 之间;试验力与压头球直径平方的比率($0.102F/D^2$)应根据材料和硬度选择,当试样尺寸允许时,优先选用 10mm 的球压头。

④压痕测量装置的最小分度应能估测至 $0.5\%d$,允许误差不大于 $\pm 0.5\%d$。

每次更换压头、工作台或支座后及大批试样试验前,均应按《金属布氏硬度计检定规程》(JJG 150—2005)对硬度计进行日常检查。

检查硬度计的标准硬度块应符合《标准金属布氏硬度块检定规程》(JJG 147—2017)的要求。

硬度计应由国家计量部门定期检定。

（3）试验步骤

①测试准备：打开电源开关，电源指示灯亮。试验机进行自检、复位，显示当前的试验力保持时间，该参数自动记忆关机前的状态。

②安装压头：选取要用的压头，用酒精清洗其黏附的防锈油，然后用棉花或其他软布擦拭干净，装入主轴孔内，旋转紧定螺钉使其轻压于压头尾柄的扁平处；同时将试样平稳、密合地安放在样品台上。顺时针转动手轮，使样品台上升，试样与压头接触，直至手轮与螺母产生相对滑动（打滑），最后将压头紧定螺钉旋紧。

③选择试验力：硬度计能提供 5 种试验力供选用，共有 7 个砝码，其中 1 个 1.25kg 砝码、1 个 5kg 砝码、5 个 10kg 砝码，通过砝码的组合来实现 5 种试验力，见表 6-3。试验后，若发现试样背面出现变形痕迹或边缘鼓胀变形，试验结果无效。试验后压痕直径应在 $(0.24 \sim 0.6)D$ 范围内，否则重新选择 D 和 F 进行试验。

表 6-3

试验力与砝码组合对应表

试验力（N）	对应的公斤力（kgf）	砝 码 组 合
1839	187.5	吊挂
2452	250	吊挂 + 1.25kg 砝码
7355	750	吊挂 + 1.25kg 砝码 + 10kg 砝码 × 1 个
9807	1000	吊挂 + 1.25kg 砝码 + 10kg 砝码 × 1 个 + 5kg 砝码 × 1 个
29420	3000	吊挂 + 1.25kg 砝码 + 10kg 砝码 × 5 个 + 5kg 砝码 × 1 个

④试验力保持时间设置。

对于常见材料，试验力保持时间一般设置为 $10 \sim 15s$，可以根据需要设置。TH600 布氏硬度计设置范围可达 $6 \sim 99s$。如图 6-4 所示，按"▲"或"▼"键，来设置保持时间。

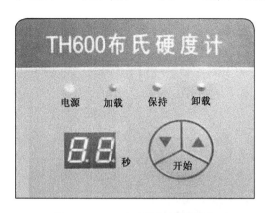

图 6-4　TH600 布氏硬度计操作键盘

⑤硬度示值检定。

将标准硬度块放置在样品台中央,顺时针平稳转动手轮,使样品台上升,试样与压头接触。直至手轮与螺母产生相对滑动(打滑),即停止转动手轮。此时按"开始"键,试验开始自动进行,依次自动完成以下过程:试验力加载(加载指示灯亮);试验力完全加载后开始按设定的保持时间倒计时,保持该试验力(保持指示灯亮);到时间后立即开始卸载(卸载指示灯亮);完成卸载后恢复初始状态(电源指示灯亮)。

⑥检验并确定检定结果。

逆时针转动手轮,样品台下降,取下标准硬度块,用读数显微镜测量标准硬度块表面的压痕直径,按公式或查表计算硬度值。如此反复测5次,将结果填入数据记录表。一块试样上至少应在三个不同点测定硬度,取其算术平均值。在测定时,压痕中心距试样边缘的距离应不小于压痕平均直径的2.5倍;两相邻压痕中心距离应不小于压痕平均直径的3倍。

根据《金属布氏硬度计检定规程》(JJG 150—2005),硬度计示值最大允许误差和示值重复性见表6-4。

硬度计示值最大允许误差和示值重复性 表6-4

硬 度 范 围	示值最大允许误差(%)	示值重复性(%)
≤125	±3	≤3.5
125 < HBW ≤225	±2.5	≤3.0
>225	±2	≤2.5

⑦试验。

将被测试样放置在样品台中央,按照上述方法测试出试样的硬度值。

⑧关机。

卸除全部试验力,关闭电源开关。若长期不用,应拔除电源连线,取下压头、砝码等,妥善存放。

(4)结果整理和计算

①根据试验填写测量数据记录见附表6-1。

②判断布氏硬度计工作是否正常。

③根据测得的压痕直径计算出金属试验块的布氏硬度值。用两相邻压痕直径的算术平均值计算,或从《金属布氏硬度试验方法》(JJG 150—2015)国家标准附录C中查得布氏硬度值。计算的布氏硬度值或计算的三点布氏硬度平均值不小于100时取整数;不小于10且小于100时,取一位小数;小于10时,取两位小数。

(5)思考题

①为什么测量压痕直径时应在相互垂直的两个方向测量,并取其平均值?

②试说明被测试样表面粗糙度与厚度对测量结果有无影响?为什么?

③为什么要设置一定的试验力保持时间?

6.2.4 金属材料洛氏硬度试验

洛氏硬度指数(Rockwell Hardness Number)是用顶角为120°的金刚石圆锥体或一定直径

（1.587mm、3.175mm）的淬火钢球做压头,在初试验力 F_0 的作用下,将压头压入试样表面一定深度 h_0 ,以此作为测量压痕深度的基准,然后再加上主试验力 F_1 ,在总试验力 F（初试验力 F_0 + 主试验力 F_1 ）作用下,压痕深度的增量为 h_1 ,经规定时间后,卸除主试验力 F_1 ,压头回升一定高度,其原理如图6-5所示。

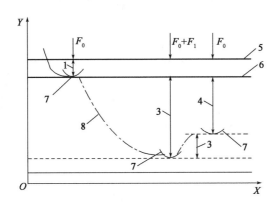

X-时间；Y-压头位置；1-在初试验力 F_0 下的压入深度；2-由主试验力 F_1 引起的压入深度；3-卸除主试验力 F_1 后的弹性回复深度；4-残余压痕深度 h ；5-试样表面；6-测量基准面；7-压头位置；8-压头深度相对时间的曲线

图6-5　洛氏硬度试验原理示意图

于是在试样上得到由主试验力所产生的压痕深度的残余增量 e ,金属洛氏硬度的高低就以 e 的大小来衡量, e 的单位为0.002mm, e 数值越大,表示材料越软,反之,则越硬。但这种表示方式不符合人们的习惯,因此改用一个常数 K 减去 e 来表示硬度值的高低, K 即最高硬度值,则洛氏硬度值可以表示为:

$$HR = K - e \tag{6-5}$$

当采用金刚石压头时, $K = 100$,代入式(6-5),即:

$$HR(A,C,D) = 100 - e \tag{6-6}$$

当采用钢球做压头时, $K = 130$,代入式(6-5),即:

$$HR(B,F,G) = 130 - e \tag{6-7}$$

式中:HR——洛氏硬度符号。

常数 K 值定为100和130主要是由于所使用的压头与被测材料软硬程度有关。当用金刚石圆锥体做压头时,多用于测量较硬的材料,一般不会出现压入深度残余增量为0.2mm而硬度值为零的情况,因此将0.2mm深的压入深度划分为100等份,即100个洛氏硬度单位,将 K 值定为100;当用钢球做压头时,多用于测定较软金属的硬度,压入深度较深,有可能使 e 大于0.2mm,若 K 值仍定为100,则由式(6-6)计算出的硬度值就可能为零或负值,为避免出现这种情况,将 K 值定为130,也就是说将0.26mm深的压入深度划分为130等份,即130个洛氏硬度单位。

标尺就是不同压头和不同总试验力的组合,其目的是用一种试验机就可以测定从软到硬的金属材料的硬度。洛氏硬度无单位,须标明硬度标尺符号,每一种标尺用一个大写字母表示,在符号前面写出硬度值,如58HRC、76HRA。

我国洛氏硬度试验标准中给出了9种标尺,常用的有 HRA、HRB、HRC 三种,其中 HRC 应用最广,其试验规范见表6-5。

洛氏硬度的试验规范

表6-5

洛氏硬度标尺	硬度符号	压 头 类 型	初试验力 F_0(N)	主试验力 F_1(N)	总试验力 F(N)	洛氏硬度范围
A	HRA	金刚石圆锥体	98.07	490.3	588.4	20~88HRA
B	HRB	1.5875mm 钢球	98.07	882.6	980.7	20~100HRB
C	HRC	金刚石圆锥体	98.07	1373	1471	20~70HRC
D	HRD	金刚石圆锥体	98.07	882.6	980.7	40~77HRD
E	HRE	3.175mm 钢球	98.07	882.6	980.7	70~100HRE
F	HRF	1.5875mm 钢球	98.07	490.3	588.4	60~100HRF
G	HRG	1.5875mm 钢球	98.07	1373	1471	30~94HRG
H	HRH	3.175mm 钢球	98.07	490.3	588.4	80~100HRH
K	HRK	3.175mm 钢球	98.07	1373	1471	40~100HRK

部分标尺的用途如下:

①HRA 用于测定硬质材料的洛氏硬度,如硬质合金、很薄很硬的钢材以及表面硬化层较薄的硬化钢材。

②HRB 是应用较广的洛氏硬度标尺,常用于测定低碳钢、软合金、铜合金、铝合金及可锻铁等中、低硬度材料。

③HRC 用于测定一般钢材、硬度较高的锻件、珠光体可锻铁以及淬火 + 回火的合金钢,是用途最为广泛的洛氏硬度标尺。

④HRD 用于测定较薄的钢材、中等表面硬化的钢以及珠光体可锻铁等材料。

⑤HRE 用于测定铸铁、铝合金、镁合金以及轴承合金等材料的洛氏硬度。

⑥HRF 用于测定硬度较低的有色金属,像退火后的铜合金,由于采用的总试验力较低,也可测定软质的薄合金板的洛氏硬度。

洛氏硬度测试方法简单迅速,可测量最软至最硬的材料。由于压痕小,故可测量成品及较薄零件的硬度。但也由于压痕小,对组织和硬度不均匀的材料,测试结果不准确。通常应从试样不同的位置测三点,再取其平均值。

如果直接用压痕深度的大小来作为计量硬度值的指标,势必造成越硬的材料洛氏硬度值

126

越小,而越软的材料的洛氏硬度值越大,不符合人们的习惯。为了与习惯上数值越大硬度越高的概念相一致,将测试结果做以下处理:

$$HR = K - \frac{h}{0.002} \tag{6-8}$$

式中:HR——洛氏硬度;

　　K——常数,当采用金刚石压头时,K=100,用 φ1.588mm 淬火钢球压头时,K=130。

　　规定每 0.002mm 压痕深度为 1HR。

(1)试验材料

厚度均匀、表面光滑、平整、无气泡、无机械损伤及杂质等,标准试样厚度应不小于6mm。试样大小应保证能在试样的同一表面上进行 5 个点的测量,每个测点中心距以及到边缘的距离均不得小于 10mm。一般试样尺寸为 50mm×50mm×6mm。

(2)仪器设备

①TH300 洛氏硬度计。其外观如图 6-6 所示,其结构如图 6-7 所示,操作键盘如图 6-8 所示。

图 6-6　TH300 洛氏硬度计

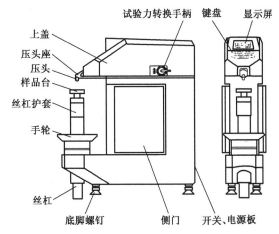

图 6-7　TH300 洛氏硬度计结构示意图

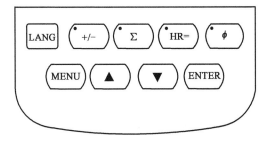

图 6-8　TH300 洛氏硬度计操作键盘图

127

②HR-150型洛氏硬度计。

（3）试验步骤

①加载初试验力：将被测试样旋转在样品台中央，顺时针平稳转动手轮，使样品台上升，试样与压头接触。初试验力的加载时间不超过2s，理想保持时间应为3s，可以接受的保持时间为1~4s。此时屏幕上出现压头运动过程示意图，平缓转动手轮，直到压头到达终止位置，屏幕上出现"正在测量"，同时伴有蜂鸣报警，此时应立即停止转动手轮。

如果手轮转动有少许过量，不影响测量结果及精度；如果转动过量较大，试验机自动报警并提示（图6-9），此时应重新开始。

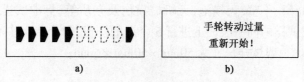

a)   b)

图6-9　试验机自动报警和手轮转动过量提示

②自动测试：初试验力加载完成后，测试自动进行。完成主试验力加载—保持—卸载—读数—数据处理—结果显示过程。

③卸载：逆时针转动手轮，样品台下降，全部试验力卸除；所有试验参数自动记忆，等待下次测试。

（4）数据记录与处理

数据记录与处理见附表6-2。

（5）注意事项

①试样两端要平行，不得带有油污、氧化皮和显著加工痕迹等。

②压痕中心距边缘或两压痕间距为：HRA、HRC测定时不小于2.5mm，HRB测定时不小于4mm。

③试样厚度不应小于压入深度的10倍。

④为了获得较准确的硬度值，在每个试样上的试验点数应不小于三点（第一点不记），取三点的算术平均值作为硬度值。对于大批试样的检验，点数可以适当减少。

6.2.5　金属材料维氏硬度试验

金属材料维氏硬度试验（Metallic-Vickers Hardness Test）的测定原理与布氏硬度试验原理基本相同，采用压痕单位面积上所承受的负荷来表示材料的硬度值，其区别是维氏硬度试验的压头不是钢球，而是金刚石的正四棱锥体。维氏硬度试验是将顶部两相对面具有136°的正四棱锥体金刚石压头压入试样表面，保持规定时间后，卸除试验力，测量试样表面压痕对角线的长度，用单位面积所承受的试验力来计算硬度值。维氏硬度试验原理和压头形状如图6-10所示。

试验时，在负荷P作用下，压头在试样表面上压出一个四方锥形的压痕，测量试样表面上正方形压痕的两条对角线长度d_1、d_2，取其算术平均值d，由d算出压痕表面积F，以P/F的数值表示试样的硬度值，并用符号HV表示，即：

$$HV = \frac{P}{F} = \frac{0.1891P}{d^2} \tag{6-9}$$

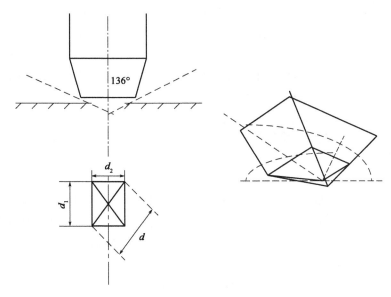

图6-10　维氏硬度试验原理和压头形状示意图

维氏硬度试验按试验力大小的不同,细分为三种试验,即维氏硬度试验、小负荷维氏硬度试验及显微维氏硬度试验,见表6-6。

维氏硬度试验的三种方法　　　　　　　　　　　　　　　　　　　表6-6

试验力范围	硬度符号	试验名称
$F \geqslant 49.03$	$\geqslant HV5$	维氏硬度试验
$1.961 \leqslant F < 49.03$	$HV0.2 \sim < HV5$	小负荷维氏硬度试验
$0.09807 \leqslant F < 1.961$	$HV0.01 \sim < HV0.2$	显微维氏硬度

注:国家标准规定维氏硬度计的压痕对角线的长度为$0.020 \sim 1.400$mm。

维氏硬度表示方法:维氏硬度符号 HV 前面的数值为所测硬度值,后面为试验力值。维氏硬度试验时,试验力保持时间为 $10 \sim 15$s。如果选用这个时间以外的时间,在力值后面还需注上保持时间。例如:640HV30——采用 294N(30kg)的试验力,保持 $10 \sim 15$s 得到的硬度值为 640;640HV30/20——采用 294N(30kg)的试验力,保持 20s 时得到的硬度值为 640。

(1)试验材料

①试样试验面的制备:一般维氏硬度试验时要求试验面的粗糙度 R_a 在 0.4μm 以下;对于小负荷和显微维氏硬度试验,则要求 Ra 分别在 0.2μm 和 0.1μm 以下。

②试样最小厚度:与布氏硬度试验时一样,为使试样背面不出现可见的变形痕迹和准确测量试验层的硬度,要求试样或试验层的最小厚度 H 也为压痕深度 h 的 10 倍。根据维氏压头的几何形状可以证明,压痕深度 h 与压痕对角线长度 d 的关系为:$h = 1/7d$。因此,试样或试验层的最小厚度 H 为:$H = 10h = 10 \times 1/7d \approx 1.5d$。也就是说,试样最小厚度应为压痕对角线平均长度的 1.5 倍。

③试样的试验面:

a.在压头压入深度相同的条件下,在凸曲面上出现的压痕对角线长度比平面上的短,因而计算出的硬度值偏高;反之,在凹曲面上压痕对角线长度则较长,计算出的硬度值偏低。

b.凸曲面对压头的抗力比平面小,而凹曲面对压头的抗力比平面大,在同样的试验力作用下,压痕深度不同,因而使硬度值改变。在上述两个因素的综合影响下,在凸曲面上所测得的硬度值将增大,而在凹曲面上所测得的硬度值将减小。修正系数则是考虑了上述两种因素的综合作用。因此,对在曲面上测定的硬度值必须乘以"修正系数",经修正后,才可以与平面下测定的硬度值进行比较。

（2）试验仪器

维氏硬度计一般分为固定式硬度计和便携式硬度计两种,其中主要是固定式。固定式又分为直接加力式和杠杆式硬度计。基准及标准硬度计为直接加力式;工作硬度计多为杠杆式。

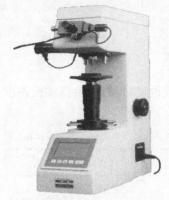

图6-11　维氏硬度计

硬度计由机体及工作台、加力机构、压痕测量装置组成,如图6-11所示。

①维氏硬度计、小负荷维氏硬度计试验力允许误差不大于±1.0%。对于显微维氏硬度计,试验力大于0.09807N时,示值相对误差不大于±1.5%,示值重复性相对误差不大于1.5%;小于或等于0.09807N时,示值相对误差不大于±1.5%,示值重复性相对误差不大于2.0%。硬度计示值允许误差和示值变动度可参照《金属材料　维氏硬度试验　第2部分:硬度计的检验与标准》(GB/T 4340.2—2012)相关规定。

②金刚石锥体相对面夹角为136°±30′。锥体轴线与压头柄偏斜角度不应大于0.5°。维氏硬度计锥体两相对面交线(横刃)长度不大于0.002mm,小负荷和显微维氏硬度计锥体两相对面交线(横刃)长度不大于0.001mm。

③维氏硬度计压痕测量装置最小分度值不大于0.5%d,允许误差在不大于0.2mm长度上不超过±0.001mm,在大于0.2mm长度上不大于±0.5%d。小负荷和显微维氏硬度计压痕测量装置在国家标准《金属材料　维氏硬度试验　第2部分:硬度计的检验与标准》(GB/T 4340.2—2012)中均有明确规定。

④每次更换压头、试台或支座后及大批试样试验前应对硬度计进行日常检查。用于检查硬度计的标准硬度块应符合《标准维氏硬块检定规程》(JJG 148—2006)的要求。硬度计应由国家计量部门定期检定。

（3）试验步骤

维氏硬度试验结果不仅与试样材料本身有关,同时与试验条件密切相关。为此,维氏硬度试验必须严格按照试验中的各项要求进行,才能获得准确可靠的试验结果。

①试验应在10～35℃温度下进行。对温度有较高要求的试验,试验温度应控制在(23±5)℃。

②试验力的大小对试验结果有很大影响,试验力的选择原则是:试验力的大小应保证压痕深度小于试样或试验层厚度的1/10,试验后,试样背面不应呈现变形痕迹。也就是说,压痕对

角线长度应小于试样或试验层厚度的 1/1.5(即 2/3)。

③维氏硬度试验法中可供选择的试验力很多,见表 6-7。

试 验 力 表 6-7

维氏硬度试验		小负荷维氏硬度试验		显微维氏硬度试验	
硬度符号	试验力标称值(N)	硬度符号	试验力标称值(N)	硬度符号	试验力标称值(N)
HV5	49.03	HV0.2	1.961	HV0.01	0.09807
HV10	98.07	HV0.3	2.942	HV0.015	0.1471
HV20	196.1	HV0.5	4.903	HV0.02	0.1961
HV30	294.2	HV1	9.807	HV0.025	0.2452
HV50	490.3	HV2	19.61	HV0.05	0.4903
HV100	980.7	HV3	29.42	HV0.1	0.9807

注:1. 维氏硬度试验可使用大于 980.7N 的试验力;
　　2. 显微维氏硬度试验的试验力为推荐值。

④试验力加荷速度:施加试验力的时间为 2~8s。小负荷维氏硬度试验压头移动速度不应大于 200μm/s,显微维氏硬度试验压头移动速度应维持在 15~70μm/s。

⑤试验面与试验力的作用方向垂直。

⑥任一压痕中心与试样边缘或其他压痕中心之间的距离,对于钢、铜及铜合金应不小于压痕平均对角线长的 2.5 倍,对于轻金属、铅、锡及其合金至少应为压痕对角线长度的 3 倍,对于有色金属则不应小于 5 倍。两相邻压痕中心之间的距离,对于钢、铜及铜合金,应不小于压痕平均对角线长的 3 倍,对于轻金属、铅、锡及其合金,至少应为压痕对角线长度的 6 倍,如果相邻压痕带下不同,应以较大压痕确定压痕间距。

⑦试验后,试样背面不应出现可见的变形痕迹,压痕两对角线长度之差不得超过短对角线长度的 2%(> HV5)或 5%(< HV5),否则试验结果无效,应重做试验。

(4)数据记录与处理

试验后,数据记录于附表 6-3 中。硬度值不小于 100 时,取整数;10≤硬度值 <100 时,取一位小数;小于 10 时,取两位小数。

与布氏和洛氏硬度试验相比较,维氏硬度具有很多优点。它不存在布氏硬度试验中负荷和压头直径选配关系的约束,也不存在压头变形问题,可以测定软硬不同的各种金属材料的硬度,并且也不存在洛氏硬度试验中各种不同硬度标度所得硬度值互相不能直接进行比较的问题。由于压痕轮廓清晰,采用对角线长度计量,所以读数较布氏硬度试验精确。试验时负荷可以任意选择,所以适宜用来测定薄试样的硬度,例如表面化学热处理试样的硬度等。维氏硬度试验的缺点是其硬度值需经过压痕对角线的测量,然后计算或查表得到,所以不如洛氏硬度试验方便,不适宜成批生产中成品件的质量检验。此外与洛氏硬度试验一样,由于压痕小,虽然对零件的损伤小,但也不适宜于用来测定组织粗大或组织不均匀材料的硬度值,表 6-8 对布氏硬度、洛氏硬度和维氏硬度进行了详细的对比。

布氏硬度、洛氏硬度和维氏硬度的对比　　　　　　　　　　　　　　表 6-8

试验名称及特点	布氏硬度(硬度值加在硬度符号前),有试验力保持时间要求	洛氏硬度(硬度值加在硬度符号前),有试验力保持时间要求	维氏硬度(硬度值加在硬度符号前),有试验力保持时间要求
标准	《金属材料　布氏硬度试验 第一部分:试验方法》(GB/T 231.1—2018) 《金属材料　布氏硬度试验 硬度计的检验与校准》(GB/T 231.2—2012)	《金属材料　洛氏硬度试验 第一部分:试验方法》(GB/T 230.1—2018) 《金属材料　洛氏硬度试验 第二部分:硬度计(A、B、C、D、E、F、G、H、K、N、T 标尺)的检验与校准》(GB/T 230.2—2012)	《金属材料　维氏硬度试验　第 1 部分:试验方法》(GB/T 4340.1—2009) 《金属材料　维氏硬度试验　第 2 部分:硬度计的检验与校准》(GB/T 4340.2—2012)
原理	试验力 F 除以残留球压痕表面积,$HBW = F/S$	120°金刚石圆锥压头或淬火钢球,在主试验力 F_1 作用下产生的残余压痕深 h,$HR = N' - h/S$	两相对面间夹角为 136°的金刚石正四棱体压头,在试验力 F 作用下的残留压痕面积 S,$HV = F/S$
符号	用 HBW/D/F/S 表示,如 350HBW 10/1000/30 即:$D = 10$,$F = 1000$,$S = 30s$	HRA、HRC、HRB 最常用。表面洛氏硬度用 HRN、T 表示,如 HR15N	用 HV 表示,其后是荷载及保载时间,如 HV5、HV0.02 等
试样要求	(1)避免冷、热加工的影响; (2)表面平整,$R_a \leqslant 1.6\mu m$; (3)试样厚度 $H \geqslant 8h$	(1)避免冷、热加工的影响; (2)表面平整,$R_a \leqslant 0.8\mu m$; (3)试样厚度 $H \geqslant 10h$,球压头 $H \geqslant 15h$(h 为压痕深)	(1)表面光滑,$R_a \leqslant 0.4\mu m$、$0.2\mu m$、$0.1\mu m$; (2)试验层厚度 $H \leqslant 1.5d$,d 为压痕对角线平均长度
适用范围	正、退火的钢铁;有色金属及其合金;软金属,铝、铅	HRA:测硬质材料、表面硬化层、薄硬钢材;HRB:测中低硬度材料,如低碳钢、软合金;HRC:淬火 + 回火合金钢较高硬度锻件等;HRN、T:负荷轻,宜测较薄或经表面热或化学处理的表面硬度	精度最高,测量范围宽,能测绝大多数金属材料硬度。测量范围如下: 维氏:大工件、较厚表面硬化层;小负荷维氏:较薄工件表层及表面镀层; 显微维氏:金属箔、极薄表层
有效条件及结果	$d \leqslant (0.24 \sim 0.60)D$;压痕中心间距 $\geqslant 3d$;压痕中心距边缘 $\geqslant 2.5d$;试验点 $\geqslant 3$ 点,修正至 3 位有效数	压痕中心间距 $\geqslant 4d$,且 $\geqslant 2mm$;压痕中心距边缘 $\geqslant 2.5d$,且 $\geqslant 1mm$;试验点 $\geqslant 4$ 点,第 1 点不计。修正至 0.5HR	试验力保持时间:10 ~ 15s;压痕中心间距 $\geqslant 3d$(钢、铜及合金);$\geqslant 6d$(轻金属、铅、锡);压痕中心距边缘 $\geqslant 2.5d$(钢、铜及合金);$\geqslant 3d$(轻金属、铅、锡)。 结果:试验点 $\geqslant 3$ 点,修正至 3 位有效数

　　布氏硬度可测定软硬、厚薄不同的材料,具有较好的代表性和重复性。但对软硬、厚薄不同的材料需更换压头和试验力,工作效率较低,布氏硬度压痕较大,不宜在成品表面试验。

　　维氏硬度主要适用于检测各种表面热处理后的渗层和镀层的硬度以及较小、较薄试样的硬度。但工作效率较低,不适用大批量的常规检验,且压痕小、代表性差。

　　洛氏硬度操作简便快捷,工作效率高,可用于成品或半成品检测。但代表性、重复性差,误差较大,不够准确。

6.2.6 肖氏硬度试验

《金属材料 肖氏硬度试验 第1部分:试验方法》(GB/T 4341.1—2014)规定了金属肖氏硬度试验方法的原理、符号及说明、硬度计、试样、试验方法和试验报告。该标准规定的肖氏硬度试验范围为5~10HS。

国际岩石力学学会(ISRM)分别于1977年和1987年详细介绍了岩石的肖氏硬度测试方法,《岩石物理力学性质试验规程 第6部分:岩石硬度试验》(DZ/T 0276.6—2015)中规定了岩石肖氏硬度(Shore Scleroscope Hardness)、磨耗硬度及莫氏硬度的测定,适用于岩石物理力学性质试验中的岩石硬度试验。肖氏硬度试验适用于测定岩石的肖氏硬度值,磨耗硬度适用于各类岩石硬度测定,莫氏硬度适用于岩石硬度的简易测定。

(1)试样制备

肖氏硬度试验试样应符合下列规定:

①每组试验试样的数量为2块。

②试样规格为80mm×50mm×20mm。

③试样上下两面应平行、平整;试验面镜向光泽度大于30(无量纲)。

④试验面不得有坑窝、砂眼和裂纹等缺陷。

(2)主要仪器设备

肖氏硬度测试仪如图6-12所示,主要包括以下几个部分:

①钻石机、切石机、磨石机等。

②游标卡尺:量程为15cm,精度为0.02mm。

(3)试验步骤

①用调平螺丝将仪器调平对中。

②用镊子将冲头装入保护帽中间,并装好测表。

③用左手转动升降轮,使保护帽离开工作台,将试样置于工作台上(抛光面上),向下转动升降轮,使保护帽降在试样上并压紧试样,左手始终握住方向轮,不让保护帽松动。

图6-12 肖氏硬度测试仪

④用右手按逆时针方向轻轻转动操作手轮,使冲头调回至固定位置,按顺时针方向,轻轻推动操作手轮,使冲头自由下落,落到试样上回弹到一定高度,在表上读出硬度值。

⑤按以上步骤,每块试样测20个点。测点应成对角线或平行线布置,测点间距和距试样边缘不应小于5mm。

(4)结果整理和计算

肖氏硬度值按下式计算,且肖氏硬度值 H_s 取整数。

$$H_s = \frac{\sum_{i=1}^{20} H_{si}}{n} \qquad (6-10)$$

式中：H_s——肖氏硬度值；

$\quad\quad H_{si}$——各测点肖氏硬度实测值；

$\quad\quad n$——测点数。

（5）数据记录

按照附表 6-4 记录试验过程和相关数据。

6.3 滚刀破岩试验

6.3.1 滚刀压痕试验

滚刀压痕试验是对盘形滚刀侵入岩石的一维模型进行试验研究,是最早采用的一种研究滚刀破岩机理的试验方法,是研究盘形滚刀在垂直力作用下侵入岩石及其与岩石相互作用的基础。美国科罗拉多矿业学院利文特·奥兹戴米（Levent Ozdemir）、拉塞尔·米勒（Russell

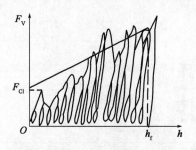

图6-13　垂直推力与压痕深度的关系曲线

Miller）和王逢旦等人于 1977 和 1979 年分别对盘形滚刀破岩机理研究做了总结,得到了滚刀侵入力和侵入深度之间的关系。其压痕试验是取盘形滚刀刀圈上一段作为压头,对 3 种不同岩石试样在压力试验台上进行压痕试验。试验过程是把压头逐渐压到岩石试样上,同时测量施加到压头上的力和与之对应的压头切深值,并由 X-Y 坐标记录仪描绘试验过程中力与切深的变化关系曲线,如图 6-13 所示。

茅承觉和刘春林在 1988 年指出奥兹戴米等人从压痕试验建立的盘形滚刀受力公式,在国内尚未被验证,亦未采用。在此基础上,张照煌等先后于 1986 年、1990 年在实验室内,对北京昌平花岗岩、北京顺义大理岩和山东掖县（现指莱州）大理岩三种岩石试样先后进行盘形滚刀的压痕试验,共计 216 次。通过对破岩过程的分析,探讨了实验室压痕试验的加载方式（有连续加载和循环加载两种方式）;并对同种岩石、相同刀间距的连续加载曲线进行了研究,归纳总结了其跃进破碎点及其参数,建立了盘形滚刀推压力的统计公式,并与已有公式进行了对比,证明用统计法研究全断面岩石掘进机的破岩具有更广泛的实用意义。

（1）试样制备

岩石试样加工成 160mm × 160mm × 90mm 的立方体,放入内径为 250mm、高为 90mm、壁厚为 10mm 的钢模内,周围用高强度等级水泥砂浆填实（水泥强度等级用 R62.5,水泥:砂:

水 =1:2:0.8），养护15d以上。试验刀具在有限切深和定压下，试样模拟成有侧压的天然岩石，如图6-14所示。

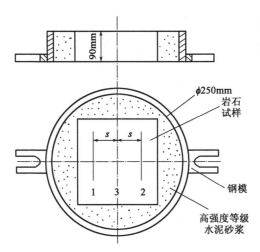

图6-14 岩块钢模组装试样

（2）试验设备

加载设备为WE60型万能材料试验机，最大加压负荷60kN。压头直径400mm，刀刃角70°，刀刃圆角半径2mm。测试系统如图6-15所示。垂直力通过压头3上的测量电桥2转换成电压信号，由DY-3型动态应变仪放大后输入SR-50C磁带记录仪。工作时，磁带记录仪把推力、位移信号记录在磁带上，同时又输出给X-Y记录仪，记录仪绘出垂直推力F（Y轴）和位移P（X轴）的关系曲线。

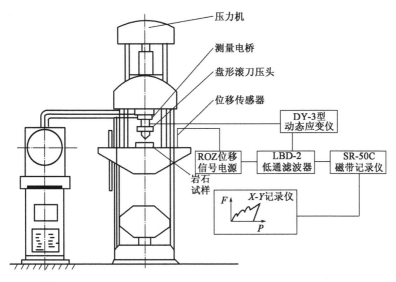

图6-15 测试系统

垂直推力用直流惠斯通电桥测量，选用的4个电阻应变片标准值为120Ω，标距为3mm×5mm。应变片在压头上的布置如图6-16所示。采用WY-75L型位移传感器测量位移，测量范围 75mm。

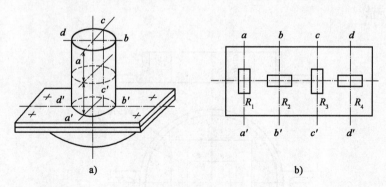

图 6-16　应变片在压头上的布置

（3）试验方法及步骤

为了全面研究盘形滚刀破岩时的受力状态，采用两种加载方式：①逐步加载，盘形滚刀压头在试样面上逐步连续加压，直至规定的终止压力；②循环加载，产生跃进破碎时，人为地不再加压，而把压力缓慢地卸载至零的状态，然后再逐渐加压，直至再次发生跃进破碎，如此反复循环，直至规定的终止压力。

试样固定在压力机上之后，首先进行刀间距为∞时的第一次压痕，然后进行有单侧刀间距的第二次压痕，最后进行双侧都有刀间距的第三次压痕试验。双侧有刀间距的压痕试验一般取 200kN，其余取 150kN。

每一试样均做三项试验：间距为∞时的压痕试验；单侧间距分别为 20mm、30mm、40mm、50mm 的压痕试验；双侧间距分别为 20mm、30mm、40mm、50mm 的压痕试验。

（4）数据记录与处理

每次试验需测试的项目有：盘形滚刀垂直推力 F 与切深 P，即形成 F-P 曲线；岩渣重量（粉核体、粉末体、断裂体）；压痕破碎坑形状；实测最终切深与最大切深。

两种加载方式所得结果的示意如图 6-17 和图 6-18 所示。

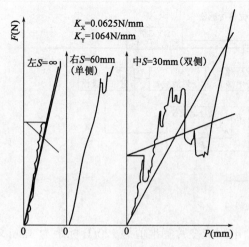

图 6-17　逐步加载法测得的 F-P 曲线
（昌平花岗岩试样号 N1-2-3）

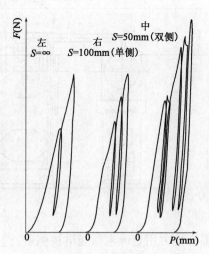

图 6-18　循环加载法测得的 F-P 曲线
（昌平花岗岩试样号 N1-4-1）

垂直推力用 F_v 表示,可得到施加到压头上的力和压头切深之间的变化关系:

$$F_v = \frac{F_{c1}}{2} + \frac{h(A \times K - F_{c1} \times h_f)}{h_f^2}$$ (6-11)

式中:F_{c1}——第一次产生岩石破碎时的荷载,kN;

$\quad\quad A$—— F-P 曲线下的面积,mm^2;

$\quad\quad h_f$——实际最终切深,mm;

$\quad\quad K$——量测系统坐标记录仪标定值,N/mm;

$\quad\quad h$——压头在一点的切深,mm。

6.3.2　线性切割试验

线性切割试验方法(Linear Cutting Machine,LCM)是 20 世纪 70 年代由美国科罗拉多矿业学院提出的,其试验机可以控制滚刀间距、贯入度等变量,并且岩石试样为大块原状岩样(1100mm ×800mm ×600mm),可以避免由尺寸效应带来的误差。在测试前给定贯入深度和刀间距,通过液压加载的方式破岩,放岩样的托盘匀速移动而使滚刀在加载过程中滚动。在破岩过程中通过三个传感器测得滚刀上的三种压力:正压力、滚压力及侧压力。根据所测的结果评估 TBM 掘进时所需的压力大小,并设计刀盘的转速和刀间距。科罗拉多矿业学院在过去的 20 多年里用该方法测试了大量的岩石,如果现场不好取样,可以用同一类型岩石进行 TBM 的设计。由于该试验所用的刀具是由美国罗宾斯公司生产的实际尺寸的单刃滚刀,故该测试方法与滚刀实际工作时的破岩机理基本一致,因此该试验方法得到了广泛的使用。

目前,国际上有三台线性试验机,分别在美国科罗拉多矿业学院、土耳其伊斯坦布尔理工大学及韩国施工技术研究所。其中,韩国施工技术研究所的线性试验机是基于科罗拉多矿业学院试验机而设计的,但在结构和试验操作上均有所改进,如试样盒、传感器等方面,而且在试验中还增加了新的测量技术,如利用摄影测量法和 ShapeMetrix 3D 三维评价软件对试验过程中产生的岩屑体积进行准确测量。

我国北京工业大学自主研制了机械破岩试验平台,该平台吸取了已有试验机的优点,强化了其原有试验能力,增加了多种复杂工况的模拟功能,本节以北京工业大学自主研制的机械破岩机为例对线性切割试验进行介绍,如图 6-19 和图 6-20 所示。机械破岩试验平台考虑的施工机械包括反井钻机、铰孔钻机、盾构机、巷道掘进机等。它需要模拟施工的刀具有单刃滚刀、双刃滚刀、镶齿滚刀、刮刀及不同类型齿刀的破岩过程。它需要模拟的地质条件有不同类型的岩石或岩体结构、地应力。由于需要考虑以上因素及其组合对机械破岩的影响,其设计的关键因素包括试验组合的最大推力、最大扭矩、最大地应力、岩石或岩体试验箱的大小,实现线性和旋转破岩功能。

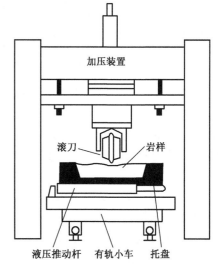

图 6-19　LCM 线性切割试验机装置示意图

图 6-20　LCM 线性切割试验机装置

相比于线性切割试验平台，在回转切割试验平台上进行滚刀破岩试验时，滚刀的破岩轨迹为一个完整的圆周，这不仅与实际掘进中 TBM 刀盘上的滚刀运动轨迹相同，运动状态也更接近 TBM 破岩掘进时的状态，且滚刀受力也更符合 TBM 实际掘进过程中的滚刀受力。因此，回转切割试验平台已经成为研究 TBM 滚刀破岩过程和掘进效率最先进的设备，也成为各国研究者进行滚刀破岩试验的首选。

美国科罗拉多矿业学院采用自主研发的微型回转切割试验平台（直径小于 1m），进行了盘形滚刀回转切割试验和微型刀盘掘进试验。由于我国 TBM 开挖案例越来越多，对机械破岩试验平台及其试验也更加重视，最近已有多台试验平台研制成功。其中一台为盾构及掘进技术国家重点实验室拥有，如图 6-21 所示，该试验平台是回转式滚刀破岩平台，其可放最大试样直径为 2000mm，厚度为 300mm，可以安装 1～3 个刀座以及直径为 19in（483mm）的盘形滚刀。其加载方式为轴向主动力加载，最大荷载可达 1000kN。该试验平台安装了声发射传感器，可进行岩样破裂声学全频谱监测，同时设计了可调节滚刀间距的滚刀安装结构。

图 6-21　立式结构盘形滚刀破岩试验机

中南大学高性能复杂制造国家重点实验室先后研制了两台盾构试验平台。其中一台回转式切削试验平台是国内首台用于盾构刀具回转切削的试验装置，可以模拟多把滚刀回转切削岩体。该试验平台的加载方式为主动加载方式，最大推力为 1000kN，刀盘上最多可以安装 6 把刀具，其刀具包括滚刀和切刀两种，滚刀直径为 8.5in（216mm）。通过三向力传感器可以实时监测破岩荷载。中南大学试验平台滚刀及其他尺寸采用 1:2 缩小比进行设计，不是足尺试验。

天津大学从贴近真实 TBM 掘进工况的角度出发，以研究盘形滚刀在破岩过程中的受力和振动状态为出发点，研制了一台贴近真实掘进机工况的盘形滚刀破岩试验平台。克服了卧式结构下水平荷载过大的机械设计难度，并自主设计了滚刀的三向力传感器。最后，应用该试验装置进行破岩试验，测量并分析了滚刀在破岩过程中的受力情况。结合试验平台的功能需求与设计参数，确定了试验平台的总体方案为卧式框架式结构，如图 6-22 所示。而后，对该总体方案中的主要结构,如主传动结构、岩体安装夹紧结构、岩体移动推进结构、刀盘等部分进行了结构设计。在试验平台的力学测量方面,充分考虑了试验平台的整体结构和滚刀的安装结构,提出并实现了测量试验平台破岩过程中的总推力与总扭矩,以及滚刀受到的正压力、滚动力和侧向力的测量方案。通过在刀盘与主轴之间安装压扭组合传感器,来实现总推力与扭矩的测量。对安装滚刀的C形块进行适当的结构改造后,将其作为弹性元件制作测量滚刀三向力的传感器,并完成标定。标定结果显示各传感器的线性和重复性均良好,可靠度较高。

图6-22　卧式结构盘形滚刀破岩试验机

综合来看,国内外的滚刀破岩试验装置已经具有了非常综合多样的试验功能,在加载方式上能进行静压加载和冲击加载;在刀具结构参数上能进行滚刀尺寸的更改和滚刀间距的调整;在切削过程中能精确控制贯入量,并且通过高速摄影系统能进行微观裂纹监测。

(1)试样制备

试样的尺寸决定试样箱的尺寸,试样箱的大小又决定了纵向平移小车、横向平移小车的长度和宽度,进而决定了底部框架的长度和宽度,所以试样的尺寸选择对整个机械破岩试验平台的尺寸设计至关重要。在试样尺寸的选择上,最主要的考虑是试样尺寸对破岩试验结果的影响。为了观察试验时产生的竖向裂缝扩展情况及影响区域,模拟不同节理间距对破岩的影响,试样的高度最少要取500mm。

在试验过程中,不可能只对试样进行一次切割,而是需要在不同的刀间距和贯入度组合下对试样进行多次切割破岩试验,为了消除端部效应,切割时要在边缘预留一定的空间,最靠边上的切槽数据是要排除的。所以实际试验中选取试样的尺寸会远远大于上面所说的尺寸。另外,从试验的经济性和操作性上考虑,也要求尽可能地用一块试样做尽量多的试验。从国外已做过的线性试验看,其所采用的试样一般长度在1000mm左右,宽度在700mm左右,厚度则在300～500mm之间,故在本试验平台的设计中,以此值为参考,确定试样的最大尺寸为1000mm×1000mm×600mm。

(2)试验设备

机械破岩平台破岩方式设计有卧式和立式两种。卧式破岩是破岩刀具与岩石试样水平布置,破岩工作面(或称之为掌子面)处于竖直平面。这样可以更加真实地模拟掘进机械破岩状况,在重力作用下,岩屑产生后可以自由掉落,便于收集岩屑。但是此方式给岩石的吊装及固定带来极大困难,且由于岩石较重,试样箱的旋转以及支撑较为困难,所以只能刀具旋转;但是由于水平方向加载力过大给机械结构设计带来一定的困难,并使其占地面积成倍增加。而立式结构和驱动相对简单,由于机器主要受力方向转换为竖向,机器底部与地梁连成一体,所以只需考虑机器上部的刚度,节省了材料,岩样箱、刀具及刀座更换或调整简单方便,控制量测装置布设更加容易,占地面积较小,且试验完毕后可以查看岩屑在掌子面的分布情况。北京工业大学的试验平台从节约成本和实现其基本功能的角度出发,选择立式破岩方式的设计方案。

该机械破岩试验平台如图 6-23 所示,设定的独立变量有:试样的岩石类型或岩体结构类型、地应力大小、刀具切割方式、刀具贯入度。需测定的参数包括:刀具三向作用力、切割系数、比能、岩石碎屑分布及形状。常变量有刀具切割间距、切割顺序、切割速度。

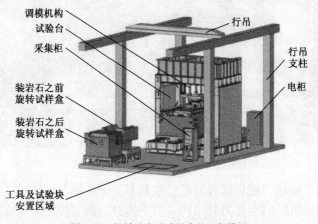

图 6-23　机械破岩试验平台的几何模型

①机械系统。

机械系统是试验平台的主体,构成了试验平台的外形,同时也是液压系统的载体。机械部分主要包括一个大型的钢结构框架、移动平车、移动滑轨组件、调模机构(图 6-24)、刀架组件、直线导轨和试样盒(图 6-25、图 6-26)。调模机构的设计比较独特,它是在注塑机调模装置的基础上稍加改造而成的,通过大齿轮带动四个小齿轮转动,并与四根导向杆上的螺纹咬合,可以使模板精确地上下移动,达到预定坐标后锁死,从而可以精确设定刀具的竖向切入深度。试样都是块状的,易于切割成形,易于安装到试样箱中。平移试样靠液压方式固定,旋转试样靠机械方式固定。

图 6-24　调模机构

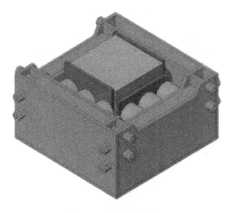

图6-25　围压试样盒　　　　图6-26　旋转试样盒及旋转装置

②液压系统。

液压系统是整个试验平台的动力系统,提供试验时所需要的动力和压力,系统主要包括液压站、液压缸及配套的软管,试验中按指令完成一系列的动作。机械破岩试验平台的液压系统是通过四组液压缸和液压马达完成四个基本动作:控制移动平车的横向及纵向位移;控制围压试样盒中对试样施加的围压;控制旋转试样盒的转动及转速。液压系统的主要参数见表6-9。

液压系统的主要参数　　　　　　　　　　　　　　表6-9

技 术 指 标	参　　数
最高工作压力(MPa)	31.5
液压站最大供油能力(L/min)	100
驱动功率(kW)	22
最大耗电功率(kW)	30
液压站主油箱材料及容积(L)	不锈钢,1000
工作液污染等级	ISO17/14
液压油液过滤精度(μm)	5

③自动控制系统。

试验平台的自动控制系统采用西门子可编程逻辑控制器(PLC)系统,主要由流量控制、加载控制、位移控制、温度及液面控制系统组成。控制系统集成在控制台上,具有可视化的人机界面。试验时可以在人机界面中直接设定各种试验流程、加载压力、加载流量、加载时间等,可以直接输入预设的试样盒及刀具的位移坐标,控制其达到预设位移。试样盒位移精度达到1mm,刀具位移精度达到0.1mm。人机界面在试验过程中会给予操作者各类提示,以防在操作过程中出错。它能够显示刀具瞬时力、三向力随时间变化曲线、试样箱 XY (前后左右)方向位移曲线、岩石及刀具位移坐标、油液位状态、各手动油阀的开关状态、辅泵的运转状态、各电磁阀的通电状态,并可在油温超高或超低、油路堵塞时报警。其上还有一些控制按钮,如控制旋转试样盒旋转方向的"旋转顺""旋转逆"按钮,其旋转速度可以设定为 $0 \sim 8r/min$,以及用于岩石试样装卸的"手动按钮"和泵站的启停按钮等。

另外,控制系统有自动与手动两种测试方式:当采用自动方式时,试验员操纵泵站,计算机发出测试指令,控制相应的元件,自动完成测试及记录,并打印出试验报表和试验曲线;手动测试时则由人工测试及记录。系统加载压力比例控制亦可以采用手动调节和计算机控制调节两种方式进行。

④数据采集系统。

试验平台的数据采集系统硬件由工控机(计算机)、传感器、信号调理装置及输入—输出接口组成,在试验过程中重点需要监控并准确采集以下参数:

a.作用于刀具上的三个方向的力。此力为被动力,由刀具上方固定的三轴向负载传感器进行测量,是本试验中最为重要的参数。

b.横向推力液压缸推动横向移动平车时,平车的位移。

c.纵向推力液压缸恒速或恒压推动纵向移动平车时,平车的位移和速度。

d.旋转试样盒中液压马达的扭矩和转速。

e.当用围压试验装置进行试验时,围压试验装置中液压缸的压力。

f.调模机构的竖向位移。

另外还有一些参数并不是数据采集系统能够采集到的,如试验时刀具切割下的岩屑的体积、块度及破碎角等,这些参数则需要试验人员在试验过程中或试验结束后测量或者计算获得。

(3)试验步骤及方法

①盘形滚刀破岩试验,所用滚刀直径为 17in(432mm),设定刀间距为 80mm,侵入深度 1mm,岩石试样为甘肃北山花岗岩,单轴抗压强度为 105.6MPa,试样尺寸为 1000mm × 1000mm × 600mm;所用试样箱为围压试样箱,其中围压设为 0.5MPa,用于固定岩石;三向力传感器数据采集频率选择为 100 次/s。

试验时,三向力传感器采集的力为瞬时波动力。图 6-27 为盘形滚刀以侵入深度 1mm、刀间距为 80mm 切割岩石时的累计破岩效果图,滚刀三向力随时间变化,其法向力、滚动力及侧向力的波动变化很好地反映了岩片的产生规律,大岩片的产生就是侧向力的变化点。其平均法向力 126.2kN,平均滚动力为 4.1kN。

图 6-27　盘形滚刀线性破岩效果

②围压条件下滚刀破岩试验。

围压试验的其他条件与常规线性试验相同,岩石试样尺寸为 1000mm × 1000mm × 600mm。

设定围压大小 X 方向 $P = 10$MPa，Y 方向 $P = 15$MPa。滚刀直径为 17in(432mm)，设定刀间距为 80mm，侵入深度 1mm。图 6-28 为盘形滚刀在设定围压条件下切割岩石时的破岩效果，岩面更为平整。三向力随时间变化，其平均法向力为 182.2kN，平均滚动力 5.2kN，其法向力的变化幅度比没有围压时要小，但其平均法向力受到围压作用而增大，反映了围压效应。

图 6-28　围压条件下盘形滚刀线性破岩效果

③旋转破岩试验。

在试验平台上实现了镶齿滚刀破岩试验，所用镶齿滚刀直径为 12in(304.8mm)，试验中贯入度为 1mm/r，旋转半径为 310mm。岩石试样尺寸为 1000mm×1000mm×600mm，为北山花岗岩，所用试样箱为旋转试样箱。将滚刀以固定的贯入度直线切入岩石，待岩石旋转中心与滚刀相对公转中心对准时，开始旋转破岩。在试验中记录镶齿滚刀三向力并计算其比能。针对该岩石试样分析了贯入度对法向力、滚动力和比能的影响，以及对比分析未处理岩面和已处理岩面的破岩力和破岩效果。

图 6-29 为镶齿滚刀破岩效果，镶齿滚刀破岩形成的岩片比较小，岩粉较多。镶齿滚刀三向力随时间变化，镶齿滚刀的法向力波动很小，滚动力、侧向力随着岩片的产生而波动，平均滚动力为 5.3kN，但其侧向力由于破岩面为锥形面不能相互抵消，为一个方向的力，这与盘形滚刀破岩是不同的。

图 6-29　镶齿滚刀破岩效果

（4）数据处理及分析

通过试验可得到其法向力和时间的关系曲线,滚动力、侧向力和时间的关系曲线,分别如图 6-30 和图 6-31 所示。

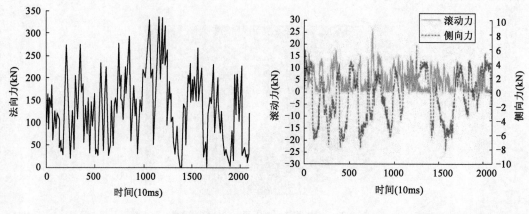

图 6-30　盘形滚刀法向力和时间关系曲线　　　　图 6-31　盘形滚刀滚动力、侧向力和时间关系曲线

6.3.3　冲击滚压破岩试验

中南大学另一个平台是带有冲击加载能力的新型线性滚压试验台,其结构如图 6-32 所示,本节内容以该设备为例介绍冲击滚压破岩试验。该试验平台的特点是能够进行静压、滚压和冲击滚压的组合加载,在研究组合荷载下滚刀的破岩机理和破岩特性上有较大的优势。目前工程中常用滚刀直径为 17in(431.8mm),设计极限荷载为 250kN,为了尽可能地真实模拟实际工况,并要求能够对单轴抗压强度达到 200MPa 的硬岩进行试验,试验台采用 1∶1 实际滚刀进行试验,滚刀的主要性能参数:直径为 432mm,刀刃为 R9.5 标准型圆弧顶形状,刃部硬度达到 55HRC,适用于单轴抗压强度大于 100MPa 的中硬岩及全断面的硬岩层,最大设计荷载为250kN,启动扭矩设计为 35～40N·m,可以防止偏磨。

图 6-32　立式结构盘形滚刀破岩试验机

（1）试样制备

中南大学立式结构盘形滚刀破岩试验平台所采用的岩样尺寸为 1000mm×500mm×300mm，滚刀垂直下压行程要求能够将整块岩石完全切割，滚刀初始位置要求与岩石上表面的距离大于 50mm，以利于岩面碎渣的清扫，垂直方向行程定为 450mm。岩石长度为 1000mm，纵向运动需要将水平工作台完全推出机架范围，方便岩石起吊、安装和固定，机架的宽度为 1000mm，纵向行程设计为 1500mm。横向运动主要用于滚刀切削完一整条岩石后，进行岩石补给，将岩石沿横向推进一个刀间距，方便下次切削，所以横向行程必须大于 500mm，最终设计为 550mm。

（2）试验设备

确定功能需求和研制方案后，综合考虑试验功能需求、控制精度要求以及生产成本等因素，盘形滚刀切削性能试验平台主要由垂直静压加载系统、滚压切削系统、冲击加载系统、液压驱动系统、控制系统和测试系统组成，如图 6-33 所示。

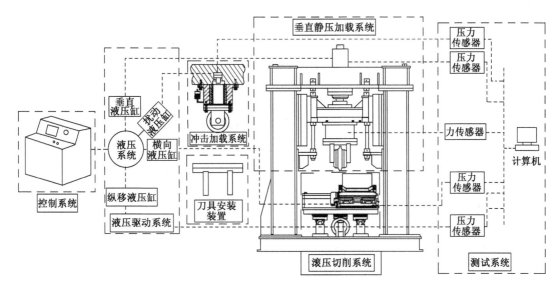

图 6-33　盘形滚刀切削性能试验平台

试验平台由龙门机架、水平工作台、液压系统及测控系统四部分构成，试验平台外形尺寸为 5000mm×3200mm×3500mm。整个试验平台由液压系统驱动：垂直液压缸驱动盘形滚刀上下直线运动，公称推力为 600kN，行程为 500mm，液压最大为 18MPa；纵向液压缸驱动岩石纵向进给，公称推力为 450kN，行程为 1500mm，横向液压缸的最大横向推力为 70kN，行程为 550mm，液压最大为 14MPa；冲击液压缸在滚刀上施加冲击，公称推力为 150kN，冲击速度为 5000mm/s，液压最大为 18MPa。

①加载系统参数选取：该试验台要求能够模拟单把 17in（431.8mm）的盘形滚刀切削岩石，必要时需能模拟 19in（482.6mm）滚刀的切削，参照相关滚刀资料，17in 和 19in 滚刀的极限设计荷载分别为 250kN（或 265kN）和 310kN（或 325kN），垂直推进荷载和纵向推进荷载分别按 60kN 和 45kN 进行设计，采用液压缸驱动。详细的试验台加载系统参数见表 6-10。

主 要 加 载 指 标　　　　　　　　　表 6-10

系统轴压速度	轴压(kN)	速度(mm/s)
垂直静压	600	30
纵向加载	450	50
冲击加载	150	5000
横向加载	70	10

②垂直静压加载系统:垂直静压加载系统主要由龙门机架、垂直液压缸、活动横梁和机械式切深锁死装置等组成。主体结构采用龙门框架式,其中机架的各部分结构通过高强度螺栓连接,形成一个封闭的龙门式框架结构,以满足试验装置的刚度需要。垂直液压缸固定在机架顶端,活动横梁沿导轨可以上下滑动。通过液压系统加压,由液压缸推动活动横梁下压,将静压加载于滚刀上。活动横梁上可以布置多种类型的刀具,如单刃滚刀和双刃滚刀等。作用在滚刀上的荷载可以通过力传感器及相应的测试系统测定。

考虑到岩石的脆裂性和油液的可压缩性,单独依靠液压锁来保证滚刀切削深度恒定不变,显然是不可靠的,本装置特别设计了一套机械式锁死装置。机械式锁死装置主要由 4 根 M50 细牙螺杆、上下固定支座和上下锁紧螺母组成。当滚刀压入指定切削深度时,启动机械式锁死装置,垂直液压缸卸荷,完全依靠机械装置固定滚刀位置,保证切削过程中的切削深度完全恒定。

③滚压切削系统:主要由机架底座、纵向液压缸、纵向导轨、横向液压缸、横向导轨、料仓和水平工作台等部分组成,如图 6-34 所示。岩石装载于水平工作台上,由铰链于水平工作台上做纵向,通过液压系统加压,驱动水平工作台在纵向导轨上做纵向移动,产生相对于滚刀的滚压作用。

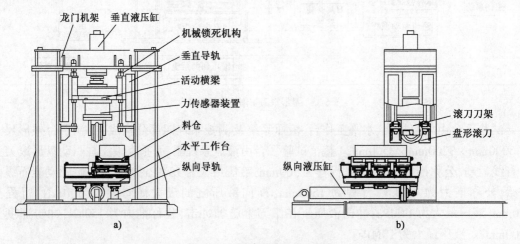

图 6-34　试验台破碎系统示意图

试验时,垂直液压缸通过活动横梁将静压加载于滚刀上,使滚刀侵入岩石;当滚刀侵入岩石后,滚压切削系统可以给滚刀施加水平滚压力,实现滚刀滚压切削试验。试验时,可以通过调节纵向液压缸的压力来调节水平滚压力,通过调节供油量来调节滚压速度。模拟多刀协同滚压试验时,在单刀切削后,可以通过横向液压缸驱动岩石横向移动以获得所需试验间距,达到多刀协同破岩效果。

④冲击加载系统:如图 6-35 所示,冲击加载系统实现对冲击力的加载,主要包括冲击液压缸、冲击导向杆、导向套、缓冲弹簧、锁紧螺钉和润滑系统等部分,各部分均装配在冲击加载系统支座内。在冲击导向杆和冲击加载系统支座中间设计了缓冲弹簧,实现冲击导向杆的自动复位。

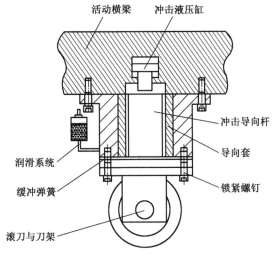

图 6-35　冲击加载示意图

试验时,需先将冲击加载系统固定到活动横梁底部,并开启润滑系统,使导向间隙内充满润滑油液。接着液压系统给冲击液压缸加压,推动冲击导向杆沿导向套产生冲击运动,将冲击力传递给滚刀,实现对岩石的冲击破碎。冲击液压缸冲击能的大小可由应变片和电测系统测定,最大设计冲击荷载为 150kN。

⑤监控系统:由试验装置的原理可知,在工作过程中,要求控制岩石试样的进给与后退、滚刀的刀间距和贯入度、冲击荷载的大小与频率等。因此,该试验台采用液压系统和可编程逻辑(PLC)控制系统以实现功能要求。设计了基于三菱 2N 系列和触摸屏(HMI)的监控系统。该监控系统采用"422 协议"进行通信,PLC 控制器对试验台进行逻辑控制,上位机为 HMI,主要负责试验过程中工艺参数的设置与监测,可对测试平台运行情况进行实时监控和提供报警保护,并记录试验数据。该监控系统运行稳定,控制灵敏度高,采集的数据精度高。

⑥测试系统:测试系统的测试物理量涉及压力、流量、位移、温度和应变等。试验过程中垂直液压缸推力、纵向液压缸推力、冲击液压缸推力以及各液压缸运行速度都可以通过安装在液压系统上的相关传感器自行给出,在触摸屏上面实时监测。此外,在垂直液压缸的上下运动方向还设置有行程 500mm 的电子尺,用来监测滚刀压入岩石的贯入度。

⑦三向力测试:滚刀破岩作用力通过三向力传感器来测量,电压输出信号经过放大电路和低通滤波电路处理之后,实时显示在 LabView 平台上,三向力测试系统框图如图 6-36 所示,其技术参数见表 6-11。三向力传感器安装在刀架和活动横梁之间,由厂家根据试验台滚刀受力位置进行三向力的标定,得到传感器垂直力和侧向力的标定曲线。标定结果表明,在量程范围内,测得的三向力与电压值有很好的线性关系。由于滚动力与侧向力的量程和精度相同,故只标定了其中一个力。

图6-36 三向力测试系统框图

三向力传感器技术参数 表6-11

参数类别	量　程	分　辨　率	灵　敏　度	交　互　误　差	材　质
参数值	$F_z = 600kN$	$F_z = 600kN$	>1.0mV	2%~2.5%F·s	合金钢
	$F_x = 300kN$	$F_x = 300kN$			
	$F_y = 300kN$	$F_y = 300kN$			

（3）试验步骤

①试验准备：为防止灰尘落在横向和纵向导轨的工作表面，从而影响其工作性能，需将配套的防尘罩安装在导轨上。为防止岩石碎屑溅出伤人，在工作平台的前、后、左、右均安装上防护栏，因此无法在任意角度随意拍摄试验画面，将相机预先放置于指定位置，对滚刀静压过程进行实时跟踪拍摄。同时，用粉笔在岩石表面预先标记好滚刀的侵入位置点，标记的位置点相互之间距离要求大于100mm，这样做的原因是确保不同位置的侵入试验不产生相互影响，保证试验数据准确可靠。

②盘形滚刀静压破岩试验研究：将盘形滚刀和三向力传感器安装于刀架之上，移动岩石至刀具正下方位置；启动机器，滚刀逐渐加载到指定贯入度后停止。

③盘形滚刀滚压破岩试验研究：本试验进行不同贯入度下的滚压破岩试验，贯入度分别为4mm、6mm、8mm。首先将盘形滚刀和三向力传感器安装于滚刀刀架之上，移动岩石至刀具切削位置；然后启动垂直液压缸，滚刀逐渐加载到指定贯入度后停止；最后启动纵向液压缸驱动岩石进给，实现滚刀滚压切削。

④盘形滚刀冲击滚压破岩试验研究：试验进行不同冲击力下冲击滚压破岩试验，滚刀初始贯入度设定为6mm/r以达到滚压效果，冲击力分别为0、30kN、60kN和100kN。首先将盘形滚刀和冲击加载装置安装于滚刀刀架之上，移动岩石至刀具初始切削位置；然后启动垂直液压杆，滚刀逐渐加载到指定贯入度后停止，同时启动纵向液压缸和冲击液压缸，分别驱动岩石纵向进给和滚刀冲击破岩，实现滚刀冲击滚压破岩。

（4）数据记录与处理

①盘形滚刀静压破岩试验研究：记录岩石破碎过程和荷载曲线。

②盘形滚刀滚压破岩试验研究：记录荷载曲线和岩石瞬时破坏过程，收集破碎岩块，统计破碎岩块的尺寸和重量。

图6-37所示是切削速度为10mm/s、贯入度8mm/r时，滚压破岩过程中滚刀所受荷载。由图6-37可知，5~10s为滚压切削阶段，破岩力有明显的上升和回落的锯齿状波动过程，垂直力在113kN上下波动，而滚动力在22.5kN上下波动。

③盘形滚刀冲击滚压破岩试验研究：记录岩石瞬时破坏过程以及破碎岩块尺寸和重量。

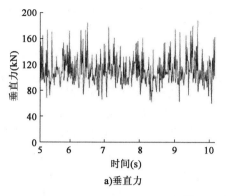
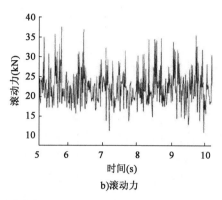

a)垂直力   b)滚动力

图6-37　滚刀破岩力

6.4 钻速指数

钻速指数 DRI(Drilling Rate Index)可描述凿岩中最重要的岩性,如硬度、强度、脆性和磨蚀性(或称为岩石抵抗反复冲击压碎的能力)。1970 年,Selmer-Olsen 和 Blindheim 提出钻速指数可采用脆性试验(S_{20}值)和 SJ 微钻试验(S_J 值)得出。

钻头磨耗指标 BWI(Bit Wear Index)是指钻头的磨损率,也是基于钻速指数 DRI 和磨蚀值 AV(Abrasion Value)得出的。其中,AV 值是岩屑随时间变化对碳化钨刀具的磨损量。

1980—1983 年期间,挪威科技大学(NTNU)提出用刀具寿命指标 CLI(Cutter Life Index)来预测隧道开挖时 TBM 刀具的寿命。CLI 可根据 SJ 微钻试验和不锈钢刀具磨蚀值 AVS(Abrasion Value Steel)进行估算。其中,AVS 值是岩屑随时间变化对 TBM 中具有特定性能的不锈钢滚刀的磨蚀值。

挪威科技工业研究所(NTNU/SINTEF)一直致力于通过重复的可钻性试验,对可钻性特征进行定量分析,并通过室内试验和现场地质资料与隧道工程建设资料的对比,分别建立了钻爆法隧道掘进、TBM 隧道掘进和岩石开采的性能预测和成本评价模型。近年来,NTNU/SINTEF 所采取的方法已广泛应用于国际大型地下工程的成本/时间估算和规划中。基于现有的脆性试验、SJ 微钻试验、土的磨蚀试验等试验的测试结果,NTNU/SINTEF 建立了一个数据库,非常适合对影响可钻性的岩石性质进行分类:

(1)脆性试验 S_{20}值衡量岩石脆性或被反复冲击压碎的能力。

(2)微钻试验 S_J 值衡量岩石表面硬度或抗压痕性。

(3)土的磨蚀性试验衡量碳化钨刀具耐磨性(AV 值)或不锈钢刀具耐磨性(AVS 值)。

该数据库目前记录了来自各种岩石开挖项目的近 3200 个样品的测试结果。其中,约有 60% 的样本来自挪威的项目,其余则来自其他 49 个国家的隧道开挖项目,随着隧道数据的不断增加,NTNU 模型还将不断更新和修订。

本节主要介绍脆性试验和 SJ 微钻试验,衡量刀具磨蚀性相关的 AV、AVS 值将在 6.6 节土的磨蚀性中介绍。

6.4.1 脆性指数

脆性是岩石的重要力学性质之一,不同的学者对此有着不同的定义、概念和测试方法,使用方法也不尽相同。Morley(1944)和 Hetenyi(1966)定义脆性为缺乏延性,他们将延展性定义为材料的特性,即通过拉伸试验将其张拉到较小的截面。脆性程度通常反映在较低的伸长率或断面收缩率上。这是一个相对的术语,因为没有普遍接受的拉伸断裂应变值,低于该值的材料被认为是脆性的,高于该值的材料被归类为韧性的。Obert 和 Duvall(1967)定义材料如铸铁和许多岩石屈服或者破坏仅仅超过屈服应力一点,这种材料被认为是脆性材料。

从对脆性的讨论来看,脆性的概念似乎还不十分明确。然而,在脆性较高的情况下,观察到以下特性:低延伸率;断裂破坏;形成细颗粒;较高的抗压强度与抗拉强度之比;较高的回弹性;较高的内摩擦角;压痕中可形成裂纹。

由于缺乏脆性精确的定义或概念,脆性的测量也尚未标准化。一般采用可逆应变能原理来表示脆性。Hucka 和 Das 总结 6 种不同定义的脆性表达式。

①用可逆应变百分比定义脆性指数 B_1:

$$B_1 = \frac{\varepsilon_r}{\varepsilon_t} \tag{6-12}$$

式中:B_1——脆性指数,可根据应力—应变曲线中的可逆应变百分比确定;

ε_r——可逆应变 DE;

ε_t——总应变 OE。

Coates 和 Parsons 认为脆性是可逆应变与破坏点总应变的比值,如图 6-38 所示。

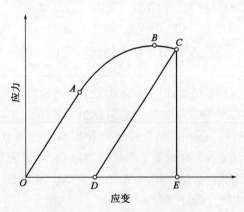

图 6-38 从应力—应变曲线确定脆性值

②用可逆能量定义脆性指数 B_2。

这个概念与前面的概念相似,只是应变被能量一词所取代。因此也可参考图 6-38 表示为:

$$B_2 = \frac{W_r}{W_t} \tag{6-13}$$

式中:B_2——脆性指数,可根据应力—应变曲线中的可逆能量百分比确定;

W_r——可逆能量,应力—应变曲线中的面积 DCE;

W_t——总能量,应力—应变曲线中的面积 $OABCE$。

③用抗拉和抗压强度定义脆性指数 B_3。

随着脆性的增加,抗压强度与抗拉强度的差值增大,因此可用这一原理来衡量脆性。在这种情况下,脆性指数可以表示为:

$$B_3 = \frac{\sigma_c - \sigma_t}{\sigma_c + \sigma_t} \tag{6-14}$$

式中:B_3——脆性指数;

σ_c——单轴抗压强度;

σ_t——抗拉强度。

④用莫尔包络线测定脆性指数 B_4。

脆性指数可由莫尔包络线确定,脆性材料具有抗剪强度增速随着围压的增大而增大的特征。延性材料具有较低的内摩擦角,在较高围压下脆性较低。

$$B_4 = \sin\varphi \tag{6-15}$$

$$\alpha = 45° - \frac{\varphi}{2} \tag{6-16}$$

式中:B_4——脆性指数,由莫尔包络线确定(在 $\sigma_n = 0$ 时);

φ——内摩擦角;

α——破坏面与最大主应力的夹角。

采用剪切面确定脆性指数的方法与采用莫尔包络线确定脆性的方法基本相似。在这两种情况下,脆性都是从内摩擦角来计算的,只是这里试验方法不同且更简单。莫尔应力圆给出了剪切面和内摩擦角之间的关系。这种方法相对简单,但在实际应用中很难获得确定的破裂面。

⑤用普氏冲击试验确定脆性指数 B_5。

如前所述,粉末的形成取决于脆性,因此,普氏冲击试验可用于确定脆性指数。由于细颗粒的形成取决于一定高度的冲击以及受冲击物质的强度,因此脆性指数是普罗托齐雅科诺夫冲击试验(普氏冲击试验)中形成细颗粒百分比和抗压强度的函数。可以用下式表示:

$$B_5 = q\sigma_c \tag{6-17}$$

式中:B_5——脆性指数,由普氏冲击试验确定;

q——普氏冲击试验产生的细粒(28 号筛)的百分比。

⑥用宏观和微观硬度确定脆性指数 B_6。

宏观压痕硬度是指通过宏观或大尺寸压头进行的试验确定的硬度,与微观压痕硬度的微观尺寸压头相反。硬度试验结果表明,宏观压痕硬度始终低于微观压痕硬度,其原因是宏观压痕试验中裂纹增多,压痕面积增大。此外,由于裂纹的发展是脆性的直接作用,微观压痕和宏观压痕的硬度值可作为确定脆性指数的方法。但是这种方法不太精确,其计算方法如下:

$$B_6 = \frac{H_\mu - H}{K} \tag{6-18}$$

式中:H_μ——微观压痕硬度;

H——宏观压痕硬度;

K——常数。

单轴压缩试验、巴西劈裂试验、三轴试验和普氏冲击试验被 Hucka 和 Das 用来确定加斯佩铜矿矽卡岩和粉砂岩的脆性指数。常规的圆柱形试样($\phi25.4$mm、高 50.8mm)用来确定应力—应变关系,三轴试验的围压不超过 51.7MPa。巴西劈裂试验用来确定抗拉强度,普氏冲击试验是在不超过 38.1mm 的不规则试样上进行的。

试验结果见表6-12~表6-15。表中分别列出了两种岩石,采取不同方法 10 次试验的平均值,从试验结果可以看出:

a. 由弹性应变与总应变之比确定的脆性指数比由能量比确定的脆性指数大得多,即 $B_1 > B_2$。

b. 不同的脆性指数计算方法得到不同的趋势,但是从莫尔包络线中得出的内摩擦角确定的脆性指数 B_4 与从抗压和抗拉强度确定的脆性指数 B_3 几乎相同。

c. 当用普氏冲击试验测定时,矽卡岩的脆性指数远高于粉砂岩。

用应力—应变曲线确定脆性指数　　　　　　　　　　　　　　　表 6-12

岩石种类	ε_r	ε_e	W_r(cm/kg)	W_e(cm/kg)	B_1(%)	B_2(%)
矽卡岩	793	450	3.8807	1.5233	56.74	39.25
粉砂岩	851	414	2.770	0.69986	48.71	3070

用抗压和抗拉强度确定脆性指数　　　　　　　　　　　　　　　表 6-13

岩石种类	σ_c(kg/cm^2)	σ_t(kg/cm^2)	B_3(%)
矽卡岩	2323	229	82.06
粉砂岩	2000	217	80.40

用莫尔包络线确定脆性指数　　　　　　　　　　　　　　　　　表 6-14

岩石种类	φ	B_4(%)
矽卡岩	60°	86.6
粉砂岩	55°	81.81

用普氏冲击试验确定脆性指数　　　　　　　　　　　　　　　　表 6-15

岩石种类	q(%)	σ_c(kg/cm^2)	B_5(%)
矽卡岩	7.54	2323	17515
粉砂岩	4.28	2000	8560

6.4.2　脆性试验

岩石可钻性脆性试验由瑞士的 Matern 和 Hjelmer 于 1943 年提出,用来确定岩石的可钻性。S_{20} 定义为 20 次冲击后通过细筛的颗粒与原试样的质量百分比。S_{20} 是衡量岩石脆性或被反复冲击压碎的能力的标准,它是通过使用冲击装置来确定的。脆性试验通常从一个具有代表性且均匀的压碎和筛分岩石样品中采集 3 次数据,一般取三个平行试验的平均值。在实验室进行的试验筛选表明,均匀化材料(通过破碎和筛分过程)三次平行试验的标准偏差应小于 2 个单位(即平均脆性值 S_{20} 为 50 时为 4%)。样品岩性和结构的局部变化很大,如果试验前样品材料未均匀化,则差异较大。在数据库记录的 3002 个值中的最低和最高脆性值 S_{20} 为 15.0 (角闪岩)和 95.1(石灰岩)。

(1)试样制备

每次测试取恒定体积 V 的试样,试样的体积相当于 500g 密度为 2.65g/cm³ 的试样,试样的粒径为 11.2 ~ 16.0mm,试验原理如图 6-39 所示。当试样的密度大于 2.65g/cm³ 时,其质量利用如下公式进行换算:

$$m = \frac{500\rho}{2.65} \tag{6-19}$$

式中:m——待测试试样的质量,g;

　　　ρ——试样的干密度,g/cm³。

每个样品的干密度为烘箱干燥的单轴压缩试样的质量(电子天平上的精度为 0.01g)与体积之比,其中长度和直径都用游标卡尺测量,精度为 0.1mm。

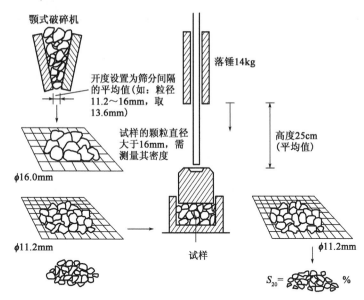

图 6-39　脆性试验的试验原理图

(2)仪器设备

脆性试验的仪器如图 6-40 所示。

(3)试验步骤

①被测试岩石样品放置于仪器中。

②14kg 的重锤从 25cm 的高处,往复冲击试样 20 次。

③被测试后的岩石样品过 11.2mm 筛。

④称量通过 11.2mm 筛集料的质量 m_2。

图6-40　脆性试验的仪器

（4）结果整理与计算

S_{20}值是电机冲击 20 次之后通过 11.2mm 筛的集料所占质量百分比,计算式为:

$$S_{20} = \frac{m_2}{500} \times 100\% \qquad (6\text{-}20)$$

S_{20}受岩石矿物成分、粒度和颗粒结合的影响,但在很大程度上也受风化/蚀变、微裂缝和页理的影响。表 6-16 给出了基于 3001 个样品的脆性试验结果的脆性值 S_{20} 分类。图 6-41 所示为常见岩石脆性值 S_{20} 的箱形图,每条垂直线的起点和终点为每种岩石类型最低和最高的 S_{20} 值,图中角闪岩的最低和最高 S_{20} 分别为 15.0% 和 73.0%,高于最低值的标记表示第 10 个百分位的上限（角闪岩为 25.8%）,中间的分割框从第 25 个百分位开始,到第 75 个百分位结束。中间的颜色变化位置是 S_{20} 的均值（角闪岩为 37.7%）。低于最大值的标记表示第 90 个百分位的下限,这意味着只有 10% 的记录角闪岩的 S_{20} 高于 56.2%。

脆性值 S_{20} 分类　　　　　　　　　　　表 6-16

脆　　性	S_{20}（%）	累计百分数（%）
极高	$\geqslant 66.0$	95 ~ 100
较高	60.0 ~ 65.9	85 ~ 95
高	51.0 ~ 59.9	65 ~ 85
中	41.0 ~ 50.9	35 ~ 65
低	35.0 ~ 40.9	15 ~ 35
较低	29.1 ~ 34.9	5 ~ 15
极低	$\leqslant 29.0$	0 ~ 5

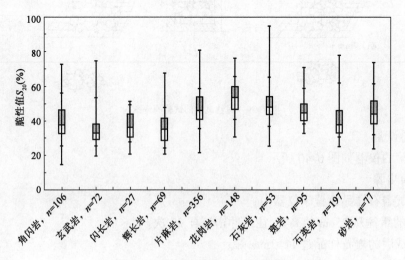

图 6-41　常见岩石脆性值 S_{20} 的箱形图

6.4.3 SJ 微钻试验

SJ 微钻试验是 NTNU 模型的两大试验之一。S_J 值最初是 Sievers 在 1950 年通过约 3000 个试验总结提出的一种定量描述岩石表面硬度的指标,即岩石抵抗压头压入的指标。

(1)试样制备

所测岩样表面是预切割形成,该表面与岩石的裂隙是垂直的,样品的长度为 300mm。因此,S_J 值是微钻平行岩石片理等裂隙面钻进时测得的。

(2)仪器设备

SJ 微钻试验仪器是由一台电机驱动 8.5mm 直径的合金钻头向预切割的岩样表面钻孔,合金钻头的表面倾角为 110°,岩样上部为 20kg 的静荷载。其试验原理如图 6-42 所示,仪器设备如图 6-43 所示。

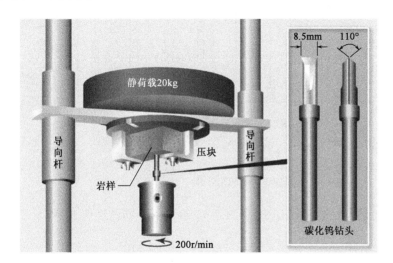

图 6-42 S_J 微钻试验原理图　　　　　图 6-43 微钻测试仪器

(3)试验步骤

岩样在 20kg 的静荷载作用下,用 8.5mm 的微钻在岩样中以转速 200r/min 钻孔 1min。在钻孔完成之后,用数字游标卡尺测量钻孔的深度。根据每一个岩样的均质性,重复钻孔 4 ~ 8 次,S_J 值定义为多次钻孔测量深度的平均值,以 1/10mm 为计量单位。

(4)试验数据分析整理

从 3046 个试验结果统计表明,矿物成分对岩样表面硬度的 S_J 值影响最大,3046 个试样 S_J 值分类情况见表 6-17。常见岩样的 S_J 值的箱形图如图 6-44 所示。

S_J 值分类　　　　　　　　　　　　　　　表 6-17

表 面 硬 度	S_J 值 (1/10mm)	累计百分数(%)
极高	≤2.0	0 ~ 5
较高	2.1 ~ 3.9	5 ~ 15
高	4.0 ~ 6.9	15 ~ 35

表 面 硬 度	S_J 值 (1/10mm)	累计百分数（%）
中	7.0 ~ 18.9	35 ~ 65
低	19.0 ~ 55.9	65 ~ 85
较低	56.0 ~ 85.9	85 ~ 95
极低	≥86.0	95 ~ 100

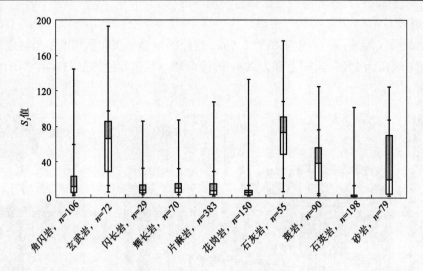

图 6-44　常见岩石 S_J 值的箱形图

通过脆性值 S_{20} 和 S_J 值可确定钻速指数 DRI 值，图 6-45 给出了不同脆性值 S_{20} 和 S_J 值所对应的钻速指数 DRI 值。

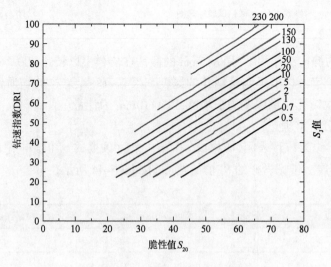

图 6-45　DRI 与 S_{20} 和 S_J 值的关系

6.5 岩石的磨蚀性试验

磨蚀测试方法常应用于评价岩石开挖工程中刀具的磨蚀性。与岩石磨蚀相关的测量参数主要包括石英含量(QC)、等效石英含量(EQC)、磨蚀矿物含量(AMC)、F 值、岩石磨蚀指数(RAI)、岩石维氏硬度值(VHNR),目前,常用的磨蚀测试方法主要为 CERCHAR 试验和 LCPC 试验。

6.5.1 CERCHAR 试验

CERCHAR 试验是法国的 Cerchar 研究所 1973 年提出的一种测试岩石磨蚀性指标(CERCHAR Abrasiveness Index,CAI)的试验方法,ASTM 于 2010 年详细记录了 CERCHAR 磨蚀试验方法,国际岩石力学学会(ISRM)于 2014 年也详细介绍了这种方法。CAI 是用来评价在机械开挖过程中岩石表面磨蚀程度的参数,反映盾构或 TBM 和刀具受磨蚀的重要参数,用以评价岩石的磨蚀特性。岩石的磨蚀度控制着盘形滚刀的表现和换刀的频率,并最终影响地下隧道开挖的工期和造价。

(1)试样制备

①试样用可代表将要钻孔或者掘进岩样类型中的钻孔岩芯或岩块。可以是大尺度上整个工程将要遇到的岩样类型,也可以是小尺度上可以被观测到矿物成分、结构、颗粒大小和形状及缺陷如孔隙和裂隙等。一般推荐使用直径约 50mm 或者高度 50mm 的岩芯或者不规则形状的试样。

②试样的含水情况对于岩样的应力有很大影响,需要根据《保存和运输岩芯样品的标准规范》(ASTM D5079—2008)相关要求,尽量持续进行磨蚀试验。

③试样表现出明显的各向异性特征,如层理或片理等,应确定 CAI 试验的表面与各向异性的相对方向,从而精确地确定 CAI 值。

④试样表面应为新鲜平整自然表面或锯切表面。对于锯切表面,试样表面应该用一种水冷金刚石锯片切割岩样来获取新鲜试样并提供一个合理的平面。

⑤试样表面应足够长,才能在 10mm 测试路径中不会切削到岩样边缘,或者使触针接近试样外部。

⑥不管是自然表面或锯切试验表面,都应该用水冷金刚石锯切割岩石样品,使其适合 CERCHAR 试验机。

⑦试验前后都应该对试验表面进行测试。

(2)仪器设备

CERCHAR 试验设备采用了台钳夹紧试样和一个轴向 70N 的恒力作用在测试面的针尖上。设备最初采用手动操作杠杆来移动固定在静止岩石表面的针尖,目前已有设备用手摇曲柄驱动在针尖下面的螺杆来移动被台钳夹住的岩样。

①针尖。由一种具有洛氏硬度的不锈钢制作而成,试样表面 CAI 值与洛氏硬度成反比。通过相同不锈钢型号但是不同洛氏硬度针尖测得的试验结果需要与标准针尖硬度进行归一化

计算。针尖的长度一般大于 15mm,直径大于 10mm,并且针尖的尖端需要呈一个 90° 的圆锥角,圆锥角的长度为 1mm。

②静荷载。静荷载一般为 70N,包括任何其他部件可能对针尖产生的力,在试验过程中必须轴向作用在针尖并与试样表面持续接触。

③台钳。如图 6-46 所示,台钳应具有足够的刚度,确保固定的试样在测试期间不会滑动。可用手摇曲柄使台钳在针尖下面移动,也可通过小的木制楔子来确保松紧度。另外,台钳必须精确控制转动发生在两个水平面之间。试验原理是一根钢针在岩样表面划过 10mm 对钢针的磨损,台钳控制使试样保持在水平面上。

④手动杠杆。铰接手柄臂应有足够的刚度以在岩石表面移动针尖,从而保证在 70N 总压力下针尖的竖向位移无限制,如图 6-46a)所示。

⑤手摇曲柄。手摇曲柄螺杆连接台钳,并驱动手动曲柄,通过台钳固定试样在针尖下移动。岩样表面在针尖下以一个恒定的速度移动,并且允许在 70N 总压力下的垂直位移无限制,如图 6-46b)所示。

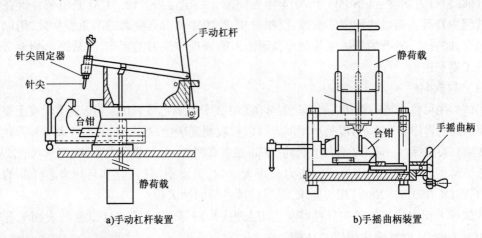

a)手动杠杆装置   b)手摇曲柄装置

图 6-46   CERCHAR 试验机

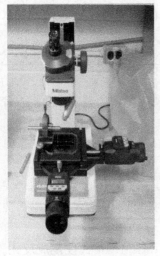

图 6-47   显微镜

⑥显微镜。显微镜推荐配置一个数字测微头、XY 工作台、液晶读数器。显微镜的放大倍数至少有 30 倍,XY 工作台测微头最小范围 50mm,精确度为 0.01mm,图 6-47 所示为一台测量针尖的显微镜。

(3)试验步骤

①在进行试验前,针尖应该是完好的,并用显微镜监测。如果针尖不是完好的或者在此次试验前用过,应该将针尖削尖至规定的形状和状态。需特别注意重新锐化探针,如重新锐化的速度太快可能会造成温度升高影响探针的硬度,因此推荐在重新锐化过程中使用水冷却。建议重新进行常规的探针硬度检查,使探针的洛氏硬度达到 55。在试验之前,建议用蓝色的颜料给探针染色,可以使探针尖端被磨平的区域在显微镜观测下更加明显,同时也可以与还未测试的探针进行区分。

②调节固定试样的台钳使试样的表面水平并且平行于针尖的移动方向,如果需要,可使用木楔或者其他合适的材料放置于台钳和试样表面,从而辅助夹紧和定位试样。

③探针和其他部件应该十分小心地放置于试样表面,防止探针在试验之前损坏试样。

④静置的荷载和其他相关的部件应该进行定位和功能性检查,确保在指定总压力70N之外没有摩擦阻力。

⑤手动杠杆装置的刻痕速度是10mm/s,而手摇曲柄的刻痕速度是1mm/s,两种装置的刻痕长度均为10mm。

⑥试验结束后,轻轻地抬高探针与其他相关组件,使其离开试样表面,从装置上取出探针。在精度0.1mm的显微镜下测量垂直于直径方向的磨平区域,并根据观察记录数据,如图6-48所示。

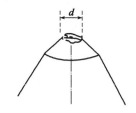 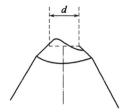 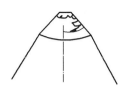

a)正常磨蚀(d=0.1mm,CAI=1)　　b)非对称磨蚀(可测量　　c)非常粗糙的测试试样(应对
　　　　　　　　　　　　　　　截面两边的平均值)　　　这种针尖的表面进行校正)

图6-48　针头的磨蚀效果

⑦重复以上步骤5次,每一次用一个全新或者重新锐化过的探针在一个新的岩石表面检测。

⑧由于试验结果对含水率十分敏感,因此有必要确定每一次试验时试样的实际含水率。

(4)数据处理及分析整理

对于探针磨蚀平面的算术平均宽度 d_i(5个测试探针垂直于直径方向的磨平宽度),CAI和CAI$_s$值是以0.1mm为单位的测试值,可用以下公式计算:

$$\text{CAI 或 CAI}_s = \frac{1}{10}\sum_1^{10} d_i \tag{6-21}$$

式中:CAI 或 CAI$_s$——自然表面或者锯切表面的 CERCHAR 指标;

d_i——指以0.1mm为单位的磨平表面的直径。

如果试验是在锯切表面的试样表面进行,式(6-21)中 CAI 值建议用下式进行修正:

$$\text{CAI} = 0.99\text{CAI}_s + 0.48 \tag{6-22}$$

式中:CAI——自然表面的 CERCHAR 指标;

CAI$_s$——锯切或者平滑表面的 CERCHAR 值。

每个试样的 CAI 值的算术平均值都应该计算和记录,其中 CAI 分类可以通过表6-18并根据探针的洛氏硬度来确定。

(5)数据记录

按照附表6-5记录试验数据。

岩石磨蚀性等级分类 表6-18

磨蚀性等级	平均CAI值(3)(HRC=55)	平均CAI值(2)(HRC=40)
极低	0.3~0.5	0.32~0.66
低	0.5~1	0.66~1.51
中等	1.0~2.0	1.51~3.22
高	2.0~4.0	3.22~6.62
非常高	4.0~6.0	6.62~10.03
极高	6.0~7.0	N/A

6.5.2　LCPC磨蚀试验

LCPC磨蚀试验由法国道桥中央实验室(Laboratoire Central des Ponts et Chausées,LCPC)于1990年研发,用于测试岩石或者集料的磨蚀性。LCPC磨蚀试验是通过750W的电机设备驱动钢片在转速4500r/min下磨蚀圆柱形容器中的颗粒集料。

(1)试样制备

样品的粒径必须在4~6.3mm之间,若岩石或者卵石粒径大于6.3mm,试验前必须压碎。

(2)仪器设备

图6-49是法国设计标准《骨料　磨损性和易磨性试验》(NF P18-579:2013)推荐的LCPC岩石磨蚀仪,其中4个主要的部件如下:

①750W的电机。

②入料通道。

③矩形钢片:尺寸为50mm×25mm×5mm,XC-12级,洛氏硬度HRB 60~75。

④圆柱形容器:直径为100mm。

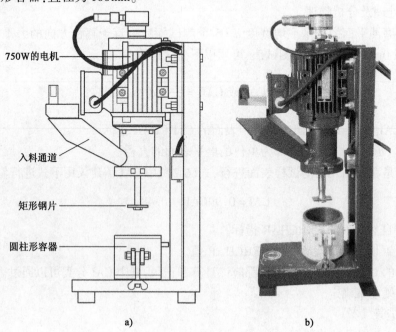

750W的电机

入料通道

矩形钢片

圆柱形容器

a)　　　　　　　　　　b)

图6-49　LCPC岩石磨蚀仪

（3）试验步骤

在直径为100mm的容器内放入500g±2g直径为4.0~6.3mm的干燥粒状岩石。将具有洛氏硬度HRB 60~75的XC-12级矩形钢片浸入碎石中,以4500r/min搅拌5min。每次测试完成后钢片应进行更换。

（4）结果整理与计算

试验前后测定钢片的质量,磨蚀指数（LCPC Abrasivity Coefficient,LAC）定义为钢片质量损失与初始质量之比,其计算公式如下:

$$LAC = \frac{m_0 - m}{M} \qquad (6-23)$$

式中:LAC——LCPC磨蚀性指数,g/t;

　　　m_0——LCPC测试前钢片的质量,g;

　　　m——LCPC测试后钢片的质量,g;

　　　M——粒径为4.0~6.3mm试样的质量,t。

借助LCPC磨蚀性试验,可以评价试样的易碎性（LCPC Breakability Coefficient,LBC）或者脆性。LBC易碎性指标通过计算试样在LCPC试验后小于1.6mm颗粒的质量占总质量的百分比得到,计算公式为:

$$LBC = \frac{m_{1.6} \times 100}{M} \qquad (6-24)$$

式中:$m_{1.6}$——LCPC试验后,粒径小于1.6mm颗粒的质量。

计算出LAC或者LBC指标之后,可查表6-19,对试样的易碎性进行分类。

LCPC 易碎性分类标准　　　　　　　　　　　　　　　　表6-19

LBC(%)	LCPC 易碎性分类标准	LBC(%)	LCPC 易碎性分类标准
0~25	极低	75~100	高
25~50	低	>100	极高
50~75	中		

（5）数据记录

按照附表6-6记录试验数据,并对过程中重要事件进行记录。

6.6 土的磨蚀性试验

近年来,许多土的磨蚀测试方法也被应用于软土地层隧道施工中,包括NTNU/SINTEF土磨蚀试验（Soil Abrasion Test,SAT）,宾州土磨蚀试验（Pennstate Soil Abrasion Test,PSAT）,软土地层磨蚀试验（Soft-Ground Abrasion Test,SGAT）等。

6.6.1 SAT 磨蚀试验

SAT 磨蚀试验主要有两个重要的因素,即岩屑的粒径百分比和钢盘的转速。SAT 磨蚀试验是 2006 年 NTNU 地质系在岩石磨耗试验的基础上进一步发展得到的,截至 2010 年,SAT 磨蚀试验已经被用于 20 个隧道项目中,大约有 200 个试样已经进行了 SAT 磨蚀试验。

该试验是测定岩石粉末分别对碳化钨刀具磨蚀值 AV 和不锈钢刀具磨蚀值 AVS。AVS 是在磨蚀值 AV 的基础上改进得到的。采用与测量磨蚀值 AV 的测试设备测量 AVS,但后者是对 TBM 刀盘上取下的不锈钢刀具进行测试。用于测试 AV 和 AVS 的磨耗粉通常通过测定 S_{20} 值的试验材料和仪器进行制备,因此可以认为测试样品是具有代表性的均匀材料。

(1)试样制备

标准试样要求 99% 的研磨粉粒径小于 1mm,同时(70 ± 5)% 的研磨粉粒径小于 0.5mm。对于粒径大于 1mm 的岩石碎屑,可采取多次破碎等来减小岩石碎屑的尺寸,通过粒径为 1mm 筛的破碎岩石碎屑,即为磨蚀试验需要试样。需要注意的是,即使破碎的方法相同,岩石碎屑的尺寸也是有差异的,比如花岗岩、大理岩等本身可能存在裂纹,导致其破碎的岩石碎屑差异较大。

Bruland 等于 1995 年将 SAT 试验用粒径小于 1 mm 的土颗粒,代替了粒径小于 1 mm 岩石碎屑作为试样。Dahl 等于 2007 年提出进一步改进岩石磨蚀试验,在 SAT 中使用小于 4 mm 的筛分土样代替小于 1 mm 的岩石碎屑。最初 SAT 试验的晶粒度上限为 1mm,但现在已通过改进试样,将试样要求粒径扩大至小于 4mm 的土样,如图 6-50 所示。

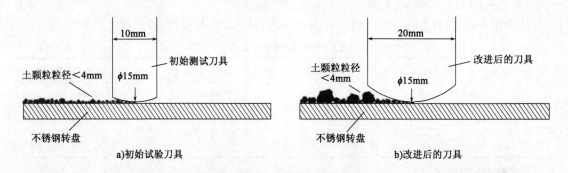

a)初始试验刀具   b)改进后的刀具

图 6-50 初始试验刀具和改进后的刀具

需要注意的是,为了避免烘干试样的过程中对土的性质产生影响,建议采用烘箱在 30℃ 的条件下烘干 2~3d。在烘干试样之后为了将岩屑分散,须按照以下方法进行:

①用软质锤分解。

②筛分的时候用钢球作为辅助工具研磨分解。

③在颚式破碎机中,如果样品在干燥后含有非常坚硬的黏性物质块,则最初的分解应避免破碎原状颗粒。

(2)主要仪器设备

图 6-51 为 NTNU/SINTEF 研发的不锈钢磨蚀值试验仪,图 6-52 为其原理图,此设备主要有以下几个部分组成。

①10kg 的竖向荷载。

②测试钻头：AV 为碳化钨合金钻头，AVS 为钢刀具，SAT 为不锈钢刀具。

③钢圆盘。

④振动入料通道。

⑤吸入装置。

⑥控制面板。

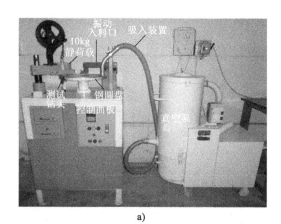

图 6-51　不锈钢磨蚀值试验仪

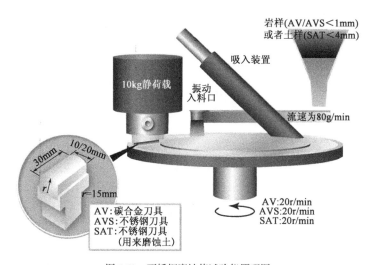

图 6-52　不锈钢磨蚀值试验仪原理图

（3）试验步骤

①从振动入料通道以（80 ±5）g/min 的速率向钢盘投入测试的研磨粉。

②测试钻头的顶部施加 10kg 的竖向静荷载。

③钢盘以一定的速率旋转，AV 的转速为 20r/min，AVS 为 20r/min，SAT 为 20r/min。

④使用真空泵将钢盘上部已经测试过的研磨粉吸入吸尘器。

(4)结果整理与计算

磨蚀值可由以下公式计算,若4次平行试验的结果偏差不超过5mg,则认为结果是可以接受的:

$$AV、AVS = m - m_0 \qquad (6-25)$$

式中:AV、AVS——磨蚀值,mg;

m_0——试验前钻头的质量;

m——试验后钻头的质量。

岩石的矿物成分通常是对磨蚀值 AV 和 AVS 影响最大的因素,使用不同材料和硬度的刀具,如碳化钨和不锈钢滚刀刀具,石英和其他硬质矿物会对试样造成不同程度的磨蚀。一般规律是:低石英含量将产生相同量级的磨蚀值 AV 和 AVS,而高石英含量产生的 AVS 值将高于 AV 值。这很可能与高硬度石英有关,石英对碳化钨的磨蚀程度明显高于其他矿物。颗粒形状、大小和颗粒组成等其他因素对岩石的耐磨性也有很大贡献。表6-20 中给出的分类是基于 2621 个样品磨蚀试验测试磨蚀值 AV 分布。表6-21 中给出的分类是基于 1590 个样品磨蚀试验测试磨蚀值 AVS 分布。图6-53 和图6-54 分别给出了选择常见变质岩、火成岩和沉积岩等岩石的 AV 和 AVS 范围。

岩石磨蚀的分类和碳化钨刀具磨蚀值 AV 表6-20

碳化钨刀具磨蚀程度分类	AV（mg）	累计百分数（%）
极高	≥58.0	95～100
较高	42.0～57.9	85～95
高	28.0～41.9	65～85
中	11.0～27.9	35～65
低	4.0～10.9	15～35
较低	1.1～3.9	5～15
极低	≤1.0	0～5

岩石磨蚀的分类和钢刀具磨蚀值 AVS 表6-21

不锈钢刀具表面磨蚀程度分类	AVS（mg）	累计百分数（%）
极高	≥44.0	95～100
较高	36.0～44.0	85～95
高	26.0～35.9	65～85
中	13.0～25.9	35～65
低	4.0～12.9	15～35
较低	1.1～3.9	5～15
极低	≤1.0	0～5

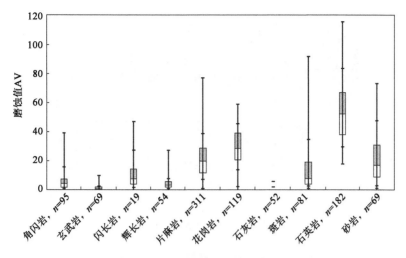

图6-53　常见变质岩、火成岩和沉积岩等岩石的磨蚀值 AV

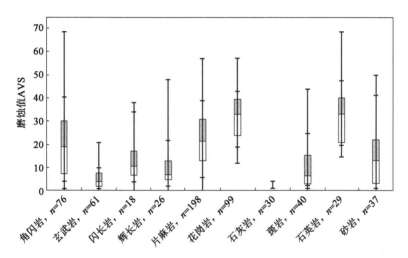

图6-54　常见变质岩、火成岩和沉积岩等岩石的磨蚀值 AVS

6.6.2　PSAT 磨蚀试验

PSAT 磨蚀试验装置由固定位置的旋转叶片组成,叶片与土体样品接触。该仪器可以研究各含水率、转速、较高压力环境和各开挖工具硬度的影响。

（1）试样制备

Rostami 等利用 PSAT 研究了三种土样类型:石英砂、石灰岩、富含石英的细粒砂试样(也称为黏土试样),图6-55 为石英砂和石灰岩两种土样的颗粒级配曲线,表6-22 为三种土样的基本物理特性。

干燥状态或预定含水率的土样都可以进行试验。试验前,土样先在空气中干燥,或通过与相应质量的水充分混合使其达到适当的含水率,注意确保水均匀分布,然后直接放入试验容器内,不需要改变土样性质或进行任何额外的准备。

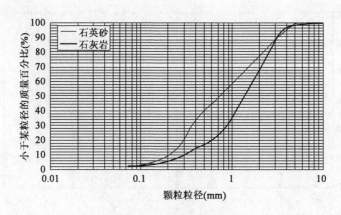

图 6-55　土样的颗粒级配曲线

Rostami 等所用土样的基本物理特性　　　　　表 6-22

性　质	土　样		
	石英砂	石灰岩	富含石英的细粒砂
矿物成分	97.1% 石英, 2.4% 高岭土和 0.5% 云母	61.9% 白云石, 28% 方解石, 正长石 7.3%, 石英 2.9%	65% 石英, 15.4% 氧化钙, 6.9% 白云母, 4.1% 变埃洛石
USCS 分类	SP(级配不良砂)	SP(级配不良砂)	SW-SM(级配良好粉砂)
内摩擦角	40°	62°	13°
相对密度	2.67	2.75	2.62

每个试验容器中约填充 40kg 土样,平均体积约为 28L,将腔室填充至距底部约 300mm。在标准配置中,螺旋叶片放置在距容器底部约 150mm,即叶片位于试验容器的中心线上方。

(2)试验装置

①试验容器:长 450mm,直径 350mm,该尺寸允许含有较大的砾石、鹅卵石颗粒的土样进行试验,从而尽可能地接近模拟土样的原位条件,避免改变粒度分布。试验容器是一个加压试验容器,能够在高达 10bar(1bar = 0.1MPa)的压力下进行试验。为此,试验容器设计了复杂的法兰密封装置,如图 6-56 和图 6-57 所示。

②螺旋叶片:由 3 个半径为 150mm 的叶片,以间距 120°焊接在圆柱形底座上;螺旋叶片与驱动轴连接,在试验容器圆筒内旋转,从而与试样产生最大的接触力。同时,在螺旋叶片边缘和腔室壁之间留下约 12mm 的环形空间,以允许腔室内有限的试样流动。在试验过程中,螺旋叶片离试验容器的基座距离 150mm,叶片顶部被土样覆盖。为了避免叶片严重磨损,并更准确地测量叶片的重量损失,每一个叶片配有不锈钢盖(图 6-58)。不锈钢盖子的重量比刀片轻得多,可以很容易地取下,并可使用高精度的天平称重。这些盖子为叶片提供保护,以尽量减少频繁制造或维修螺旋叶片组件的需要,这既昂贵又耗时。在每次试验前后对盖子进行称重,以确定在给定时间跨度内试验期间的重量损失。重量损失直接受土体磨损、接触应力、湿度条件和覆盖层材料硬度的影响。

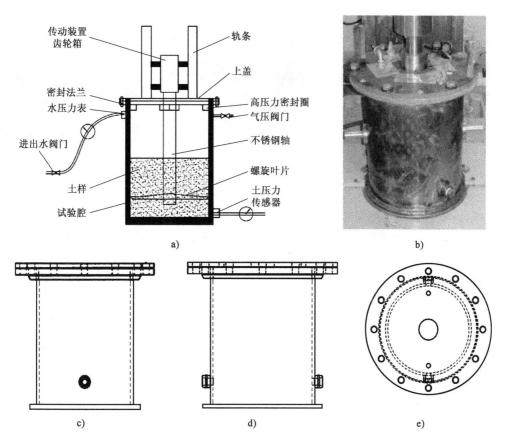

传动装置齿轮箱
轨条
上盖
密封法兰
水压力表
高压力密封圈
气压阀门
进出水阀门
不锈钢轴
土样
螺旋叶片
试验腔
土压力传感器

a)　　b)

c)　　d)　　e)

图 6-56　圆柱形试验容器的示意图和实物图

图 6-57　PSAT 磨蚀试验装置

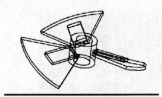

a)螺旋叶片示意图　　　　　b)螺旋叶片及不锈钢盖　　　　c)安装在螺旋桨叶片上的不锈钢盖

图 6-58　螺旋叶片

③钢轴:直径 50mm,螺旋叶片旋转所需的扭矩通过装配式密封轴承的钢轴提供预期的轴向力和侧向力。装配式密封轴承包括一个主轴和轴承箱上一系列密封件的双滚柱轴承以及安装在腔室盖或上盖下面的法兰密封系统。这种设置可最有效地保护钢轴、螺旋叶片和试样腔,同时保持腔内的高压力环境(图 6-59)。

a)　　　　　　　　　　　　　　　　　b)

图 6-59　钢轴与法兰和密封装置连接

④钻机:螺旋叶片及驱动轴集成在钻机上,可提供 5hp(1hp = 745.7W)的驱动,允许试验的最大转速为 60r/min。

(3)试验步骤

①将试样装入试验容器。

②将腔室组件放置在仪器底座上,并使用专用夹具将其固定在腔室底部的下法兰上。

③每次试验前,使用最小精度为 0.01g 的天平对叶片盖进行称重。称重后,用两个螺栓将盖子安装在螺旋叶片上[图 6-60a]。

④将螺旋叶片与集成轴承和主驱动轴/盖子连接,通过反向旋转螺旋叶片,将螺旋叶片的位置降低,直到叶片达到离腔室底 150mm 的高度,从而使螺旋叶片放置在土样内。

⑤盖上法兰的上盖,然后在法兰上用一组 12 个螺栓密封腔室[图 6-60c]。

⑥对于高压力试验,气压通过装在盖子上端与高压软管连接施加到试样腔内,气压由控制阀调节,由振弦式压力传感器监测。

⑦电源传感器也安装在钻机驱动装置上的电气控制箱中。功率传感器已校准,可在试验过程中监测扭矩的变化,功率/压力传感器利用数据采集器采集数据。对于每一次土壤磨损试

验,使用功率传感器监测电机的电压和电流量,并用数据采集系统记录结果。

⑧每次试验后,取下叶片和叶片的盖子测量重量损失。如果叶片的盖子磨损较小,盖子可以继续装在叶片上,进行下一次试验。图6-60为所述装置从腔室升起过程中拍摄的图片。

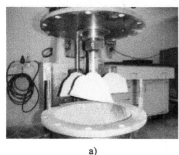  

a)   b)   c)

图6-60　降低螺旋叶片和传动轴固定到试样容器

(4)数据记录与处理

此试验装置可测量的变量包括转速(r/min)、测试持续时间、螺旋叶片倾斜角、土样的含水率、螺旋叶片盖的硬度、压力和土样类型。由这些变量可确定各因素对叶片盖子磨蚀的影响。为了研究时间对盖子重量损失的影响,在预设的时间间隔停止测试,测量叶片盖子的重量损失。在称重前将盖子彻底清洗和干燥,试验的时间步长分别为5min、5min、20min和30min,试验结束时,整个试验持续的时间分别为5min、10min、30min和60min。如果在试验的中间阶段或者试验结束,可以使用样品分离器从土壤材料中选择一个代表性样品去测试粒度分布分析及球度、圆度。

对于每一次磨蚀试验,使用功率传感器监测电机的电压和电流量,并用数据采集系统记录结果。表6-23为Rostami等在一系列的土的磨蚀试验中传动轴上测得的扭矩(根据电驱动装置的性能图反向计算)。结果表明,扭矩和刀具重量损失(在这种情况下为叶片盖)之间有很好的相关性。有些差异可归因于测量方法是间接的,通过驱动装置传动可能受到钻机齿轮箱以及机器和测试系统的一些外围条件的影响。同时,观察到的相关性表明,刀具的重量损失确实是开挖土体与其路径上的刀具、刀盘部件和其他接触面之间的摩擦的函数。图6-61显示了从各种试验中记录的扭矩及每个试验中盖子重量损失的函数。很明显,扭矩和重量损失之间存在相关性,但需要加以改进,也许可以通过直接测量螺旋叶片上的扭矩和轴向荷载来提高这种相关性。

软土磨蚀试验测量的扭矩 表6-23

土　样	含　水　率	扭矩(kN·m)	测试5min后的重量损失(g)
黏土	干燥(60r/min)	0.135	0.28
黏土	湿润(45wt.%)	0.113	0.07
黏土	干燥(105r/min)	0.079	0.12
黏土	干燥(180r/min)	0.052	0.09
石灰石砂(100%)	干燥	0.201	0.39
石灰石砂(75%)—砂(25%)	干燥	0.202	1.49
石灰石砂(50%)—砂(50%)	干燥	0.223	2.41

土　　样	含　水　率	扭矩(kN·m)	测试5min后的重量损失(g)
石灰石砂(25%)—砂(75%)	干燥	0.229	3.35
砂(100%)	干燥	0.24	3.52
石灰石砂(100%)	饱和的(22.5wt.%)	0.154	0.92
砂(100%)	饱和的(22.5wt.%)	0.148	1.17
砂(100%)	湿润(7.5wt.%)	0.148	13.89
砂(100%)	湿润(10wt.%)	0.143	10.41
砂(100%)	湿润(12.5wt.%)	0.144	9.5
砂(100%)	湿润(15wt.%)	0.28	4.39
砂(100%)	湿润(17.5wt.%)	0.363	1.22

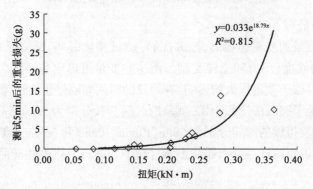

图 6-61　不同试验扭矩作用下的重量损失曲线

Rostami 等为了选择一致的初始土样磨蚀设置,参数研究法被用来研究土样磨蚀试验装置。除了研究表6-22所列参数,还对其他一些参数,如粒度分布、球度以及土体的力学性质(包括摩擦力),也在试验前后进行了测量。此外,还对施加的扭矩进行了监测,并进一步分析。以下介绍 Rostami 等的试验结果以及他们对不同变量的相关分析。

①螺旋叶片倾斜角和荷载对磨蚀的影响。

各种螺旋叶片倾斜角(相对于驱动轴的轴线或水平面的角度)被用来研究螺旋叶片倾斜角对叶片与室内土样之间接触应力的影响。在这项研究中,设计并制造了三种螺距分别为10mm、20mm 和 30mm 的螺旋叶片进行测试(图 6-62)。

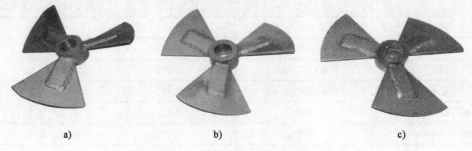

图 6-62　不同螺旋桨叶片倾斜角的螺旋桨

图 6-63 为在大气压下以 60r/min 的速度进行,使用风干的硅砂样品,硬度为 17 HRC 的叶片盖子,在不同时间步长(测试时间 5min、10min、30min、60min)测量的三个盖子的累积重量损失。螺旋叶片倾斜角为 10°、20° 和 30° 的试验结果比较表明,倾斜角为 10° 的螺旋叶片表现出最大的盖子重量损失,表明倾斜角 10° 会导致土颗粒和螺旋叶片之间最大限度的压缩和相互挤压。

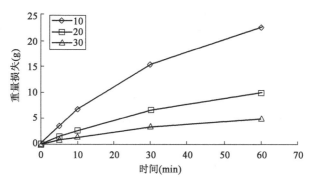

图 6-63　螺旋桨倾斜角对叶片盖子重量损失的影响

尽管其他螺旋叶片倾斜角可能会在较高速度下或在其他土样类型和水分含量上对土颗粒产生更高的压力,但倾斜角为 10° 的螺旋叶片表现的盖子重量损失明显高于其他两种倾斜角的重量损失,因此其他因素的影响可被忽略,从而确定所有后续研究和试验选择倾斜角 10° 的螺旋叶片。

图 6-64 为倾斜角为 10° 的叶片盖子试验前后的具有代表性的等高轮廓图和表面图。等高线图显示了试验前后的盖子厚度(0.4mm)以及盖子磨蚀的样式。基于试验前后的土样,研究了试验前后粒径演化和形状变化的可能性及其对土粒磨蚀特性的影响,如图 6-65 所示。结果证实,经过 1h 的测试,粒径分布以及球形度和圆度没有明显变化,对于砂和黏土样品都是如此。先前在小型测试设备中测试的砾石标本研究表明,试验对粗粒土的影响更大,但不足以改变其磨料特性。

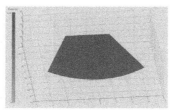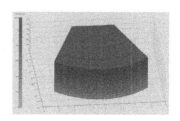

a)试验前的原始叶片盖子

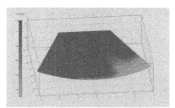

b)倾斜角为 10° 的叶片试验 1h 后的盖子

图 6-64　具有代表性的叶片盖子表面和等高线图

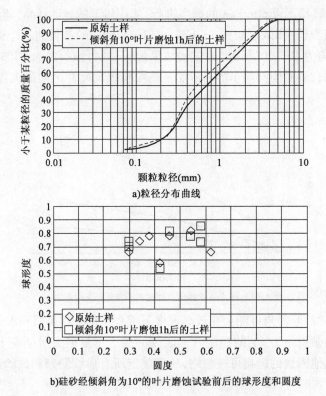

a) 粒径分布曲线

b) 硅砂经倾斜角为10°的叶片磨蚀试验前后的球形度和圆度

图6-65 试验前后粒度分布、球形度和圆度分布曲线

　　需要注意的是,如果在测试过程中土的性质(即粒度分布和形状)有改变,则试验结果不能代表现场条件下土样的磨损特性。这是由于在掘进机的工作面和切割压力箱中开挖工具与开挖的材料接触,并在土体穿过刀头时与土体相互作用,在这种情况下,开挖工具会不断暴露于新的土体中。因此,在测试中保持粒径尺寸和形状不变是需要解决的问题。目前的试验结果分析表明,该试验系统不会改变土壤成分和性质,从而保证土体在磨蚀试验过程中不会发生较大变化。

　　②含水率对磨损的影响。

　　众所周知,水分含量和水的存在可以改变土体的磨蚀特性和土颗粒与盾构机各种零件之间的摩擦。许多承包商和机器制造商在现场观察到这种现象,工作面的水通常(并非总是)会增加在各种机器零件上的磨损。这可能是由多种原因造成的,包括细颗粒土之间的黏聚力,可构建一个土骨架来容纳更多的磨蚀颗粒,从而改变土颗粒的力学性能,并最终增加其延展性,导致细颗粒很容易在工作面刀具上聚集并磨损工作面上的刀盘面板。其次,细颗粒附着在刀盘的各个部位和土仓之间,限制了土体的流动。土体压实也可能导致部分相对结实的土饼附着在刀盘和土仓之间。

　　为了系统地研究含水率的影响,用7.5%、10%、12.5%、15%、17.5%、22.5%(饱和样品)含水率的硅砂,在硬度为17HRC的叶片盖子上进行了试验,试验结果如图6-66所示。可以看出,盖子的磨损和重量损失从干燥的样品到刚好湿润的条件(在这种情况下为7.5%的含水率)下显著增加并达到最大值。也就是说,在恰好湿度的条件下(相对于干燥状态),土体颗粒之间的摩擦力增加,但是,当含水率增加到超过7.5%时,盖子的重量损失会减少,土的磨蚀性提高。

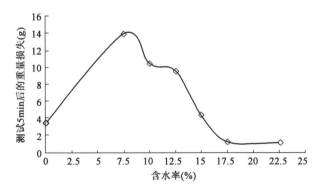

图6-66　硅砂在不同含水率下测试5min后硬度17 HRC盖子的重量损失曲线

③材料硬度对磨损的影响。

为了研究材料类型和硬度对刀具磨损行为的影响,采用不同硬度的叶片盖进行了一系列试验。这些试验的目的是通过研究总体趋势,客观地选择刀具的硬度作为标准硬度,以在试验后提供可靠、可重复和可测量的重量损失。

在大气压下对干燥硅砂样品进行了5组转速为60r/min的试验。用于这些试验的材料硬度为17HRC、31HRC、43HRC、51HRC、60HRC。如前所述,在含水率为10%的硅砂中进行了4组试验,10%含水率下的试验结果如图6-67所示,干燥条件下的试验结果如图6-68所示。由这些结果可以推断,各种材料硬度对磨损的影响很大程度上取决于含水率。在干燥条件下,硬度的增加会减少材料的损失,而在湿润条件下,硬度的增加会导致磨损的增加。换句话说,在干湿条件下,刀具磨损与周围水分条件的关系相反,显然这需要进一步的测试、观察和分析。

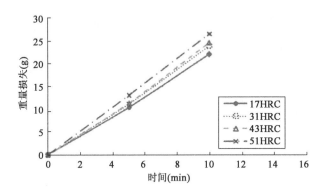

图6-67　不同硬度的盖子在含水率10%硅砂样品测试的重量损失曲线

从图6-68中可以看出,硬度从17HRC增加到60HRC,重量损失量从22.55g减少到18.70g,但是这种损失降低并不明显,硬度17HRC、31HRC、43HRC的叶片重量损失几乎没有变化。目前正在对这些试验结果进行分析,以验证这些试验的结果,并验证不同材料的磨损是否符合与磨蚀相关的摩擦趋势。

④环境压力对磨损的影响。

磨蚀和工具磨损问题非常关键,特别是对于有压力工作面隧洞作业,开挖、刀具检查、维护和更换都是在极其困难的条件且有压力的情况下进行的,以抵抗工作面存在的流动地下水压力,被称为带压进仓,软土地层机械化掘进是一项成本高、风险大的作业。为了在实验室内解决这个问题,通过在硬度为 17HRC、31HRC、43HRC、52HRC 的盖子上进行 12 次 0、3.1bar 和 6.2bar 压力的试验,研究了饱和条件下压力的影响。试验结果如图 6-69 ~ 图 6-72 所示。结果表明,随着环境压力的增加,磨损重量损失增加。这一结果与在现场实际观测到的规律一致。由于环境压力增加而产生的额外磨损量并不显著,压力的影响似乎在硬度较低的工具上更为明显。

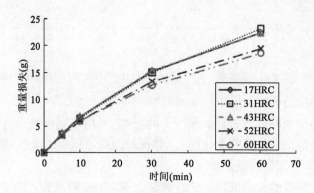

图 6-68　不同硬度的盖子在干燥硅砂样品中的重量损失曲线

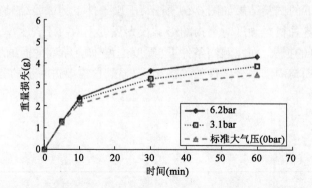

图 6-69　不同压力下饱和硅砂样品中硬度 17HRC 盖子的重量损失曲线

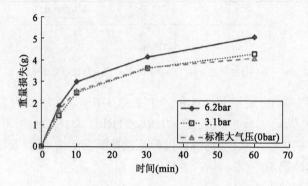

图 6-70　不同压力下饱和硅砂样品中硬度 31HRC 盖子的重量损失曲线

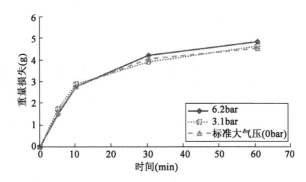

图6-71 不同压力下饱和硅砂样品中硬度43HRC盖子的重量损失曲线

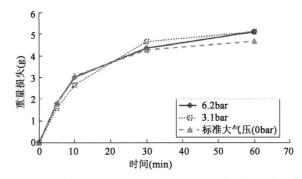

图6-72 不同压力下饱和硅砂样品中硬度51HRC盖子的重量损失曲线

⑤矿物相对硬度的影响。

决定土体磨蚀的最重要参数之一是其组成矿物的类型和耐磨性/硬度。为了研究这一参数,在干燥条件下使用硅砂(具有磨蚀性)和石灰石砂(不具有磨蚀性)的各种组合进行了一系列试验。图6-73显示了这两种砂的混合比,这些混合物的加权平均莫氏硬度和等效石英含量,以及在17HRC和31HRC盖子上测得的重量损失。图6-73显示了试验1h后17HRC和31HRC盖子的重量损失,作为石灰石和硅砂在混合物中百分比的函数。由这个数字可以清楚地看出,通过增加混合料中硅砂的百分比,重量损失量会增加。图6-74和图6-75分别表达了试验1h后17HRC和31HRC盖子的重量损失与混合物加权平均莫氏硬度和等效石英含量的函数。可以看出,与加权平均莫氏硬度相比,等效石英含量显示出更好的分布。

试验结果表明,增加试样的平均硬度将增加磨损,这与预期的或多或少呈线性关系。在这些试验中,盖子硬度的增加并未改变刀具/土样组合的磨损特性,17HRC和31HRC刀具在不同土样中的表现大致相同。显然,需要更多的测试和额外的数据来对此问题做出明确的结论,并且曲线的形状可能会因材料硬度和它们的表面特性而变化,这些特性反映在单个矿物颗粒的摩擦学行为以及各种矿物与开挖工具之间的摩擦中。在这个问题上需要研究的其他因素是颗粒的圆度和水分含量对材料性能的影响。初步试验表明,从长期来看,土体矿物含量与加权平均硬度(维氏硬度、莫氏硬度、石英含量等)和潜在土体磨损指数之间似乎有可能建立一种关系。

表6-24为硬度17HRC和31HRC的盖子在干燥条件下与不同混合比的硅砂和石灰岩砂试验之后的重量损失。

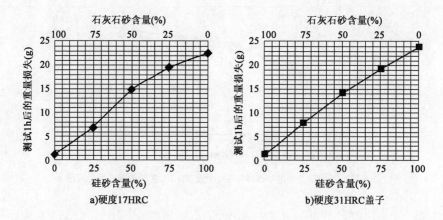

图 6-73　不同硬度盖子在干燥条件下的重量损失曲线

注：上横轴为混合物中石灰石砂、下横轴为硅砂的质量百分比。

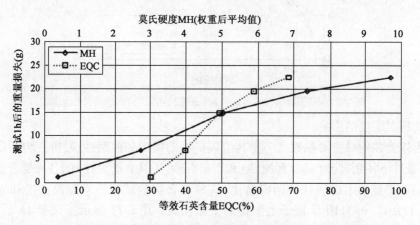

图 6-74　干燥条件下硬度 17HRC 盖子的重量损失曲线

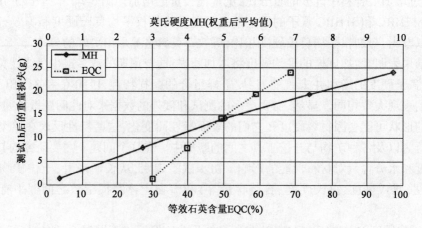

图 6-75　干燥条件下硬度 31 HRC 盖子的重量损失曲线

硬度17HRC和31HRC盖子试验后的重量损失　　　　　表6-24

石灰石砂 （％）	石英砂 （％）	等效石英含量 EQC(％)	平均莫氏硬度权重	17HRC/231HV	31HRC/310HV
0	100	97.126	6.852	22.554	23.942
25	75	73.782	5.889	19.609	19.383
50	50	50.438	4.926	14.882	14.168
75	25	27.094	3.963	6.958	7.89
100	0	3.75	3	1.269	1.378

⑥上覆土压力对磨损的影响。

为了研究样品大小和重量对土体磨损的影响,采用螺旋叶片倾斜角10°在大气压下对干硅砂样品进行了4组60r/min转速的试验。这些试验的材料硬度为17HRC,试验进行了15min之后,试验箱中放置的土样发生了变化。研究发现,试样重量和土样至螺旋叶片顶部的深度变化对刀具的磨损和重量损失有重大影响。试验结果见表6-25和图6-76所示。

试验15min后17HRC盖子的重量损失　　　　　表6-25

土样的重量（kg）	试样体积（L）	叶片上部覆土深度（mm）	重量损失(g)
22	14	50	0.06
27	17	100	2.13
40	25	150	8.18
57	35	200	19.17

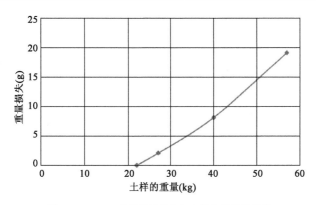

图6-76　15min后的重量损失与土样重量关系曲线

试验的主要目的是为选择标准试验室中的样品体积(以及叶片上的盖子)提供足够的信息。结果表明,随着土样重量(叶片顶部覆土深度)的增加,盖子重量损失显著增加。根据试验结果,每次试验使用约40kg土样,将试验箱填充至离底部约300mm的高度,叶片顶部有150mm的土样。这对于大多数常见的土样类型是正确的,但是,在最终确定标准测试配置之前,需要考虑重矿物含量高的土样。显然,这个体积是任意的,可以改变,但考虑到试验箱的大小,并尽量保持所需样品的量尽可能小,目前认为是合适的。虽然增加土体重量可能会产生更明显的土样磨损量,但在实践中,从岩土工程现场获得足够的土样可能是一个问题。

⑦细粒土样品。

如前所述,在初步研究中使用了富含石英的黏土样(65.5%石英、15.4%高岭石、6.9%白云母、4.1%偏埃洛石)以代表细粒土样品及其对磨损性能的影响。样品来自弗吉尼亚州北部的一个项目现场,那里正在对一个含有一层黏土的现场进行岩土工程勘察。硬度17HRC和43HRC盖子在干黏土上进行1h试验后的结果如图6-77所示。这一数据证实,尽管被测黏土样品中研磨性矿物的含量相当高,但细粒土样品造成的重量损失和磨损较小。此外,与硅砂样品的硬度结果相反,通过将盖子的硬度从17HRC增加到43HRC,重量损失量显著减少。由于黏土样品中的重量损失较低,因此决定研究螺旋叶片转速对工具重量损失的影响。为此,在干黏土样品上进行了三次转速分别为60r/min、105r/min、180r/min的试验,试验结果如图6-78所示。

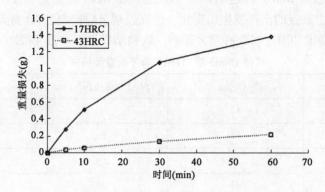

图6-77　干黏土中的重量损失曲线

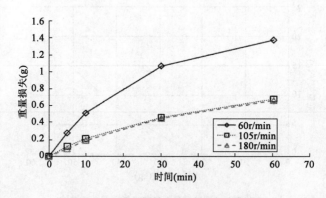

图6-78　在不同转速下的重量损失曲线

可以看出,通过增加转速,螺旋叶片上的重量损失或磨损量减少。需要注意的是,通过将转速从60r/min增加到180r/min,施加在样品上的扭矩量从0.135kN·m减少到0.052kN·m。这也证实了土体颗粒和刀具表面之间由于非常高的速度而产生的接触对于模拟TBM刀盘表面实际发生的情况不是一个很好的代表。此外,在细粒土中进行了45%含水率的试验,以观察水分对试验结果和土体磨损行为的影响。图6-79表明表面接近饱和的土体条件可减少刀具磨损。计划进行更多的试验,以研究含水率对细粒土中0(干样品)和45%含水率之间的变量范围内刀具磨损的影响。

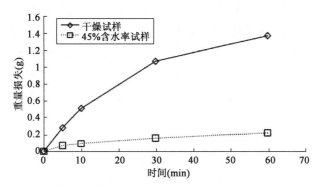

图6-79　不同含水率下的重量损失曲线

宾州州立大学提出的新型软土磨损试验机的初步试验结果表明,在模拟开挖工具的工作条件以及开挖土体与土体之间的相关接触面的环境中,对土体磨损特性进行相关试验,应用于软土隧道机械化施工中具有很大的潜力。该装置允许模拟土体流动模式、高接触应力、含水率、压力和初始土体成分。目前的研究结果对于区分不同的土体及其对刀具磨损的影响是非常有效的,这项研究的一些发现可以总结如下:

a. 螺旋叶片倾斜角接触应力的影响非常重要,到目前为止,倾斜角10°的螺旋叶片在土样中产生最高的接触应力和压实效果。

b. 含水率的影响非常重要,土体介质中水分的存在会显著改变其磨损行为,并使土体耐磨性增加数倍,尤其是当含水率接近最大压实的最佳含水率时。

c. 当含水率超过最佳百分比时磨损减少,饱和土体样品的耐磨性似乎略低于干土。

d. 刀具磨损对刀具硬度的敏感性不如最初假设的那样高。在许多试验中,较硬的盖子上的磨损与洛氏硬度较低的盖子上的磨损效果相似。结果还表明,盖子的磨蚀对土样含水率和粒径分布具有一定的敏感性。

e. 在细粒土中,刀具硬度的影响更为显著,是提高刀具使用寿命的重要因素。总体而言,刀具磨损硬度对土样粒径和含水率的敏感性有待进一步研究。

f. 即使在石英含量相对较高的情况下,细粒土的磨损也较低。换言之,虽然黏土样的黏土矿物比石英的细颗粒少,但其磨损仍比硅砂小得多。

g. 对于有限体积的材料,较高的流速和土体运动的动态影响可导致较低的磨损。这可能是由于干样品中较低的接触应力和湿样品中孔隙压力的影响。

h. 增加环境水压会略微增加刀具磨损。然而,通过压实原位土体而增加的土体压力会对刀具磨损产生显著影响,并使刀具磨损增加很大比例。

i. 矿物的石英百分比或通常的加权平均(当量石英含量)硬度对土体的磨损特性有影响。

j. 一旦建立了土体磨蚀指数,就有可能在这些操作/测试参数和土体磨蚀指数之间建立一种关系。这意味着,对于无法直接测量土体耐磨性的项目,可以使用根据各种土体性质计算的指数来评估表面土体条件变化时的刀具磨损。

6.6.3 SGAT 磨蚀试验

软土地层刀具寿命预测是一个复杂的问题。Gharahbagh 等指出 PSAT 试验的土体样品在试验前并未固结,因此,土样密度/固结度是不可控变量。此外,在试验过程中,螺旋叶片处于固定位置(不能穿透新鲜土样材料),土样改良剂只能用在已预处理的土样上。为了研究和量化现场软土地层的耐磨性,开发了 SGAT 磨蚀试验装置,可用于测定软土地层 TBM 掘进时原状土的耐磨性以及各种土质和改良土的扭矩。该装置能够评估土的磨蚀性,如受含水率、压力、压实度或密度以及土体改良剂的影响。

(1)试样制备

在试验前,所有土样在 30℃ 的通风烘箱中干燥 48h。干燥后,从样品中去除 10mm 以上的颗粒。加水并把水和土混合,为确保水能够分布均匀,须用手将水和土仔细混合。为了避免土颗粒被压碎,从而在试样中引入更多的细粒,须极为小心地混合。

试样制备完成后,按表 6-26 所示的不同压实等级分为 4 层。将固定体积的土样放置于试验箱中,样品重量在 6500～8000g 之间变化,主要取决于颗粒密度和压实程度。目前,研究人员尚未对样品随各种压实度变化的情况进行试验,随着推力和扭矩的增加,底部的压实度会增加。

土壤压实度和密度对土样磨蚀值和扭矩的影响　　　　　表 6-26

密度（kg/m³）	压　实	磨蚀值（mg）	平均扭矩（N·m）
1544	无	52	8.7
1886	5 次/4 层	82	10.7
1958	10 次/4 层	75	11.2
2058	15 次/4 层	92	13.2
2109	20 次/4 层	92	11.4
2228	30 次/4 层	115	17

在 SGAT 装置的研制过程中,已经尝试了三种制样方式,如图 6-80 所示:①试验前在压实土样顶部添加土体改良剂;②在试验期间连续注入泡沫;③在试验前预混合土和土体改良剂。试验发现,方法②最接近工程实际。

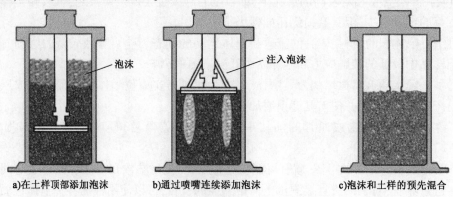

a)在土样顶部添加泡沫　　　b)通过喷嘴连续添加泡沫　　　c)泡沫和土样的预先混合

图 6-80　在 SGAT 装置中添加土体改良剂的三种情况

（2）试验装置

SGAT 装置包括驱动装置（旋转和垂直移动）、传动轴连接可更换的类似刀盘刀具的钻具（由两个维氏硬度等于 20 的钢筋组成）、带盖的土体样品容器（密封压力高达 6bar）和泡沫泵，如图 6-81 所示。在试验过程中，水、膨润土或土体改良剂可直接连续添加在十字形钻具上，模拟真实的 TBM 掘进，十字形钻具如图 6-82 所示，其化学成分见表 6-27。旋转和贯入由两个独立的具有传动比的伺服驱动，电机使用标准模拟信号 IO（0～10V）进行位置、转速、贯入度、推力和扭矩的控制。这些数据与用于测量 SGAT 试样腔内压力的专用信号一起，连续记录并显示在控制软件中。

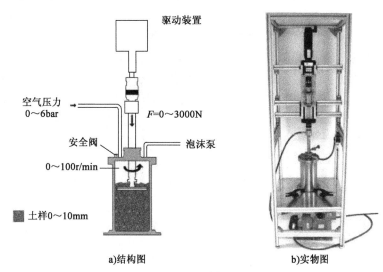

a)结构图   b)实物图

图 6-81   SGAT 磨耗试验机

注：试验台高 210cm，宽 75cm，土体样品容器高 30cm，内径 15cm。

图 6-82   SGAT 十字形钻具

注：钢筋截面为 1cm×1cm，下部钢筋上的孔为土体改良剂的喷嘴。

用于 SGAT 十字形钻具的化学成分   表 6-27

碳 C	硅 Si	锰 Mn	锂 Ni	磷 P	硫 S	铬 Cr	钼 Mo
0.43～0.45	Max 0.4	0.5～0.8	Max 0.4	Max 0.045	Max 0.045	Max 0.4	Max 0.1

钻具由两个固定在支架上的钢筋组成，可实现土样和添加过土体改良剂的改良土体之间

的混合,并确保钻具和压实土样之间保持相对较高的接触力,同时也提供了区分下部钢筋的主要磨蚀和在上部钢筋的次要磨蚀的可能性。钢筋的长度为13cm,试验允许在钻具和试验容器外围之间通过的最大颗粒粒径须不大于20mm。试验容器的内部表面由钢构成。为了检验试验装置,一些试验是在没有加盖子的情况下进行的,以查看试样是否随钻具旋转。

(3)试验步骤

SGAT试验可以在不同的试验方案下进行。比如固定扭矩以不同的垂直贯入度或不同的转速进行试验。通过固定旋转速度和垂直距离来研究扭矩和推力的变化,得出贯入度约为15cm/r,推进速度40mm/min,也可以降低贯入度,甚至在没有任何贯入的情况下进行试验。

在100r/min转速下进行试验得出的运行速度约为0.7 m/s。该试验结果在TBM刀具的线速度范围内,TBM滚刀的线速度通常在0.1~1.5m/s之间,这取决于刀具的位置。

钻具的钢筋在使用前边缘是锋利的。为了避免钢筋一次使用后就更换钻具,钻具在第一次试验前须在土体样品研磨剂中磨合2h。作为标准测试程序,推进速度和旋转速度是固定的,而推力和扭矩的变化取决于土质和土体改良剂的用途。这种方法是为了比较不同土样的扭矩要求,衡量土是容易或较难利用机械开挖,以及对钢材磨损率的影响指标。

(4)数据记录与处理

试验过程中位置、转速、贯入度、推力、扭矩和试验箱的压力可通过软件记录,试验完成后测量钻具的重量损失。

Jakobsen等通过对欧洲某软土TBM项目中粒径在0~6.4mm之间的土样进行试验,研究了密度、压力和土体改良剂对磨损率和扭矩的影响,下面引用他们的试验结果作为示例。

图6-83为不同压力下的钻具的重量损失(磨蚀值),下部钢筋(试样A)和上部钢筋(试样B)。图6-84为SGAT试验中水分含量对钻具重量损失和扭矩的不同影响。

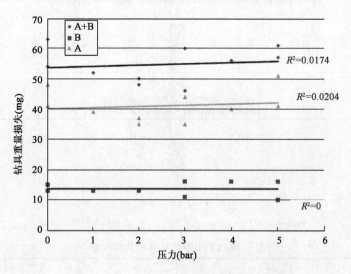

图6-83　不同土压力下钻具的重量损失(磨蚀值)

如图6-85所示,试验结果表明,在土样顶部添加泡沫可减少钻具的重量损失。然而,试验时发现泡沫没有与试样容器底部的土样均匀混合。这表明土样上部的泡沫注入率(FIR)过高,而下部土样则无泡沫。在常压下进行的试验的泡沫膨胀率(FER)为10,泡沫注入率(FIR)为30%。

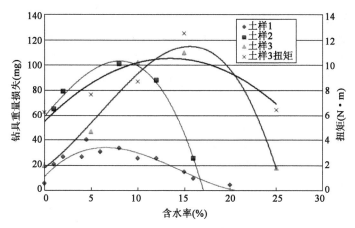

图6-84 相同压实步骤下不同含水率土样耐磨性变化曲线(用击实试验锤分4层锤击5次)与土样3在不同含水率下扭矩变化散点图

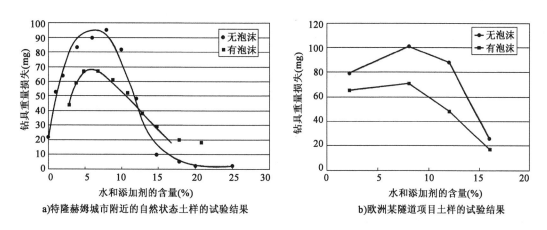

a)特隆赫姆城市附近的自然状态土样的试验结果　　　b)欧洲某隧道项目土样的试验结果

图6-85 钻具重量损失与土体改良添加剂的关系

6.7 松散系数

　　土压平衡盾构施工中,出土依靠螺旋输送机进行。理论上螺旋输送机的排土量 Q_s 是由螺旋输送机的转速 N 来决定的,且与掘进速度决定的理论渣土量 Q_0 相当:

$$Q_s = V_s \times N \tag{6-26}$$

$$Q_0 = A \times v \times n \tag{6-27}$$

式中:V_s——螺旋输送机每转一周的理论排土量;

　　　A——切削断面面积;

　　　n——松散系数;

　　　v——推进速度。

盾构掘进过程中,掘进参数较不稳定,渣土改良效果不佳,出渣量较难控制,为明确目前掘进的松散系数是否合理,更好地改良渣土、控制出渣量,需通过试验对此地层松散系数进行确定。

由于土壤的可松散性,天然密实土挖出来后体积将扩大(称为最初松散),在渣土改良加入膨润土、水、聚合物和泡沫剂后的体积比最初天然密实土的体积要大(称为最后松散),也比最初松散的体积要大。

(1)计算原理

计算公式如下:

$$n_1 = \frac{V_2}{V_1} \tag{6-28}$$

$$n_2 = \frac{V_3}{V_1} \tag{6-29}$$

式中:V_1——土在天然密实状态下的体积;

　　　V_2——土经过开挖后的松散体积(虚方);

　　　V_3——土经过渣土改良后的体积。

根据土的三相组成,土的体积由固体颗粒、空气和水组成,即 $V = V_s + V_a + V_w$,$V_{1s} = V_{2s}$。因此,上式可改写为:

$$n_1 = \frac{V_2}{V_1} = \frac{V_{s2} + V_{a2} + V_{w2}}{V_{s1} + V_{a1} + V_{w1}} = \frac{1 + \dfrac{V_{v2}}{V_{s2}}}{1 + \dfrac{V_{v1}}{V_{s1}}} = \frac{1 + e_2}{1 + e_1} \tag{6-30}$$

其中,孔隙比 e 可通过下式计算:

$$e = \frac{\gamma_w G_s (1 + w)}{\gamma} - 1 \tag{6-31}$$

式中:γ_w——水的重度;

　　　G_s——土粒比重;

　　　w——含水率;

　　　γ——土的重度。

因此,对于未进行渣土改良土体的松散系数,有:

$$n_1 = \frac{1 + e_1}{1 + e_2} = \frac{\dfrac{\gamma_w G_{s1}(1 + w_1)}{\gamma_1}}{\dfrac{\gamma_w G_{s2}(1 + w_2)}{\gamma_2}} = \frac{G_{s1}(1 + w_1)\gamma_2}{G_{s2}(1 + w_2)\gamma_1} \tag{6-32}$$

从上式可以看出,土粒比重开挖前后并未发生变化,即 $G_{s1} = G_{s2}$,理论上在计算松散系数

时仅需要考虑含水率的变化和土的重度的变化。含水率可通过实际情况测量,土的重度可通过下式计算:

$$\gamma = \frac{mg}{V} \tag{6-33}$$

土体在天然状态下被认为是密实状态,孔隙比最小,而在开挖后为松散状态,孔隙比最大,因此可通过测定最大与最小干密度来确定 n_1,得:

$$n_1 = \frac{1 + e_{\min}}{1 + e_{\max}} \tag{6-34}$$

需要注意的是,按照《土工试验方法标准》(GB/T 50123—2019)测得的最大与最小干密度为不含水的最大与最小干密度,对于含水情况的最大与最小干密度并没有规范可以参考。

对于进行过渣土改良的土体,由于加入膨润土等, $V_{s1} \neq V_{s3}$,松散系数与土的颗粒相对密度、含水率和土的重度相关,其中:

$$n_2 = \frac{V_3}{V_1} = \frac{V_{s3} + V_{a3} + V_{w3}}{V_{s1} + V_{a1} + V_{w1}} \tag{6-35}$$

根据《土工试验方法标准》(GB/T 50123—2019),土粒比重可通过下式计算:

$$G_s = \frac{m_s}{V_s \rho_{w1}} \tag{6-36}$$

对于含有膨润土和天然土体的渣土能否通过上式计算还需要进一步考虑。

(2)试验材料

选择与目前掘进地层类似的地方获取土样。

(3)试验设备

①机械:搅拌机1台、桶6个。

②掺加料:自来水、发酵好的膨润土、泡沫。

(4)试验步骤

首先,在地面画出6个1m×1m的方框,进行人工开挖,开挖深度均为0.5m,并应先中间后四周进行。

然后,将挖出的土铲入圆形铁皮桶内,依①~⑥编号,并测出每组土样的体积。

最后,加水搅拌、加膨润土搅拌,依次向①~③号土样中加入0.1m³、0.2m³、0.3m³自来水,向④~⑥号土样中加入0.1m³、0.2m³、0.3m³发酵好的膨润土,同时加入2L的泡沫,并充分搅拌。

(5)数据记录与处理

按照试验原理进行相关计算,数据记录于附表6-7中。

第 7 章

掘进性能预测模型

    TBM 对地质条件极其敏感,且前期投资较大,准确预测特定地质条件下的 TBM 性能对于隧道施工方法选择、施工进度安排和成本估计至关重要。在工程可行性研究阶段,建设方需要用预测模型来进行经济评估及工法选择,对于提高掘进效率、降低掘进能耗具有一定的研究价值。在施工阶段,建设方可以用施工预测模型来评价施工方的进度,承包商也需要用预测模型来预算投标价格;施工方也可根据施工进度与预测进度进行对比分析,找出施工中存在的问题。

    通过对国内外基于理论模型和复杂经验模型中使用的岩体参数和机器参数的频率统计,发现影响 TBM 性能的机器参数主要包括单刀推力、刀盘转速、刀具直径、刀间距、刀尖宽度及滚刀岩石接触角等;岩体参数主要包括不连续面间距、岩石单轴抗压强度、不连续面和隧道轴向之间的夹角、隧道直径和岩石脆性等。本章首先介绍国内外 TBM 性能预测模型的研究进展,接着介绍评价 TBM 性能的基本参数和国内外岩体工程分级方法,最后对目前常用的 TBM 性能预测模型进行较为详细的介绍。

7.1 掘进性能预测模型概述

    由于 TBM 与岩体相互作用的复杂性,很难从理论的角度上去预测。但是随着 TBM 技术的发展,施工预测模型也经历了由单因素预测模型到多因素预测模型的变化,而且一些模型被广泛应用于隧道工程的预测和评价。在这些预测模型中,有些是基于实际隧道工程数据,有些则是基于室内试验与实际工程数据相结合。目前国内主要通过以下 3 个方面研究 TBM 施工性能:一是基于 TBM 施工现场性能数据和地质资料,研究岩体参数(岩体完整性、岩石单轴抗压强度和岩石磨蚀性等)和机器参数(TBM 总推力和扭矩等)对 TBM 施工性能的影响;二是基于数值模拟和室内试验,研究岩体参数(节理间距、节理走向和围压等)和刀具参数(刀刃宽度和刃角等)对滚刀破岩的影响;三是根据国外的相关研究成果,探讨 TBM 性能预测研究思路。

目前国外在 TBM 性能预测模型方面研究较多,自 20 世纪 70 年代以来,国外已经开发了 30 多个 TBM 性能预测模型。所有的 TBM 性能预测模型可以分为两大类,即理论模型和经验模型。理论模型基于刀具破岩机制,通过压痕试验或室内全尺寸切割试验,分析作用在单把刀具上的切割力,从而得到刀具力平衡方程,其中最著名的是美国科罗拉多矿业学院开发的 CSM(Colorado School of Mines)模型。CSM 模型主要是基于线性切割试验机岩石试验数据,其初始预测模型中包括岩石单轴抗压强度和抗拉强度。

在岩土工程实践中,基于统计数据的经验公式已被广泛用于预测目标变量。经验公式在项目可行性研究阶段、设计阶段和施工阶段都能发挥很大作用,因为相对于理论分析,经验公式更加实用,且更易被施工人员掌握。出于简单方便考虑,早期开发的经验模型一般只考虑一个或两个岩石力学参数,如岩石单轴抗压强度、抗拉强度或硬度等。由于简单模型预测精度不高,目前已基本不再使用。后期开发的经验模型通过收集大量的岩体参数和机器参数,构建庞大的 TBM 性能数据库,运用多元回归分析、模糊数学和神经网络等方法,开发了众多复杂经验模型,其中最著名的是挪威科技大学开发的 NTNU 模型。NTNU 模型是一套完整的预测模型,包括掘进速度、进度预测、刀具的磨损预测及经济分析,在它的施工进度预测模型中,考虑了岩石的可钻性、孔隙度及岩体节理的密度和方向。

另外,一些研究人员基于岩体质量分级,尝试开发新的岩体可掘性分级系统,将 TBM 性能与岩体可掘性分级系统联系起来,其中比较有名的有 Q_{TBM} 模型和 RME 模型。Q_{TBM} 模型源自 Q 系统,加入了一些与 TBM 及与掘进速度相关的参数。

经验模型又分为简单模型和复杂模型,以时间顺序对国外开发的各种 TBM 性能预测模型进行简要回顾,见表 7-1。由表 7-1 可知,早期学者们主要预测的对象为刀盘每转进尺,后来逐渐开始预测净掘进速率、设备利用率、施工速度等指标,但主要侧重于预测 TBM 净掘进速率。

国内外 TBM 掘进性能预测模型统计表(以 PR 为主)   表 7-1

来　　源	年份(年)	方法分类	预测对象	岩体参数	机器参数	模型参数
Tarkoy	1973	经验	PR	总硬度为 -242 ~ 2 的石灰岩、页岩、砂岩、石英岩、片岩、白云岩	$0.076 \leqslant PR \leqslant 3.716$	HT
Roxborough 和 Phillips	1975	理论/经验	PRev	—	—	Cutter force (V type)
Graham	1976	经验	PRev	UCS = 140 ~ 200MPa		F_n,UCS
Farmer 和 Glossop	1980	经验	PRev	8 条 TBM 隧道施工性能数据和地质资料		F_n,σ_t
Cassinelli 等	1983	经验	PR	RSR		RSR
Snowdon 等	1982	理论/经验	PRev	砂岩、玄武岩、花岗岩,UCS = 50 ~ 340MPa,BTS = 3.5 ~ 27.5MPa,BI = 11 ~ 17.5	—	Cutter force (V type)

来　　源	年份(年)	方法分类	预测对象	岩体参数	机器参数	模型参数
Nelson	1983	经验	FPI, PR	4条沉积岩TBM隧道施工性能数据和地质资料,页岩、砂岩、石灰岩	—	HT
Bamford	1984	—	—	2条TBM隧道施工性能数据和地质资料(澳大利亚),层理间距为0.3~0.5m	—	—
Sanio	1985	理论/经验	PRev	—	—	Cutter force (V type)
Hughes	1986	经验	PR	煤岩	—	F_n, UCS, DC
Boyd	1987	理论/经验	PR	—	—	HP, SE, A, η
Innaurato 等	1991	经验	PR	5条总长19km的TBM隧道施工性能数据和地质资料,112组有效数据	—	RSR system
O'rourke 等	1994	经验	FPI	变质岩	—	HT
Sundin 和 Wänstedt	1994	—	—	UCS = 65~200MPa, I_s (so) = 1~9MPa, CAI = 1.9~5.9, 韧性:2.2~2.3, 云母片岩、片麻岩、花岗岩	—	—
Bruland	1998	经验	PR, U, AR	35条总长超过250km的TBM隧道施工性能数据和地质资料,DRI = 20~80, UCS = 25~350MPa, $n <$ 10%, $J_s > 50$mm	—	α, DRI, BWI, CLI
Barton	2000	经验	PR	未提及收集了多少条TBM隧道施工性能数据和地质资料, $Q_{TBM} > 1$	—	Qsystem
Alber	2000	经验	PR	超过100km的TBM隧道施工数据和地质资料	—	UCS, RPM, RMR, F_n
Alvarez Grima 等	2000	经验	PR, AR	超过640条TBM隧道施工性能数据和地质资料	—	CFF, UCS, RPM, D_c, TF
Yagiz	2002	理论/经验	PR	纽约皇后隧道,隧道总长7.5 km, 151组有效数据,曼哈顿片岩、片麻岩、角闪岩, UCS = 115~200MPa, BTS = 6.5~11.5MPa, J_s = 0.2~2m, α = 2°~89°	罗宾斯235~282(敞开式),50把19in滚刀,TBM直径7.06m, 推力:17150kN,扭矩:3618.5kN·m,功率:3147kW,转速:0~8.3r/min	CSM, α, PSI, DPW, CAI
Sapigni 等	2002	—	—	3条隧道(意大利),总长14km, 700多组有效数据	维尔特340/420 E,罗宾斯111-234-3,罗宾斯1214-240	—
Ramezanzadeh	2005	—	—	11条总长超过60km的TBM隧道施工性能数据和地质资料		

续上表

来　源	年份(年)	方法分类	预测对象	岩体参数	机器参数	模型参数
Ribacchi 和 Fazio	2005	—		Varzo 隧道(意大利),研究隧道总长 4.5km,片麻岩,UCS = 100 ~ 200MPa,RMR = 70% ~ 90%	罗宾斯 1214-240(双护盾),27 把 17in 滚刀,TBM 直径 3.84m 推力 900kN,扭矩 558kN·m,功率 700kW,转速 0 ~ 9r/min	—
Bieniawski 等	2007	经验	PR,AR	总长 1724m 的敞开式 TBM 隧道,49 组有效数据;总长 3620m 的单护盾 TBM 隧道,62 组有效数据;总长 20.7km 的双护盾 TBM 隧道,225 组有效数据		RME
宋克志等	2008	—	—	重庆越江隧道,总长 925m,泥岩、砂岩交互地层,UCS = 7.3 ~ 21.9MPa(泥岩),UCS = 26.7 ~ 69.4MPa(砂岩)	泥水平衡盾构,17in 滚刀,外径 6.57m,推力 37000kN,脱困扭矩 3500kN·m,扭矩 3050kN·m(4r/min),转速 0 ~ 5r/min	—
Yagiz	2008	经验	PR	—	—	DPW,α,BI,UCS
Gong 和 Zhao	2009	经验	PR	DTSS 项目 T05 和 T06 隧道(新加坡),总长 22.2km,47 组有效数据,花岗岩(主要类型)、砂岩,UCS = 100 ~ 260MPa,BI = 8 ~ 22,J_v = 0 ~ 30 节理数/m,α 角 = 10° ~ 80°	2 台海瑞克土压平衡盾构机,直径分别为 4.88m 和 4.45m,T05 中的 TBM 推力:26600kN,改进后滚刀数量由 35 把降低为 33 把,刀间距由 90mm 增大为 100mm	UCS,BI,J_v,α
温森等	2009	经验	PR	同上(S. Yagiz,2002)		UCS,BTS,PSI,DPW,α
Hassanpour 等	2009	经验	FPI,PR	Zagross 2 号输水隧洞(伊朗),研究隧道总长 5.3km,37 组有效数据,碳酸盐—黏质土岩石(石灰岩、页岩),UCS = 30 ~ 150MPa,RQD = 40% ~ 100%,J_s = 0.15 ~ 0.5m	海瑞克 S-157(双护盾),42 把 17in 滚刀,TBM 直径 6.73m,推力 28134kN,扭矩 4450kN·m(9r/min),功率 2100kW,转速 0 ~ 11r/min,刀间距 90mm	UCS,RQD
Hassanpour 等	2010	—	—	Karaj 输水隧洞(伊朗),总长 15.9 km,40 组有效数据,火成碎屑岩(凝灰岩、砂岩、粉砂岩等),UCS = 30 ~ 150MPa,BTS = 5 ~ 12MPa,J_s = 0.1 ~ 0.8m,α = 30° ~ 70°	海瑞克 TBM(双护盾),31 把 17in 滚刀,TBM 直径 4.65m,推力 16913kN,扭矩 1029kN·m(11r/min),功率 1250kW,转速 0 ~ 11r/min,刀间距 90mm	—

续上表

来　源	年份(年)	方法分类	预测对象	岩体参数	机器参数	模型参数
Hassanpour 等	2011	经验	FPI	4 条隧道(3 条来自伊朗,1 条来自新西兰),总长 55.4km,158 组有效数据,覆盖三大类型岩石,UCS = 20～240MPa,RQD = 10%～100%	1 台海瑞克双护盾 TBM (4.65m),1 维尔特双护盾 TBM(4.525m),1 台海瑞克双护盾 TBM(6.73m),1 台罗宾斯敞开式 TBM (4.65m)	UCS,RQD
Khademi Hamidi 等	2010	经验	FPI, PR	Zagross2 号输水隧洞(伊朗),研究隧道总长 8.5km,46 组有效数据,沉积岩(石灰岩、石灰质页岩、灰岩等),UCS = 20～150MPa,RQD = 30%～95%,J_c = 10～22,α = 1°～70°	海瑞克 S-157(双护盾),42 把17in 滚刀,TBM 直径 6.73m,推力 28134kN,扭矩 4747kN·m,功率2100kW,转速 0～9/min,刀间距 90mm	UCS,RQD J_c,α,J_s
Farrokh 等	2012	—	—	260 多条 TBM 隧道施工性能数据和地质资料,超过 300 组有效数据,隧道直径:1.63～11.74 m	—	—
Delisio 等	2013	—	—	Lotschberg Base 隧道(瑞士),研究隧道总长 18.5 km,160 组有效数据,片麻岩、花岗岩、角闪岩、花岗闪长岩,UCS = 130～270MPa,BTS = 11～19MPa,CAI = 33 - 5.2,J = 5～25 节理数/m	2 台海瑞克 S-167(敞开式),60 把 17in 滚刀,TBM 直径 9.43m,推力 1600N,扭矩 8825kN·m,转速 0～6r/min,刀间距 90mm	—
Delisio 和 Zhao	2014	经验	PR, AR	2 条隧道,研究隧道总长 28.2km,片麻岩、花岗岩、角闪岩、花岗闪长岩,UCS = 50～270MPa,J = 5～25 节理数/m,α = 10°～90°	2 台海瑞克敞开式 TBM (9.43 m),1 台罗宾斯敞开式 TBM(10.05 m)	UCS,TF, RPM,J_v,D_c

　　TBM 净掘进速率预测常用到的参数主要包括岩体参数、机器参数及掘进参数等。其中岩体参数又包括岩石物理力学性能参数和结构面参数等。对表 7-1 中净掘进速率预测模型的影响参数的使用频率进行统计,其结果如图 7-1 和图 7-2 所示。用于预测 PR 的岩体参数大约有 30 个,图 7-1 只统计使用次数在 2 次及 2 次以上的。由图 7-1 可知,使用频率在 2 次及以上的参数有 20 个,其中岩石单轴抗压强度(UCS)的使用频率最高(26 次)、接下来使用频率较高的分别是隧道与结构面夹角(12 次)、岩石抗拉强度(11 次)、结构面间距(10 次)、岩体质量等级(10 次)以及岩石质量指标(9 次)等。

　　早期的 TBM 净掘进速率预测模型主要侧重于考虑岩体参数,而很少考虑 TBM 机器参数及掘进参数,这导致建立的模型预测精度较低。后来,随着 TBM 施工实例越来越多,大量的现场实测数据得以积累,预测模型中开始引入机器参数及掘进参数。由图 7-2 可知,常用的机器参数及掘进参数有 7 个,其中使用频率最高的是刀盘推力和单刀推力(12 次),接下来使用频率较高的分别是刀盘转速(7 次)、滚刀直径(6 次)、滚刀间距(2 次)。

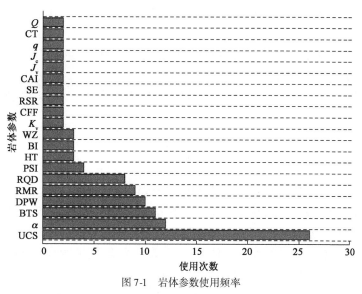

图 7-1　岩体参数使用频率

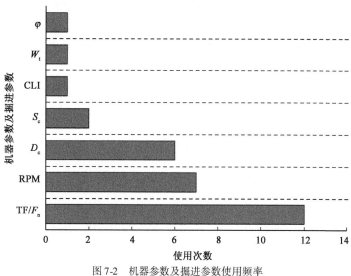

图 7-2　机器参数及掘进参数使用频率

7.2　TBM 掘进性能评价指标

TBM 的掘进效率参数包括：刀盘每转进尺，亦称贯入度（P 或 PRev）、现场贯入度指数（Field Penetration Index，FPI）、掘进速度（Penetration Rate，PR）、施工进度（Advance Rate，AR）、刀具磨损（Cutter Wear）及设备利用率（Utilization，U）。

（1）刀盘每转进尺（PRev）

刀盘每转进尺（PRev）也可称之为贯入度（P），定义为 TBM 刀盘每旋转一周滚刀侵入岩石中的深度,其单位为 mm/r。在相同推力下,TBM 在不同硬度岩石中掘进的贯入度不同。在软岩中掘进时,贯入度大;在硬岩中掘进时,贯入度小。PRev 既能揭示 TBM 对隧洞围岩的适用性,又能反映施工掘进参数是否合理,因此可以直观地描述 TBM 的掘进效率和掘进性能。

(2)现场贯入度指数(FPI)

现场贯入度指数(FPI)指的是 TBM 刀盘的单个滚刀推力 F_n 与贯入度 P 的比值,其表达式为:

$$FPI = \frac{F_n}{P} \tag{7-1}$$

FPI 的特点是通过考虑刀盘推力、刀盘转速、掘进速率之间的关系,消除这几个指标在不同 TBM 机器设备之间的差异性,从而使得 FPI 在不同的 TBM 机器设备之间具有可比性。因此,FPI 常被认为是可以独立评价岩体可掘进性和掘进性能的参数。一般情况下,FPI 值越高,表明维持一定掘进速率所需要的推力就越大,掘进效率越低,掘进性能也就越差。

然而,值得注意的是,TBM 自身设计参数,包括滚刀间距、滚刀直径和刀刃宽度等,也对 FPI 具有一定影响,Laughton 和 Farrokh 等均认为 FPI 并不能真实反映贯入度和单刀推力之间的非线性关系。因此,当 TBM 掘进过程中采用的刀盘推力差别较大时,直接将已建立的 FPI 计算方法应用于另一台 TBM 掘进速率预测时仍会产生较大误差。

(3)净掘进速率(PR)

TBM 净掘进速率(PR)亦可称之为 TBM 掘进速度,指的是 TBM 正常连续开挖掘进阶段掘进距离与纯掘进时间的比值,是某段有效掘进时间内开挖隧道的平均速率,其表达式为:

$$PR = \frac{L}{T_b} \tag{7-2}$$

式中:L——掘进距离,m;

T_b——纯掘进时间,h。

与刀盘扭矩和贯入度类似,PR 并不是可以独立控制的参数,当已知刀盘转速和贯入度时,PR 可表示为刀盘转速和贯入度的乘积,其表达式为:

$$PR = P \times RPM \tag{7-3}$$

式中:P——贯入度,mm/r;

RPM——刀盘转速,r/min。

从式(7-3)中可以看出 PR 受刀盘转速和贯入度的影响。刀盘转速是可以独立控制的参数,而贯入度在相同的围岩条件下随着刀盘推力的增加而增加,因此通过提高刀盘转速和刀盘推力可以提高掘进速度,但受边刀线速度和盘形滚刀最大承载力的限制,刀盘转速和推力都不能无限制的提高,其有一个最高限速。在实际掘进过程中,考虑到盘形滚刀的损耗、设备的磨损及对围岩的扰动等影响,一般不能同时采用刀盘的最高转速和最高推力,而是选择既经济又可接受的掘进速度的刀盘转速和推力。

(4)设备利用率(U)

TBM 的设备利用率(U)为 TBM 施工过程中有效掘进时间占施工总时间的百分比,其表达

式为:

$$U = \frac{T_b}{T_b + T_d} \times 100\% = \frac{T_b}{T_s} \times 100\% \tag{7-4}$$

式中:T_b——有效的纯掘进时间,h;

  T_d——各种原因所导致的总停机时间,h;

  T_s——施工总时间,h。

由上式可知,若 TBM 有效掘进时间是一定的,停机时间越长,则设备利用率越低。TBM 设备利用率的波动范围在 10% ~ 60% 之间,大多数情况下低于 50%。造成 TBM 停机的主要原因有机器设备故障、围岩支护、刀具更换、人为因素以及各种不良地质条件导致的停机等。

(5)施工速度(AR)

施工速度(AR)是某段施工总时间内的综合平均速率,是施工总距离与施工总时间的比值,其表达式为:

$$AR = \frac{S}{T_s} \tag{7-5}$$

式中:S——施工的总距离,m;

  T_s——施工总时间,d。

此外,如果知道某施工段内的 TBM 净掘进速率 PR 和设备利用率 U,施工速度 AR 还可通过二者的乘积来计算,其表达式为:

$$AR = PR \times U \tag{7-6}$$

由式(7-6)可知,当 TBM 净掘进速率一定时,TBM 设备利用率越低,施工进度 AR 越慢,施工工期就越长,相应的经济成本也就越高;反之,当 TBM 设备利用率一定时,可通过提高净掘进速率来加快施工速度。

7.3 岩体工程分级

岩体工程分级是岩体力学中的一个重要研究课题。它既是工程岩体稳定性分析的基础,也是岩体工程地质条件定量化的一个重要途径。结合岩石试样的性质和岩体的不规则性可进行系统的分级,其中岩体不规则的重要特征包括以下几类。

(1)岩体组成与结构

①岩石类型。

②变化频率。

③结构成分的几何边界。

（2）岩体的不连续性

①层理面。

②节理、片理与劈理。

③地质特征和裂隙。

④断层。

（3）由于自重或者构造地应力引起的岩石压力（包括开挖过程中）

岩体工程分级能概括地反映各类岩体质量的好坏，预测可能出现的岩体力学问题。在工程应用中，岩体工程分级一般通过经验或者一些间接的方法确定岩体的参数，从而应用到隧道、地下洞室、边坡和地基等工程的设计与施工中，为工程设计、支护衬砌、建筑物选型和施工方法选择等提供参数和依据。岩体工程分级参数较少，可以广泛应用于不同的工程中，便于施工方法的总结、交流、推广，便于行业内技术改革和管理。但是由于工程项目不同，考虑的影响因素也不同，考虑分级的侧重点也不同，因此本教材主要以城市地下工程中隧道和洞室的设计和施工为背景，介绍以下三种工程岩体分级方法：岩体地质力学（Rock Mass Rating，RMR）分级、巴顿岩体质量分级（Q系统）及我国《工程岩体分级标准》（GB/T 50218—2014），前面两种分级在国际上广泛应用。

7.3.1 岩体地质力学分级（RMR分级）

岩体地质力学分级是由 Bienawski 在 1973 年提出的，给出了一个岩体评分值（RMR）作为衡量岩体工程质量的"综合特征值"，其数值从 0 到 100 随着岩块的抗压强度（R_1）、岩体的质量指标（Rock Quality Designation，RQD）R_2、节理间距 R_3、节理状态 R_4 和地下水状态 R_5 这 5 个指标组成。此外，还需根据节理的方向对工程的影响对总分做适当的修正。综上 6 个影响因素，岩体地质力学 RMR 分级的评分值可通过以下公式计算：

$$RMR = R_1 + R_2 + R_3 + R_4 + R_5 + R_6 \tag{7-7}$$

（1）岩块的抗压强度（R_1）

岩石的强度可以通过标准试样的单轴抗压试验（Unaxial Compression Strength，UCS）来确定单轴抗压强度（R_C）。由于岩石点荷载试验（Point Load Strength）可以在现场测定 R_C，数量多而且简便，所以伦敦地质学会与富兰克林（Fracklin）认为可通过对原状岩芯进行点荷载试验来确定岩石的强度。岩石抗压抗拉强度与岩体评分值 R_1 的对应关系见表 7-2。

岩石抗压抗拉强度与岩体评分值 R_1 的对应关系　　　　　　　　　　表 7-2

岩石强度（MPa）	点荷载 I_s 值	>10	4~10	2~4	1~2	对强度较低的岩石宜采用单轴抗压强度		
	单轴抗压强度	>250	50~100	25~50	25~50	5~25	1~5	1
评分值		15	12	7	4	2	1	0

（2）RQD 值（R_2）

岩石质量指标 RQD 由迪尔（Deere）于 1963 年提出，以修正的岩芯采取率来确定。岩芯采取率是指采取岩芯总长度与钻孔长度之比，RQD 就是选用坚固完整的、其长度等于大于 10cm 的岩芯总长度与钻孔长度之比，用百分数表示，即：

$$RQD = \frac{\sum l}{L} \times 100\% \tag{7-8}$$

式中：l——岩芯单节长度（$\geqslant 10 \text{cm}$）；

L——同一岩层中的钻孔长度。

工程实践说明，RQD 是一种比岩芯采取率更好的指标。例如，某钻孔的长度为 250cm，其中岩芯采取总长度为 200cm，而大于 10cm 的岩芯总长度为 157cm，则岩芯采取率 $= 200/250 \times 100\% = 80\%$。RQD $= 157/250 \times 100\% = 63\%$。根据它与岩石质量之间的关系，可按照 RQD 值的大小来描述岩石的质量，见表 7-3。

对应岩芯质量的岩体评分值 R_2　　　　　　表 7-3

RQD(%)	90 ~ 100	75 ~ 90	50 ~ 75	25 ~ 50	<25
评分值	20	15	10	8	3

（3）节理间距（R_3）

节理间距是指一系列结构面之间的距离，表示相邻两结构面之间的垂直距离。对于节理间距的评分值，见表 7-4。如果超过一组节理和节理间距值有多组时，一般选取评分值最小的一组。

对于最有影响的节理组间距的岩体评分值 R_3　　　　　　表 7-4

不连续间距(m)	>2	0.6 ~ 2	0.2 ~ 0.6	0.06 ~ 0.2	<0.06
评分值	20	15	10	8	5

（4）节理条件（R_4）

对于节理组状态对工程稳定性的影响，主要是考虑节理延伸长度、张开度，节理面的粗糙度，节理面中的充填物和节理面的风化程度，这些参数影响的评分可参考表 7-5。需要注意的是，某些状态之间是相互排斥的，如果有填充物，对于节理面的粗糙程度就不是那么重要，因为在这种情况下，会过高地估计断层或者填充物影响，在这种情况下直接考虑节理间距的影响就可以了。

节理条件的岩体评分值 R_4　　　　　　表 7-5

节理条件	节理面粗糙，节理不张开，不风化	节理面微粗糙，张开宽度小于 1mm，微风化	节理面稍微粗糙，张开宽度小于 1mm，微风化	节理面光滑或夹泥小于 5mm 厚，张开 1 ~ 5mm，节理连续	夹泥厚大于 5mm 或含厚度小于 5mm 的软弱夹层，张开大于 5mm，节理连续
评分值	30	25	20	10	0

（5）地下水（R_5）

由于地下水会强烈地影响岩体的性状，所以岩土力学分级也包括了一项考虑地下水状态的评分值。就隧道来说，每 10m 长隧道的地下水流速是控制因素。但对于岩石边坡的稳定性、地基承载力这些工程问题，重要的考虑因素是孔隙水压力的分布，而不是地下水的流速。考虑到在进行岩体分级评价时，岩体工程的施工尚未进行，所以地下水影响的评分值可以由勘探平洞和导洞中的地下水流入量、节理的水压力与最大主应力的比值或者地下水的总状态（由钻孔记录或者岩芯记录）确定，见表 7-6。

地下水状态的岩体评分值 R_5 表 7-6

每 10m 长导洞的涌水量(L/min)	0	<10	10～25	25～125	>125
观察法					
节理水压力与最大主应力比值	0	0～0.1	0.1～0.2	0.2～0.5	>0.5
一般条件(地下水的总状态,根据钻孔记录或岩芯记录)	完全干燥	潮湿	只有湿气(有裂隙水)	中等水压	水的问题严重
评分值	15	10	7	4	0

(6)节理方向对工程影响的修正参数(R_6)

节理走向和倾斜方向对工程问题,比如岩石边坡稳定性和岩石地基,也很重要。但是对于隧道,综合考虑走向和倾斜方向与隧道的开挖方向对隧道支护方式的确定有很大影响。由于节理的走向对隧道和地基的影响是不同的,因此对这两个工程问题的修正值也是不一样的,见表 7-7。

节理方向对 RMR 值影响的修正值 表 7-7

节理方向对工程影响的评价	很有利	有利	较好	不利	很不利
对隧洞评分的修正	0	−2	−5	−10	−12
对地基评分的修正	0	−2	−7	−15	−25
对边坡评分值的修正	0	−5	−25	−50	−60

根据以上 6 个指标总和得出 RMR 值,岩土力学分级把岩体质量的好坏,划分为五个等级,对应的岩体评分值见表 7-8。

RMR 分级参数及其评分值 表 7-8

类别	I	II	III	IV	V
岩体描述	很好	好	较好	较差	很差
岩体评分值 RMR	81～100	61～80	41～60	21～40	0～20

RMR 分级还给出了所研究岩体的级别及相应的无支护地下洞室的自稳时间和岩体强度指标($c、\varphi$)值,供工程者参考(表 7-9)。由于野外操作性强,RMR 分级不仅考虑了岩石的抗拉抗压强度,而且比较仔细地考虑了节理(组)和地下水对工程稳定的影响,对隧道和采矿等工程比较实用,因此本分级在欧美等国家和地区较为广泛地应用。

无支护地下洞室的自稳时间和岩体强度指标($c、\varphi$)值 表 7-9

岩体分级	I	II	III	IV	V
岩体质量	很好	好	中等	差	很差
总分(RMR)	81～100	61～80	41～60	21～40	≤20
平均自稳时间	15m 跨 20 年	10m 跨 1 年	5m 跨 1 周	2.5m 跨 10h	1m 跨 30min
黏聚力 c(MPa)	>4	3～4	2～3	1～2	<1
摩擦角 φ(°)	>45	35～45	25～35	15～25	<15

7.3.2　巴顿岩体质量指标（Q系统）

Q系统是挪威岩土所（Norwegian Geotechnical Lnsitute，NGI）巴顿等人在1971—1974年根据249条隧道工程的实践总结，研究得出的一种将围岩分级与支护设计集于一体的方法。迄今为止已有三个版本的Q系统与支护建议的图表。2004年挪威岩土工程协会通过2000多个隧道和硐室的案例提出了第三版的Q系统围岩分级与支护综合表，如图7-3所示。其分类指标如下：

$$Q = \frac{\text{RQD}}{J_n} \times \frac{J_r}{J_a} \times \frac{J_w}{\text{SRF}} \tag{7-9}$$

式中：RQD——岩石质量指标；

J_n——节理组数；

J_r——最危险节理组的节理粗糙系数；

J_a——最危险节理面的节理蚀变系数；

J_w——裂隙水折减系数；

SRF——考虑原岩应力或者根据隧道状况确定的应力折减系数。

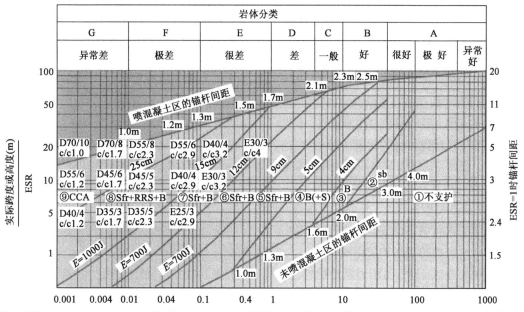

①-不支护；②-点锚支护，sb；③-系统锚杆支护，B；④-系统锚杆支护（加喷普通混凝土，4～10cm），B(+S)；⑤-纤维增强喷射混凝土加锚杆支护5～9cm，Sfr+B；⑥-纤维增强喷射混凝土加锚杆支护9～12cm，Sfr+B；⑦-纤维增强喷射混凝土加锚杆支护12～15cm，Sfr+B；⑧-纤维增强喷射混凝土>15cm，喷混凝土加锚杆支护，Sfr+RRS+B；⑨-模筑混凝土衬砌，CCA

图7-3　Q系统围岩分类与支护综合图

上式中6个参数的组合，反映了岩体质量的三个方面，即$\frac{\text{RQD}}{J_n}$表示岩体的完整性，$\frac{J_r}{J_a}$表示结构面的形态、充填特征及其次生变化程度，也就是节理壁或充填物的粗糙度和摩擦特性。$\frac{J_w}{\text{SRF}}$表示水与其他应力存在时对岩体质量的影响，是一个复杂的经验系数。

7.3.3 我国工程岩体分级标准

自20世纪50—60年代以来,国外提出许多工程岩体的分级方法,其中有些在我国有广泛的影响,得到了不同程度的应用。自20世纪70年代以来,国内有关部门也在各自工程经验的基础上制定了一些岩体分级方法,在本部门或本行业推行应用。然而,这些分级方法的原则、标准和测试方法都不尽相同,彼此缺乏可比性、一致性。因此,在总结现有的各行业工程岩体分级方法的基础上,编制出了统一的岩体分级标准《工程岩体分级标准》(GB 50218—2014)。按照国家标准规定,工程岩体分级包括两个方面,首先从定性判别与定量测试分别确定岩石的坚硬程度和岩体的完整性,并计算出岩体基本质量指标BQ,然后结合工程特点,考虑地下水、初始应力场以及软弱截面走向与工程轴线的关系等因素,对岩体基本质量指标加以修正,以修正后的岩体基本质量指标[BQ]作为划分工程岩体级别的依据。

(1)岩体基本质量指标BQ

岩体基本质量指标BQ,应根据分级因素的定量指标R_c和K_v,按下式计算:

$$BQ = 100 + 3R_c + 250K_v \tag{7-10}$$

式中:R_c——岩石单轴饱和抗压强度,MPa;

K_v——岩体完成性指数。

注意使用上式时,应遵守下列限制条件:

当$R_c > 90K_v + 30$时,应以$R_c = 90K_v + 30$和K_v代入计算BQ值。

当$K_v > 0.04R_c + 0.4$时,应以$K_v = 0.04R_c + 0.4$和R_c代入计算BQ值。

①岩石的单轴饱和抗压强度R_c。

当无条件取得实测值时,也可采用实测的岩石点荷载强度指数[$I_{s(50)}$]的算值,$I_{s(50)}$是指直径50mm圆柱形试样径向加压时的点荷载强度,R_c与$I_{s(50)}$的换算关系如下:

$$R_c = 22.82I_{s(50)}^{0.75} \tag{7-11}$$

岩石单轴饱和抗压强度(R_c)与定性划分的岩石坚硬程度的对应关系,可按表7-10确定。

R_c与定性划分的岩石坚硬程度的对应关系 表7-10

R_c(MPa)	>60	30~60	15~30	5~15	<5
坚硬程度	坚硬岩	较坚硬岩	较软岩	软岩	极软岩

②岩体完整性指数(K_v)。

K_v应采用弹性波测试方法确定。

$$K_v = \frac{v_{pm}^2}{v_{pr}^2} \tag{7-12}$$

式中:v_{pm}——岩体弹性纵波波速,km/s;

v_{pr}——岩石弹性纵波波速,km/s。

当无条件取得实测值时,也可用岩体体积节理数(J_v),可选择有代表性露头或开挖面,对

不同的工程地质岩组进行节理裂隙统计,根据统计结果计算岩体体积节理数(J_v)(单位:条/m^3);

$$J_v = S_1 + S_2 + \cdots + S_n + S_k \qquad (7\text{-}13)$$

式中:S_n——第 n 组节理每米测线上的条数;

S_k——每立方米岩体非成组节理条数。

岩体重塑性指标 K_v 与岩体体积节理数 J_v 和岩体完整程度的对应关系见表7-11。

K_v 与 J_v 和岩石完整程度的对应关系 表7-11

K_v	>0.75	0.55~0.75	0.35~0.55	0.15~0.35	<0.15
J_v(条/m^3)	<3	3~10	10~20	20~35	>35
完整程度	完整	较完整	较破碎	破碎	极破碎

(2)岩体结合工程情况的指标修正

岩体基本质量指标修正值[BQ],可按下式计算:

$$[BQ] = BQ - 100(K_1 + K_2 + K_3) \qquad (7\text{-}14)$$

式中:[BQ]——岩体基本质量指标修正值;

BQ——岩体基本质量指标;

K_1——地下水影响修正系数;

K_2——主要软弱结构面产状影响修正系数;

K_3——初始应力状态影响修正系数。

根据计算所得的 BQ 值,按照表7-12进行岩体的基本质量分级。K_1、K_2、K_3 值,可分别按表7-13~表7-15确定。无表中所列表情况时,修正系数取零。[BQ]出现负值时,应按特殊问题处理。

围岩强度应力比可分为两种情况,极高应力情况下,$\dfrac{R_c}{\sigma_{max}} > 4$,主要表现为硬质岩在开挖过程中有岩爆发生,有岩块弹出,洞壁岩体发生剥离,新生裂缝多,成洞性差;基坑有剥离现象,成形性差;软质岩的岩芯时有饼化现象。开挖过程中洞壁岩体有剥离,位移极为显著,甚至产生大位移,持续时间长,不易成洞;基坑发生显著隆起或剥离,不易成形。高应力情况下,$4 < \dfrac{R_c}{\sigma_{max}} < 7$,硬质岩在开挖过程中可能出现岩爆,洞壁岩体有剥离和掉块现象,新生裂缝多,成洞性较差;基坑有剥离现象,成形性一般尚好;软质岩的岩芯时有饼化现象。开挖过程中洞壁岩体位移显著,持续时间长,成洞性差;基坑有隆起现象,成形性差。

岩体的基本质量分级 表7-12

基本质量级别	岩体基本质量的定性特征	岩体基本质量指标(BQ)
I	坚硬岩,岩体完整	>550
II	坚硬岩,岩体较完整	451~550
	较坚硬岩,岩体完整	

续上表

基本质量级别	岩体基本质量的定性特征	岩体基本质量指标（BQ）
Ⅲ	坚硬岩，岩体较破碎	351～450
	较坚硬岩或软硬岩互层，岩体较完整	
	较软岩，岩体完整	
Ⅳ	坚硬岩，岩体破碎	251～350
	较坚硬岩，岩体较破碎-破碎	
	较软岩或软硬岩互层，且以软岩为主，岩体较完整～较破碎	
	较软岩，岩体完整～较完整	
Ⅴ	较软岩，岩体破碎	≤250
	软岩，岩体较破碎～破碎	
	全部极软岩及全部破碎岩	

地下工程地下水影响修正系数 K_1　　　　　　　表 7-13

地下水出水状态	BQ			
	＞450	351～450	251～350	≤250
潮湿或点滴状出水 $P≤0.1$ 或 $Q≤25$	0	0.1	0.2～0.3	0.4～0.6
淋雨状或涌流状出水 $0.1＜P≤0.5$ 或 $25＜Q≤125$	0.1	0.2～0.3	0.4～0.6	0.7～0.9
涌流状出水 $P＞0.5$ 或 $Q＞125$	0.2	0.4～0.6	0.7～0.9	1

地下工程主要结构面产状影响修正系数 K_2　　　　　　　表 7-14

结构面产状及其与洞轴线的组合关系	结构面走向与洞轴线夹角 ＜30°，结构面倾角 30°～75°	结构面走向与洞轴线夹角 ＞60°，结构面倾角 ＞75°	其他组合
K_2	0.4～0.6	0～0.2	0.2～0.4

初始应力状态影响修正系数 K_3　　　　　　　表 7-15

围岩强度应力比 $\left(\dfrac{R_c}{\sigma_{max}}\right)$	BQ				
	＞550	451～550	351～450	251～350	＜250
＜4	1	1	1.0～1.5	1.0～1.5	1
4～7	0.5	0.5	0.5	0.5～1.0	0.5～1.0

　　为了既能全面地考虑各种影响因素，又能使分级形式简单、使用方便，岩体工程分级将向以下方向发展：

　　（1）逐步向定性和定量相结合的方向发展。对反映岩体性状固有地质特征的定性描述，是正确认识岩体的先导,也是岩体分级的依据。然而,如果只有定性描述而无定量评价是不够的,因为这将使岩体级别的判定缺乏明确的标准,应用时随意性大,失去分级意义。因此,应采用定性与定量相结合的方法。

(2)采用多因素综合指标的岩体分级。为了比较全面地反映影响工程岩体稳定性的各种因素,倾向于用多因素综合指标进行岩体分级。在分级中,主要考虑岩体结构、结构面特征、岩块强度、岩石类型、地下水、风化程度、天然应力状态等。在进行岩体分级时,须充分考虑各种因素的影响和相互关系,根据影响岩体性质的主要因素和指标进行综合分级评价。近年来,许多分级都很重视岩体的不连续性,把岩体的结构和岩石质量因素作为影响岩体质量的主要因素和指标。

(3)岩体工程分级与地质勘探、勘察结合起来。利用钻孔岩芯和钻孔等进行简易岩体力学测试(如波速测试、回弹仪及点荷载试验等)研究岩体特性,初步判别岩类,减少费用昂贵的大型试验,使岩体分级简单易行,这也是国内外岩体分级的一个发展趋势。

(4)强调岩体工程分级结果与岩体力学参数估算的定量关系的建立,重视分级结果与工程岩体处理方法、施工方法相结合。

7.4 CSM 模型

美国科罗拉多矿业学院对大量完整岩样进行室内全尺寸线性切割试验,基于试验数据开发了 CSM 模型。该模型的第一个版本由 Ozdemir 于 1977 年完成,后于 1993 年和 1997 年两次更新,开发用时长达 20 年。该模型考虑了大量影响滚刀破岩的因素,如岩石单轴抗压强度、抗拉强度和刀具几何特征等。基于力平衡法,CSM 模型首先计算作用在单把滚刀上的刀具荷载,然后确定整个刀盘所需的总推力、扭矩和功率,将估计值与 TBM 有效推力、扭矩和安装功率等进行比较,从而得到 TBM 能实现的最大贯入度,其推导如下,滚刀下压力分布如图 7-4 所示。

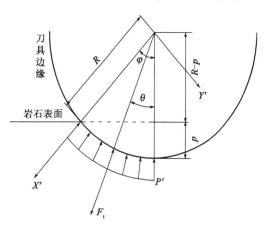

图 7-4 滚刀下压力分布示意图

假定滚刀和岩石表面接触区域内压力均匀分布,则积分可得滚刀合力,其估算公式为:

$$F_t = \int_0^\varphi TRP' \mathrm{d}\theta = \int_0^\varphi TRP^0 \left(\frac{\theta}{\varphi}\right)^\psi \mathrm{d}\theta = \frac{TRP^0 \varphi}{1+\psi} \tag{7-15}$$

$$\varphi = \cos^{-1}\left(\frac{R-p}{R}\right) \tag{7-16}$$

式中:F_t——滚刀合力;

    T——刀尖宽度;

    R——滚刀半径;

    P'——破碎区的任意一点压力;

    P^0——滚刀下压碎区基准压力;

    φ——滚刀与岩石表面的接触角;

    ψ——压力分布函数常量;

    p——滚刀贯入度。

滚刀法向力 F_n 和滚动力 F_t 的计算公式分别为:

$$F_n = \frac{TRP^0}{\varphi}(1 - \cos\varphi) \tag{7-17}$$

$$F_r = \frac{TRP^0}{\varphi}(1 - \sin\varphi) \tag{7-18}$$

出于量纲考虑,对 CSM 数据库中有效数据进行对数回归分析,得到压碎区基准压力的计算公式为:

$$P^0 = C \sqrt[3]{\frac{\sigma_c^2 \cdot \sigma_t}{\varphi \sqrt{RT}}} \tag{7-19}$$

式中:C——常量;

    S——滚刀间距;

    σ_c——岩石单轴抗压强度;

    σ_t——巴西劈裂试验测得的抗拉强度。

计算 TBM 所需扭矩 TR:

$$TR = \sum_1^N F_{ri}r_i = 0.3 \times D \cdot N \cdot F_r \tag{7-20}$$

式中:F_{ri}——第 i 把滚刀的切向力;

    r_i——第 i 把滚刀的安装半径;

    D——TBM 直径;

    N——滚刀的数量;

    F_r——滚动力。

计算刀盘转速 RPM:

$$RPM = \frac{V}{\pi D} \tag{7-21}$$

式中:V——刀具最大线速度,如 17in(56.6cm)滚刀的最大线速度为 175m/min。

计算 TBM 刀盘所需功率 PW:

$$PW = \frac{2\pi TR \cdot RPM}{60} = \frac{TR \cdot RPM}{9.55} \tag{7-22}$$

对于给定类型的岩石和机器,上述所有参数中只有贯入度未知,故可采用迭代法,逐渐增大贯入度,直到某一参数达到 TBM 额定参数(如总推力、扭矩或功率),即可得到特定条件下 TBM 能实现的最大贯入度。准确地说,CSM 模型应是一个半理论模型,因为压碎区基准压力计算公式是通过多元回归分析得到。CSM 模型基于室内全尺寸线性切割试验数据而开发,由于室内试验所用岩样与 TBM 现场掘进岩体存在一定的区别,特别是忽略了岩体不连续性(如节理等)对 TBM 施工性能的影响,故该模型的 TBM 性能预测结果偏于保守。一些研究人员发现了这一结果,并进行了相应改进。

Yagiz 基于纽约皇后隧道的 TBM 施工性能数据和地质资料,在原有 CSM 模型的基础上,加入表征岩石破碎和脆性的指标,开发了一个新的 TBM 净掘进速度预测模型,其净掘进速度预测公式为:

$$PR = 0.859 - 0.018J_s + 1.44\lg\alpha + 0.0157PSI + 0.0969PR_{CSM} \qquad (7-23)$$

$$RFI = -0.0187J_s + 1.44\lg\alpha \qquad (7-24)$$

$$BI = 0.0157PSI \qquad (7-25)$$

$$PR = 0.859 + RFI + BI + 0.0969PR_{CSM} \qquad (7-26)$$

式中:J_s——弱面(包括节理、层理等)间距;

$\quad\alpha$——弱面和隧道轴向间的夹角;

$\quad$PSI——峰值斜率指数;

$\quad$PR$_{CSM}$——CSM 模型评估的基本净掘进速度;

$\quad$RFI——岩石破碎指数;

$\quad$BI——岩石脆性指数。

RamezanzadehA 接着上述工作,基于 11 条总长超过 60km 的 TBM 隧道施工性能数据和地质资料,在原有 CSM 模型的基础上,考虑岩体参数对 TBM 施工性能的影响,开发了一个新的每转进尺预测模型,其预测公式为:

$$PRev = PRev_{CSM}^{0.37}EXP(1.8 - 0.0031J_s - 0.0065\alpha) \qquad (7-27)$$

式中:PRev——刀盘每转进尺;

$\quad$PRev$_{CSM}$——CSM 模型评估的 TBM 基本每转进尺。

改进的 CSM 模型是在原有 CSM 模型的基础上,基于新收集的数据运用统计分析而得,属于半理论半经验模型,其在破碎岩体中的预测精度大大提高。

7.5 NTNU 模型

挪威科技大学基于大量的 TBM 隧道施工性能数据和地质资料,对岩体参数和机器参数进行回归分析后得到了一系列的经验图表和预测方程。NTNU 模型是目前隧道行业内最广泛使用的模型,尤其在北欧。在目前的技术条件下,其预测能力已经被大量工程实践所证明。由于科学技术水平的不断提高,NTNU 模型先后经历了 6 次更新,其最新版本模型由 Bruland 等在第五版本模型的基础上,基于收集的最新数据开发而来。NTNU 模型中的净掘进速度预测模型基于 TBM 掘进试验曲线,掘进试验曲线的基本特征是临界推力 $F_{n(1)}$ 和贯入系数 b,如图 7-5所示,其净掘进速度预测方程为:

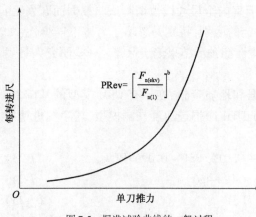

图 7-5　掘进试验曲线的一般过程

$$PRev = \left[\dfrac{F_{n(ekv)}}{F_{n(1)}}\right]^b \qquad (7\text{-}28)$$

式中：$F_{n(ekv)}$——等效单刀推力；

　　　$F_{n(1)}$——每转进尺达到 1mm 对应的单刀推力；

　　　b——贯入系数。

　　净掘进速度预测模型建模的第一步是对数据库中数据进行回归分析以建立 $F_{n(1)}$ 和 b 与各种地质参数和机器参数之间的关系；第二步是用获得的有效数据评估建立的回归模型，调整回归参数使拟合模型达到最佳。机器参数的影响用等效单刀推力 $F_{n(ekv)}$ 来表征，岩体参数的影响用等效裂隙因子 k_{ekv} 来表征，刀具磨损用刀具更换记录数据和相应室内岩样试验数据来评估，利用率用隧道开挖时各子操作用时来评估，施工速度用利用率和净掘进速度来评估，开挖成本用所有包含在施工成本中的各项成本来评估。

　　NTNU 模型开发使用的数据库至今仍处于保密状态，只有在挪威科技大学才能使用这些数据。同时需采用一系列特殊试验来获取模型中的输入参数 S_{20}、SJ、AV 和 AVS 等，具体的测试方法在第 6 章中已经详细介绍。图 7-6 和图 7-7 分别给出了不同版本模型对同一地质参数（表 7-16）。

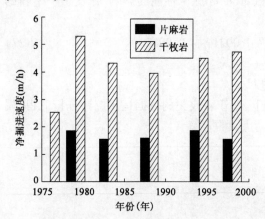

图 7-6　安装 394mm 滚刀的 3.5m 直径
TBM 预测净掘进速度

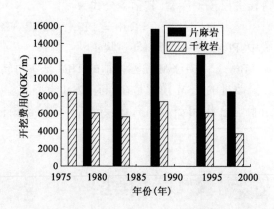

图 7-7　安装 394mm 滚刀的 3.5m 直径 TBM 预测开挖
费用（挪威 1999 年 1 月的价格水平）

NTNU 模型比较使用的地质参数　　　　　　　　　　　表 7-16

岩　　性	DRI	CLI	石英含量（％）	弱面平均间距（cm）	α（°）
片麻岩	40	8	20	140	20
千枚岩	60	25	25	10	20

从图7-6中可以看出,除第一版本模型外,其余几个版本模型预测的净掘进速度变化不大,其原因是第一版本模型没有考虑单刀推力的影响,而是假定机器参数处于相应岩体条件下的最优状况,显然这与实际情况是不相符的。从第二版本模型开始,在净掘进速度预测时考虑单刀推力的影响。

从图7-7可以看出,第四版本模型预测的开挖费用非常高,目前还不能很好地解释这一现象,可能是由于所有的输入参数都偏于保守。随着科学技术水平的提高,尤其是刀具材料和制造工艺的改进以及现代信息技术的引入,TBM隧道的开挖费用呈逐年下降趋势,这也促使TBM工法成为深埋长大隧道的标准施工方法。

NTNU模型采用一些特殊试验来获取模型相关输入参数,这些试验仅在北欧较为普遍,使得NTNU模型的适用性受到很大限制,此外,NTNU模型严重依赖于以往TBM隧道施工数据,其预测能力很大程度上受限于新旧机器特征的相似性。正如Bruland所述,随着TBM施工性能数据和机器制造水平的不断更新,开发TBM性能预测模型应是一项持续性的工作。因为TBM技术相对快速发展,可以根据获得的新信息对其进行改进,故预测模型最多使用8~10年。

7.6 Q_{TBM} 模型

巴顿基于收集的145条TBM隧道施工数据和地质资料,在Q系统的基础上,添加了一些新的参数,提出了可预测TBM净掘进速度、利用率和施工速度的Q_{TBM}模型。该模型包含了20个基本参数,其计算公式为:

$$Q_{TBM} = \frac{RQD_0}{J_n} \cdot \frac{J_r}{J_a} \cdot \frac{J_w}{SRF} \cdot \frac{SIGMA}{F^{10}/20^9} \cdot \frac{20}{CLI} \cdot \frac{q}{20} \cdot \frac{\sigma_\theta}{5} \tag{7-29}$$

$$PR = 5(Q_{TBM})^{-0.2} \tag{7-30}$$

$$AR = PR \cdot U = PR \cdot T^m \tag{7-31}$$

$$SIGMA = 5\gamma Q_c^{1/3} \text{ 或 } 5\gamma Q_t^{1/3} \tag{7-32}$$

$$Q_c = \left(\frac{UCS}{100}\right)Q \quad (\text{不利节理方向}) \tag{7-33}$$

$$Q_t = \left(\frac{I_{50}}{4}\right)Q \quad (\text{有利节理方向}) \tag{7-34}$$

$$CLI \approx 14\left(\frac{SJ}{AVS}\right)^{0.385} \tag{7-35}$$

$$m = m_1\left(\frac{D}{5}\right)^{0.20}\left(\frac{20}{CLI}\right)^{0.15}\left(\frac{q}{20}\right)^{0.10}\left(\frac{n}{2}\right)^{0.05} \tag{7-36}$$

式中: RQD_0——沿隧道轴向的RQD值;

岩土工程试验简明教程

J_n、J_r、J_a、J_w、SRF——与 Q 系统中的含义相同；

SIGMA——岩体强度；

F——平均刀盘压力；

CLI——刀具寿命指数；

AVS——钢材磨蚀值(源于 NTNU 模型)；

q——石英含量；

σ_θ——沿隧道掌子面的平均双轴应力；

γ——岩石重度；

SJ——岩石表面硬度值；

T——总时间；

m——下降梯度(范围: $-0.15 \sim -0.45$，推荐取值 -0.20)；

m_1——源于 Q 值的基本值；

D——隧道直径；

n——岩石孔隙率。

上述公式适用于 $Q_{TBM} > 1$ 的情况。当 Q_{TBM} 逐渐减小到 1 时，TBM 净掘进速度呈幂函数增加。当 $Q_{TBM} < 1$ 时，由于掌子面不稳定、撑靴支撑困难和涌水等问题的出现，为避免因振动导致机器损坏和刀具过度磨损，TBM 司机通常降低推力，从而导致净掘进速度降低。

Sapigni 等基于 3 条总长 14km 的 TBM 输水隧洞(意大利)，调查得到超过 700 组表征岩体质量特征和 TBM 性能的数据，研究发现 Q_{TBM} 对施工速度敏感性极差(图 7-8)，记录数据得到的相关系数甚至比传统 Q 值或其他基本参数(如岩石单轴抗压强度)的相关系数更差。显然，不能仅用 3 个案例来判断 Q_{TBM} 模型的可靠性。

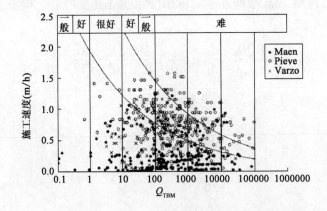

图 7-8　3 条 TBM 隧道 Q_{TBM} 和施工速度之间的关系

(Maen,Pieve,Varzo 分别为意大利三条隧道的名称)

O. T. Blindheim 在详细分析 Q_{TBM} 模型中每一项对 TBM 性能的影响后，发现 Q_{TBM} 模型没有阐明各参数之间的相互作用关系，且过于复杂，包含 21 个不同输入参数，同时一些输入参数与 TBM 性能无关，因此不推荐使用 Q_{TBM} 模型来进行 TBM 性能预测。

206

7.7 RME 模型

Bieniawski 等在韩国 ITA 会议上第一次发布关于岩体可开挖性(RME)的概念。岩体可开挖性定义为开挖的难易程度。基于对收集的 387 组有效数据进行统计分析,选用 5 个主要参数(完整岩石单轴抗压强度、可钻性、不连续面性质、自稳时间及地下水流量),开发了新的 RME 评分系统,RME 值越高,岩体开挖越容易;基于西班牙和埃塞俄比亚的隧道施工性能数据和地质资料,开发了双护盾 TBM 掘进 RME 评分系统和平均施工速度 ARA_T 之间的对应关系式;基于德国、瑞士和西班牙的隧道施工性能数据和地质资料,开发了敞开式 TBM 和单护盾 TBM 掘进 RME 评分系统和 ARA_T 之间的对应关系式。其适用于敞开式和单护盾 TBM 的 RME 评分系统见表 7-17(适用于双护盾 TBM 的 RME 评分系统有所不同,输入参数的阶梯分级和评分有轻微改变)。

RME 输入参数评分表　　　　　　　　　　表 7-17

完整岩石的单轴抗压强度		可　钻　性		隧道掌子面前方不连续面性质			自稳时间		地下水流量	
取值(MPa)	评分	DRI 取值	评分	参数	取值	评分	取值(h)	评分	取值(L/s)	评分
<5	4	>80	15	同质性	均质	10	<5	0	>100	0
					非均质	0				
5~30	14	80~65	10	每米节理数 8~15	0~4	2	5~24	2	70~100	1
					4~8	7				
30~90	25	65~50	7		15~30	15	24~96	10	30~70	2
						10				
90~180		50~40			>30	0	96~192	15	10~30	4
>180	4	<40	0	与隧道轴向的关系	垂直	5	>192	25	<10	5
					斜交	3				
					平行	0				

当单轴抗压强度分别为 20MPa 和 130MPa,而其他输入参数相同时,两段隧道岩体将有相同的 RME 值。显然,TBM 在 UCS=20MPa 段隧道中获得的平均施工速度比在 UCS=130MPa 段隧道中获得的平均施工速度要高。当 UCS=45MPa 时,根据 RME 评分可获得最高的平均施工速度。因此,将 UCS 分为大于 45MPa 和小于 45MPa 两个范围来分别讨论。

基于调查总长 1724m 的敞开式 TBM 隧道,获得 49 组有效节段数据,统计分析得到敞开式 TBM 的 RME 和 ARA_T 之间的关系。

当 UCS>45MPa 时,有:

$$\mathrm{ARA_T} = 0.839\mathrm{RME} - 40.8 \tag{7-37}$$

当 UCS < 45MPa 时,有:

$$\mathrm{ARA_T} = 0.324\mathrm{RME} - 6.8 \tag{7-38}$$

基于调查总长 3620m 的单护盾 TBM 隧道,获得 62 组有效节段数据,统计分析得到单护盾 TBM 的 RME 和 $\mathrm{ARA_T}$ 之间的关系。

当 UCS > 45MPa 时,有:

$$\mathrm{ARA_T} = 23\left(1 - 24^{\frac{45-\mathrm{RME}}{17}}\right) \tag{7-39}$$

当 UCS < 45MPa 时,有:

$$\mathrm{ARA_T} = 10\ln\mathrm{RME} - 13 \tag{7-40}$$

基于调查总长 20.7km 的双护盾 TBM 隧道,获得 225 组有效节段数据,统计分析得到单护盾 TBM 的 RME 和 $\mathrm{ARA_T}$ 之间的关系。

当 UCS > 45MPa 时,有:

$$\mathrm{ARA_T} = 0.422\mathrm{RME} - 11.6 \tag{7-41}$$

当 UCS < 45MPa 时,有:

$$\mathrm{ARA_T} = 0.661\mathrm{RME} - 20.4 \tag{7-42}$$

RME 评分系统除可用于评价岩体开挖的难易程度外,还可用于选择特定地质条件下最佳类型的 TBM,如图 7-9 和图 7-10 所示。从图 7-9 可以看出,当 UCS > 45MPa、RME ≈ 75 时,3 类 TBM 的平均施工速度大致相同,约为 22m/d;当 RME > 75 时,敞开式 TBM 施工性能最佳;当 RME < 75 时,单护盾 TBM 施工性能最佳;在 RME 的整个范围内,双护盾 TBM(撑靴模式)施工性能最佳。

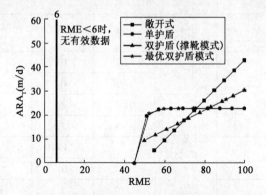

图 7-9 不同类型 TBM 的 RME 和 $\mathrm{ARA_T}$ 之间的关系(UCS > 45MPa)

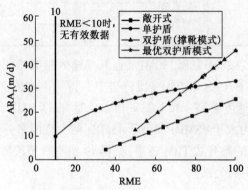

图 7-10 不同类型 TBM 的 RME 和 $\mathrm{ARA_T}$ 之间的关系(UCS < 45MPa)

　　从图 7-10 可以看出,当 UCS < 45MPa 时,在 RME 的整个范围内,优化的双护盾 TBM 施工性能最佳,敞开式 TBM 施工性能最差。当 RME < 77 时,单护盾 TBM 施工性能最佳,虽然优化的双护盾 TBM 可以获得类似性能,但单护盾 TBM 前期投资更小,若整条隧道大部分岩体 RME < 77,应优先选用单护盾 TBM。

　　基于 RME 和 ARA_T 之间的关系,计算得到平均施工速度预测值 ARA_T,采用施工人员效率因子、适应地质因子和隧道直径因子进行修正后,可以得到平均施工速度记录值 ARA_R,其计算公式为:

$$ARA_R = ARA_T F_E F_A F_D \tag{7-43}$$

$$F_E = 0.7 + F_{E1} + F_{E2} + F_{E3} \tag{7-44}$$

$$F_D = \frac{10}{D} \tag{7-45}$$

式中:F_E——施工人员效率因子;

　　　F_A——适应地质因子;

　　　F_D——隧道直径因子;

　　　F_{E1}——施工方 TBM 隧道施工经验因了;

　　　F_{E2}——施工人员素质因子;

　　　F_{E3}——现场有无制造商代表和解决问题时间长短有关。

　　RME 模型不仅可用于预测平均施工速度,还可以用于选择给定地质条件下最佳类型的 TBM。这是第一次采用量化指标来进行 TBM 选型,比以往根据地质条件进行 TBM 选型的模糊概念迈进了一大步。此外,RME 模型还采用定量指标来量化施工人员效率和隧道直径等因素对 TBM 平均施工速度的影响,更加符合实际,也更实用。

参 考 文 献

［1］ 高大钊.土力学与岩土工程师:岩土工程疑难问题答疑笔记整理之一［M］.北京:人民交通出版社,2008.

［2］ Sympatec 公司.Qicpic 粒度粒形分析仪使用手册［M］.郑州:黄河水利出版社,2010.

［3］ Heinio M. Rock excavation hanbook for civil engineering［M］. Sandvik Tamrock,1999.

［4］ 茅承觉,刘春林.掘进机盘形滚刀压痕试验分析［J］.工程机械,1988（4）:9-14.

［5］ 张照煌,茅承觉,刘春林.掘进机盘形滚刀压痕试验的统计分析［J］.现代电力,1996（1）:63-68.

［6］ Gharahbagh E,Rostami J,Gilbert M. Tool wear issue in soft ground tunneling,developing a reliable soil abrasivity index［J］. North American Tunneling 2006:1-11.

［7］ 龚秋明,张浩,李真,等.机械破岩试验平台研制［J］.现代隧道技术,2016,53（2）:17-25.

［8］ Cho J W,Jeon S,Jeong H Y,et al. Evaluation of cutting efficiency during tbm disc cutter excavation within a korean granitic rock using linear-cutting-machine testing and photogrammetric measurement［J］. Tunnelling and Underground Space Technology,2013,35:37-54.

［9］ Balci C. Correlation of rock cutting tests with field performance of a TBM in a highly fractured rock formation:A case study in kozyatagi-kadikoy metro tunnel,turkey［J］. Tunnelling and Underground Space Technology,2009,24（4）:423-435.

［10］ Copur H,Ozdemir L,Rostami J. Roadheader applications in mining and tunneling［J］. Mining Engineering,1998,50（3）.

［11］ 陈启伟,李凤远,韩伟锋.隧道掘进机滚刀岩机作用实验台的研制［J］.隧道建设,2013,33（6）:437-442.

［12］ 杨帆.TBM 盘形滚刀破岩试验装置的研制［D］.天津:天津大学,2017.

［13］ 吴峰.TBM 盘形滚刀贯入度与结构参数优化设计研究［D］.长沙:中南大学,2012.

［14］ Dahl F,Bruland A,Groev E,et al. Trademarking the NTNU/SINTEF drillability test indices［J］. Tunnels and Tunnelling International,2010（6）:44-46.

［15］ Hucka V,Das B. Brittleness determination of rocks by different methods［J］. International Journal of Rock Mechanics and Mining Sciences & Geomechanics Abstracts,1974,11（10）:389-392.

［16］ Coates D F,Parsons R C. Experimental criteria for classification of rock substances［J］. International Journal of Rock Mechanics and Mining Sciences & Geomechanics Abstracts,1966,3（3）:181-189.

［17］ Yarali O,Kahraman S. The drillability assessment of rocks using the different brittleness values［J］. Tunnelling and Underground Space Technology,2011,26（2）:406-414.

［18］ Dahl F,Bruland A,Jakobsen P D,et al. Classifications of properties influencing the drillability of rocks,based on the NTNU/SINTEF test method［J］. Tunnelling and Underground Space Technology,2012,28:150-158.

［19］ Yasar S,Capik M,Yilmaz A O. Cuttability assessment using the drilling rate index（DRI）

[J]. Bulletin of Engineering Geology & the Environment,2015,74(4):1-13.

[20] Bruland A,Dahlo T S,Nilsen B. Tunnelling performance estimation based on drillability testing[J]. Isrm Congress,1995.

[21] Dahl F,Nilsen B,Holzhäuser J,et al. New test methodology for estimating the abrasiveness of soils for TBM tunneling[J]. Proceedings-Rapid Excavation and Tunnelling Conference,2007.

[22] Nilsen B,Dahl F,Holzhauser J,et al. Sat:NTNU's new soil abrasion test[J]. Tunnels and Tunnelling International,2006,38:43-45.

[23] Rostami J,Gharahbagh E A,Palomino A M,et al. Development of soil abrasivity testing for soft ground tunneling using shield machines[J]. Tunnelling and Underground Space Technology,2012,28:245-256.

[24] Gharahbagh E A,Rostami J,Palomino A M. New soil abrasion testing method for soft ground tunneling applications[J]. Tunnelling and Underground Space Technology,2011,26(5):604-613.

[25] Jakobsen P D,Langmaack L,Dahl F,et al. Development of the soft ground abrasion tester (SGAT) to predict TBM tool wear,torque and thrust[J]. Tunnelling and Underground Space Technology,2013,38:398-408.

[26] 刘泉声,刘建平,潘玉丛,等.硬岩隧道掘进机性能预测模型研究进展[J].岩石力学与工程学报,2016,(A01):2766-2786.

[27] Rostami J. Development of a force estimation model for rock fragmentation with disc cutters through theoretical modeling and physical measurement of crushed zone pressure[D]. 1997.

[28] Barton N. TBM tunnelling in jointed and faulted rock[J]. Balkema,2000.

[29] Bieniawski Z T,Celada B,Galera J M. TBM excavability:Prediction and machine-rock interaction[J]. Proceedings-Rapid Excavation and Tunneling Conference,2007:1118-1130.

[30] Bieniawski Z T,Celada B,Galera J M,et al. New applications of the excavability index for selection of TBM types and predicting their performance[J]. Proceedings of the World Tunnel Congress,2008:1618-1629.

[31] Tarkoy P. Predicting TBM penetration rates in selected rock types[C]//Proceedings of the Ninth Canadian Rock Mechanics Symposium. Montreal,1973:263-274.

[32] Roxborough F F,Phillips H R. Rock excavation by disc cutter[J]. International Journal of Rock Mechanics & Mining Sciences & Geomechanics Abstracts,1975,12(12):361-366.

[33] Graham P C. Rock exploration for machine manufacturers[J]. Exploration for Rock Engineering,1976:173-180.

[34] Farmer I W,Glossop N H. Mechanics of disc cutter penetration[J]. Tunnels and Tunnelling International,1980,12:22-25.

[35] Cassinelli F,Cina S,Innaurato N. Power consumption and metal wear in tunnel-boring machines:Analysis of tunnel-boring operation in hard rock[J]. Intenational Jounal of Rock Mechanics and Mining Sciences & Geomechanics Abstracts,1983,20(1):A25.

[36] Snowdon R A,Ryley M D,Temporal J. A study of disc cutting in selected british rocks[J]. International Journal of Rock Mechanics and Mining Sciences & Geomechanics Abstracts,1982,

19(3):107-121.

[37] Nelson P. Tunnel boring machine performance in sedimentary rock[D]. Colorado School of Mines,1983.

[38] Bamford W. Rock test indices are being successfully correlated with tunnel boring machine performance[C]. Australian Tunnelling Conference,1984.

[39] Sanio H P. Prediction of the performance of disc cutters in anisotropic rock[J]. International Journal of Rock Mechanics and Mining Science & Geomechanics Abstracts,1985,22(3): 153-161.

[40] Hughes H M. The relative cuttability of coal-measures stone[J]. Mining Science and Technology,1986,3(2):95-109.

[41] Boyd R J. Development of a hard rock continuous mining machine-the mobile miner[J]. Elsevier,1987:119-128.

[42] Innaurato N,Mancini R,Rondena E,et al. Forecasting and effective TBM performances in a rapid excavation of a tunnel in italy[J]. Proceedings of the Seventh International Congress IS-RM,1991:1009-1014.

[43] O'rourke J E,Springer J E,Coudray S V. Geotechnical parameters and tunnel boring machine performance at goodwin tunnel,california[C]//Proceedings of the 1st North American Rock Mechanics Symposium,1994:467-473.

[44] Sundin N-O,Wänstedt S. A boreability model for TBM[C]//Proceedings of the 1st North A-merican Rock Mechanics Symposium,1994:311-318.

[45] Bruland A. Hard rock tunnel boring[D]. Trondheim:Norwegian University of Science and Technology,1998.

[46] Alber M. Advance rates of hard rock TBM and their effects on project economics[J]. Tunnelling and Underground Space Technology,2000,15(1):55-64.

[47] Alvarez Grima M,Bruines P A,Verhoef P N W. Modeling tunnel boring machine performance by neuro-fuzzy methods[J]. Tunnelling and Underground Space Technology,2000,15(3): 259-269.

[48] Yagiz S. Development of rock fracture and brittleness indices to quantify the effects of rock mass features and toughness in the csm model basic penetration for hard rock tunneling machine[D]. Golden:Colorado School of Mines,2002.

[49] Sapigni M,Berti M,Bethaz E,et al. TBM performance estimation using rock mass classifications[J]. International Journal of Rock Mechanics and Mining Sciences,2002,39(6): 771-788.

[50] Ramezanzadeh A. Performance analysis and development of new models for performance prediction of hard rock TBM in rock mass[D]. Lyon:Lyon Institut National des Sciences Appliquées,2005.

[51] 宋克志,孙树贤,袁大军,等.基于盾构掘进参数的岩石可切割性模糊识别[J].岩石力学与工程学报,2008,27(S1):3196-3202.

[52] Yagiz S. Utilizing rock mass properties for predicting tbm performance in hard rock condition [J]. Tunnelling and Underground Space Technology,2008,23(3):326-339.

[53] Gong Q M,Zhao J. Development of a rock mass characteristics model for TBM penetration rate prediction[J]. International Journal of Rock Mechanics and Mining Sciences,2009,46(1):8-18.

[54] 温森,赵延喜,杨圣奇. 基于 monte carlo-bp 神经网络 TBM 掘进速度预测[J]. 岩土力学, 2009,30(10):3127-3132.

[55] Hassanpour J,Rostami J,Khamehchiyan M,et al. Developing new equations for TBM performance prediction in carbonate-argillaceous rocks:A case history of nowsood water conveyance tunnel[J]. Geomechanics and Geoengineering,2009,4(4):287-297.

[56] Hassanpour J,Rostami J,Khamehchiyan M,et al. TBM performance analysis in pyroclastic rocks:A case history of karaj water conveyance tunnel[J]. Rock Mechanics and Rock Engineering,2010,43(4):427-445.

[57] Hassanpour J,Rostami J,Zhao C J. A new hard rock TBM performance prediction model for project planning[J]. Tunnelling and Underground Space Technology,2011,26(5):595-603.

[58] Khademi Hamidi J,Shahriar K,Rezai B,et al. Performance prediction of hard rock TBM using rock mass rating (RMR) system[J]. Tunnelling and Underground Space Technology,2010, 25:333-345.

[59] Farrokh E,Rostami J,Laughton C. Study of various models for estimation of penetration rate of hard rock TBM[J]. Tunnelling and Underground Space Technology incorporating Trenchless Technology Research,2012,30:110-123.

[60] Delisio A,Zhao J,Einstein H H. Analysis and prediction of TBM performance in blocky rock conditions at the loetschberg base tunnel[J]. Tunnelling and underground space technology, 2013,33:131-142.

[61] Delisio A,Zhao J. A new model for TBM performance prediction in blocky rock conditions [J]. Tunnelling and Underground Space Technology,2014,43:440-452.

[62] 静天文,江玉生,李晓. 公路隧道围岩分类于支护优化设计[M]. 北京:人民交通出版社,2006.

[63] Ozdemir L. Development of theoretical equations for predicting tunnel boreability[D]. Colorado School of Mines,1977.

[64] Rostami J,Ozdemir L. New model for performance production of hard rock TBM[J]. Proceedings-Rapid Excavation and Tunneling Conference,1993:793-809.

[65] Yagiz S. Development of rock fracture and brittleness indices to quantify the effects of rock mass features and toughness in the csm model basic penetration for hard rock tunneling machines[D]. Golden:Colorado School of Mines,2002.

[66] Palmstrom A,Broch E. Use and misuse of rock mass classification systems with particular reference to the Q-system[J]. Tunnelling and Underground Space Technology,2006,21(6): 575-593.

《岩土工程试验简明教程》

配套附表（电子版）

扫 码 下 载